高职高专国家骨干院校
重点建设专业(机械类)核心课程“十二五”规划教材

液压与气动技术

主　编　周钦河　叶金玲
副主编　黄　诚　黄灿军　谢展强

合肥工业大学出版社

前　言

液压与气动技术，广泛应用于机械、化工、冶金、农机、汽车、船舶、军工、石油、轻工、食品等各个领域，其发展程度及普及性已经成为衡量一个国家工业水平的重要标志，是当代工程技术人员应掌握的重要基础技术之一。液压与气动技术的飞速发展和企业对该专业技能型人才的需求，使高等职业教育关于该课程的教学内容和教学形式均发生较大变化。本教材就是在当今高等职业教育“基于工作过程系统化”教学改革浪潮中应运而生的。

在教材的编写中，编者根据多年的企业实践经验和丰富的职业教育经验，在组织内容方面尽量打破以知识传授为主要特征的传统学科教学模式，代之以完整工作过程为中心的项目化教学模式。为了将“教”与“学”有机结合起来，本教材分教学项目和自主学习两大部分。在教学项目中：液压部分是根据液压控制对象要求分类，以“控制液压缸的简单往返运动——多缸顺序动作——速度控制为主——压力控制为主——综合控制”的思路，选择磨床、数控车床刀架、液压钻床、组合机床动力滑台、压力机、注塑机等典型液压设备作为载体；气动部分主要以手动控制和顺序动作为主，以公共汽车自动门、折弯机、打标机和气动机械手为载体，重点在于纯气动回路设计。在编写过程中，我们注重认知规律，从简单到复杂地选取典型液压设备作为项目，每个项目均按照“任务介绍——相关知识——任务实施——任务拓展——项目小结”这样完整工作过程进行编排。在学习液压设备的过程中学习相应的元件与回路，且配有相对应的电气控制图或PLC控制梯形图，方便学生理解设备信号传递过程。自主学习部分主要安排液压气动介质、元件、部分回路、仿真软件使用等相关知识，以培养学生自我学习能力。

本书由长期从事高等职业教育的教师与企业人员共同完成编写，其中由周钦河、叶金玲担任主编，黄诚、黄灿军、谢展强担任副主编；同时感谢广东力特工程机械有限有限公司唐业云、罗德智等工程师对本书编写给予的大力支持。

本书可作为高等职业技术院校、高等专科院校、中等职业技术学校、技工学校、成人高等学校机电及自动化类专业学生的教学用书，也可以作为在职人员培训或自学教材。

由于编者水平和经验有限，不足之处在所难免，恳请读者批评指正。

编　者

目　录

第一部分　教学项目

第二部分　自主学习

第一部分

教学项目

项目1　磨床、数控车床部分液压系统

学习目标

【能力目标】

(1)能从实践中认识液压传动的原理,理解能量转换的过程;
(2)能够完成平面磨床方向控制及数控车床刀架松开、夹紧的操作;
(3)具有正确选用及安全操作平面磨床及数控车床的能力;
(4)具有良好的行为习惯及团队协作能力。

【知识要求】

(1)熟悉液压传动及液压系统的工作特点;
(2)掌握液压系统的工作原理、基本组成及图形符号;
(3)掌握液压泵及液压缸的工作原理;
(4)掌握手动及电磁换向阀的操作方式、复位方式及定位方式;
(5)熟悉简单的辅助元件功能及符号。

【技能要求】

(1)能通过查阅资料完成液压元件的信息搜集和综合应用;
(2)能识读方向控制回路及分析回路的应用;
(3)能正确使用液压元件及文明操作;
(4)能正确进行液压电气控制回路设计;
(5)能正确使用 FuildSIM 仿真软件;
(6)熟悉可编程控制器系统设计。

任务1　平面磨床工作台的往返回回路液压控制

任务介绍

液压技术是实现各行业、各类机械装备传动及控制的重要技术手段。平面磨床是以砂轮的周边磨削工件的各种平面和复杂成型面,使用范围很广。如图1-1所示为平面磨床的实物图。液压平面磨床工作台的纵、横向进给运动采用了液压驱动,实现方向控制的元件是方向控制阀。方向控制阀使液压油进入液压缸的不同工作腔,从而带动工作台完成左右往复和砂轮磨头上下的运动。

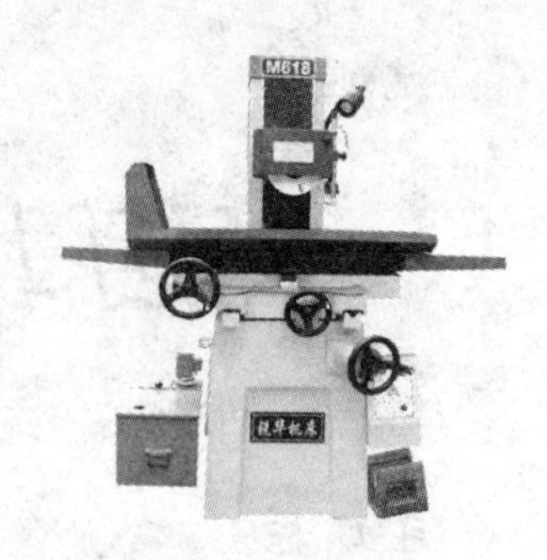

图 1-1 平面磨床

相关知识

一、平面磨床工作台液压传动工作原理

所谓液压传动,是指利用高压的液体经由一些元件控制之后来传递运动和动力的一种传动形式。如图 1-2a 所示为平面磨床工作台往复运动的液压系统工作原理图。它由油箱 1、滤油器 2、液压泵 3、溢流阀 4、换向阀 5、节流阀 6、换向阀 7、液压缸 8 以及连接这些元件的油管、管接头等组成。液压传动系统的工作原理是:液压泵由电机带动旋转而从油箱吸油,油液经滤油器进入压力油路后,在图示状态下,通过换向阀 5、节流阀 6,经换向阀 7 进入液压缸左腔,此时液压缸右腔的油液经换向阀 7 和回油管排回油箱,液压缸中的活塞推动工作台 9 向右移动;若将换向阀 7 的手柄往左扳,则换向阀状态如图 1-2b 所示,此时液压缸的活塞推动工作台向左移动;若换向阀 5 处于图 1-2c 所示的状态,则液压泵输出的压力油将经换向阀 5 直接回油箱;而不能进入液压缸。工作台的移动速度是通过调节节流阀 6 的开口大小来控制的。

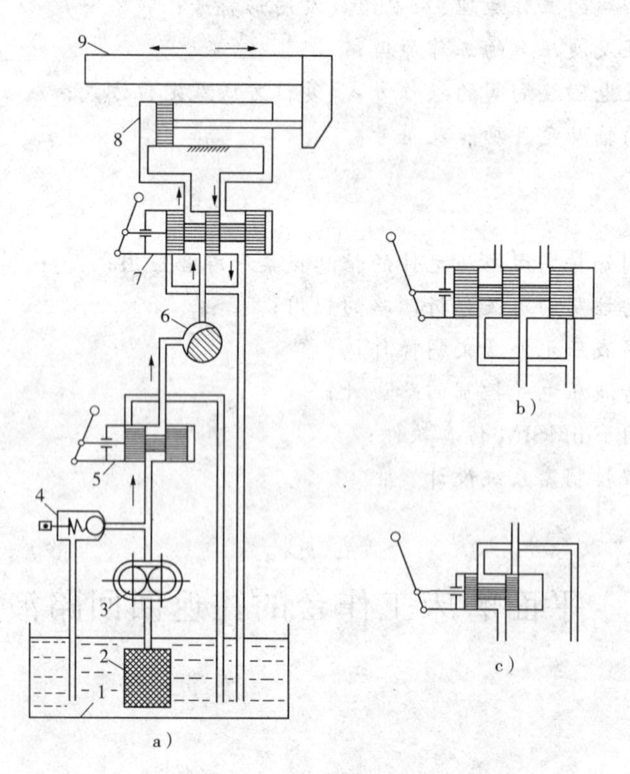

图 1-2 平面磨床工作台液压系统工作原理图

1—油箱;2—滤油器;3—液压泵;4—溢流阀;5、7—换向阀;6—节流阀;8—液压缸;9—工作台

由以上分析可知，液压传动系统由液压泵、执行元件和控制阀、油箱等一些辅助元件组成。该系统将电机输出的机械能转变成液体的压力能并对外做功，即经过控制元件由执行元件将液体的压力能再次转变成机械能。

二、平面磨床工作台液压传动系统的图形符号

图1－2中的元件基本上都是用结构式的图形画出的示意图，故称为结构原理图。这种图形直观性强，易为初学者接受，但图形复杂，难于绘制。为此，国内外都广泛采用脱离元件的具体形状，用只表示元件功能的符号（国标 GB/T786.1—1993 规定液压与气压图形符号）来简化绘制液压系统图。其原理简单明了，便于阅读、分析、设计和绘制。图1－3即为用图形符号绘制的工作台液压系统图。

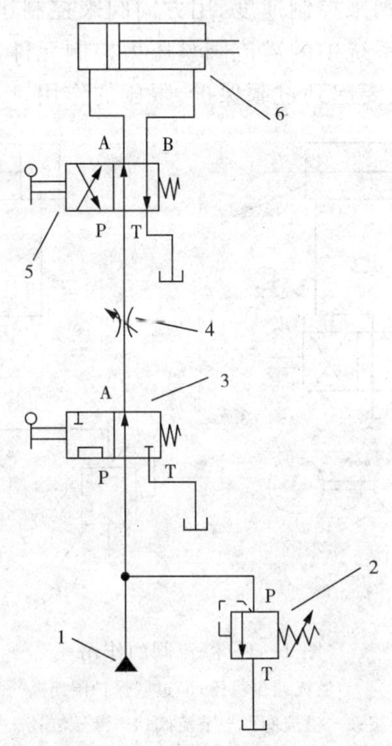

图1－3　平面磨床工作台液压系统图（图形符号绘制）

1—液压泵；2—溢流阀；3—手动式二位三通阀；4—节流阀；5—手动式二位四通阀；6—液压缸

三、液压系统的组成

从上面的例子分析可以看出，一个完整的液压系统由以下四部分组成：

1. 动力元件

最常见的是液压泵，它由电动机带动，是将机械能转换成液体压力能的装置，是液压传动系统的心脏，为系统提供压力油液。泵的最高压力设定由压力控制阀来调整。

平面磨床工作台液压系统中的液压泵是双向定量泵中的齿轮泵（见图1－3），是多种泵中的一种。液压传动系统中使用的液压泵都是容积式液压泵。当密封容积由小变大时就形成真空，使油箱中的油液在大气压的作用下，进入油腔实现吸油；反之，当密封容积由大变小时，油腔中的油液将进入到系统当中去而实现压油。

2. 执行元件

液压系统最终目的是要推动负载运动。一般执行元件可分为液压缸与液压马达(或摆动缸)两类。液压缸使负载作直线运动,液压马达(或摆动缸)使负载转动(或摆动)。

平面磨床工作台液压系统中的执行元件采用的是双作用单杆活塞式液压缸(见图1-3)。如果液压油经过换向阀进入液压缸的左腔(无杆腔),活塞推动工作台向右移动,如果液压油经过换向阀进入液压缸的右腔(有杆腔),活塞推动工作台向左移动。工作台的左右移动的变化主要是由换向阀来控制的。

3. 控制元件

液压系统除了让负载运动以外,还要完全控制负载的整个运动过程。在液压系统中,用压力阀来控制输出力,用流量阀来控制速度,用方向阀来控制运动方向。

(1)平面磨床工作台液压系统中的溢流阀是压力控制元件,在定量泵中主要起到溢流调压、稳压的作用,在变量泵中主要起到过载保护、限压的作用。

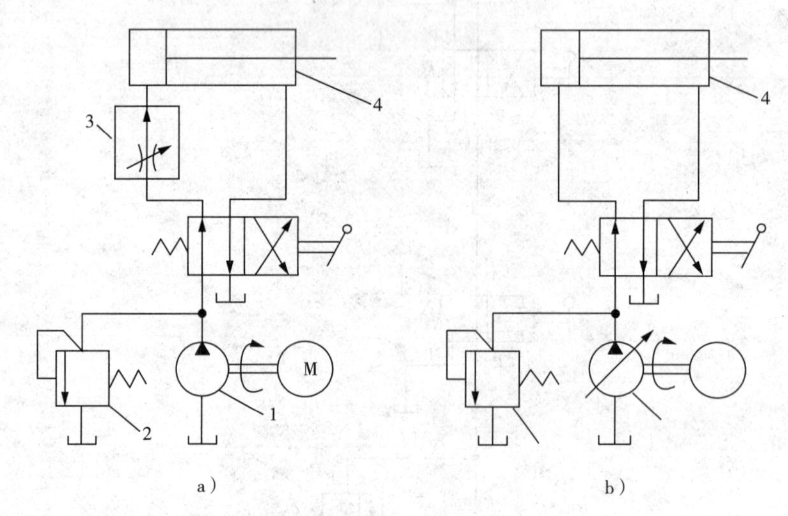

图1-4　溢流阀的作用

a)溢流调压稳压;b)过载保护限压

1—定量泵;2—溢流阀;3—节流阀;4—液压缸;5—变量泵

① 溢流调压稳压。如图1-4所示,溢流阀2并联于系统中,进入液压缸4的流量由节流阀3调节。由于定量泵1的流量大于液压缸4所需的流量,油压升高,将溢流阀2打开,多余的油液经溢流阀2流回油箱。因此,这里溢流阀的功用就是在不断地溢流泵的过多油液的过程中保持系统压力基本不变。

② 过载保护限压。图1-4所示为变量泵调速系统。用于过载保护的溢流阀一般称为安全阀。在正常工作时,安全阀2关闭,不溢流;只有在系统发生故障,压力升至安全阀的调整压力值时,阀口才打开,使变量泵排出的油液经溢流阀2流回油箱,以保证液压系统的安全。

(2)平面磨床工作台液压系统中的节流阀是流量控制元件,主要是利用改变阀口流通截面积的方法来控制流体流量,从而控制液压缸的运动速度。

(3)平面磨床工作台液压系统中的换向阀是方向控制元件,主要是通过改变液压传动系

统中的油液流动的方向、油路的接通和关闭，从而控制执行元件的换向或启停，以满足系统对油液方向的要求。

如图1-3所示，换向阀5是手动式的二位三通换向阀，换向阀7是手动式的二位四通换向阀。

换向阀的换向功能主要由阀的工作位置数和由它所控制的通路数所决定的。通常所说的“二位阀”、“三位阀”是指换向阀的阀芯有两个或3个不同的工作位置。所谓“二通阀”、“三通阀”是指换向阀的阀体上有两个或3个可与系统中不同油管相连的油道接口，不同油道之间只能通过阀芯移位时阀口的开关来沟通与断开。

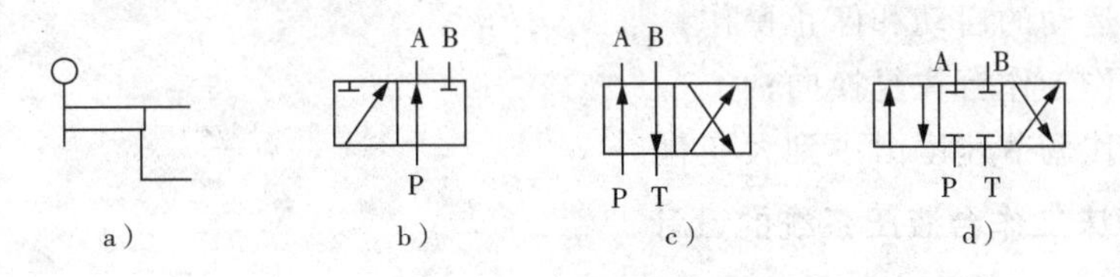

图1-5 换向阀符号

a)手动式；b)二位三通；c)二位四通；d)三位四通

图形符号的含义如下：

① 用方框表示阀的工作位置，有几个方框就表示有几“位”。

② 方框内的箭头表示油路处于接通状态，但箭头方向不一定表示液流的实际方向。

③ 方框内的符号“⊥”或“⊤”表示该通路不通。

④ 方框外部连接的接口数有几个，就表示几“通”。

⑤ 一般阀与系统供油路连接的进油口用字母P表示；阀与系统回油路连通的回油口用T表示；而阀与执行元件连接的油口用A、B等表示。

⑥ 换向阀都有两个或两个以上的工作位置，其中一个是常态位，即阀芯未受到操纵力时所处的位置。图形符号中的中位是三位阀的常态位。利用弹簧复位的二位阀则以靠近弹簧的方框内的通路状态为其常态位。绘制系统图时，油路一般应连接在换向阀的常态位上。

手动换向阀是用手动杠杆操纵阀芯换位的换向阀。扳动手柄，使换向阀左位或右位工作。要想维持在极端位置，必须用手扳住手柄不放，一旦松开，阀芯会在弹簧的作用下，自动弹回常态位。

4. 辅助元件

除了以上几种元件外，还有用来储存液压油的油箱，为了增强液压系统的功能尚需有去除油内杂质的过滤器、防止油温过高的冷却器及蓄能器等液压元件，我们称这些元件为辅助元件。

任务实施

地点：实训基地

设备：平面磨床

一、平面磨床的方向、速度控制

通过对液压回路的动作观察和动手操作，可加深对液压回路组成元件和液压回路工作原理的了解。

(1)液压泵由电动机带动,油液经换向阀供工作台液压缸传动之用,换向阀的阀芯有不同的工作位置,操纵阀通过扳动手柄进行手动换向。

(2)节流阀控制进入液压缸的流量,从而可以控制速度的大小。

(3)安全操作:操作前应熟悉各手柄的功用。

打开液压系统,检查各部位工作是否正常,操作时应注意观察机床各部位工作是否正常。

① 启动与关闭液压系统的操作;

② 工作台运动的启动和停止操作;

③ 手动操作工作台往复换向;

④ 手动操作调节速度由小到大变化。

二、平面磨床工作台液压系统的设计

平面磨床要求工作台的驱动装置平稳的进行调速,能手动完成往复运动,换向平稳,装置有足够的刚度完成磨削工作。

(1)使用液压回路设计仿真软件 FuildSIM 进行回路设计。

(2)正确选用液压元件。

(3)绘制平面磨床系统图,并分析基本回路的组成及功用,如图 1-6 所示。

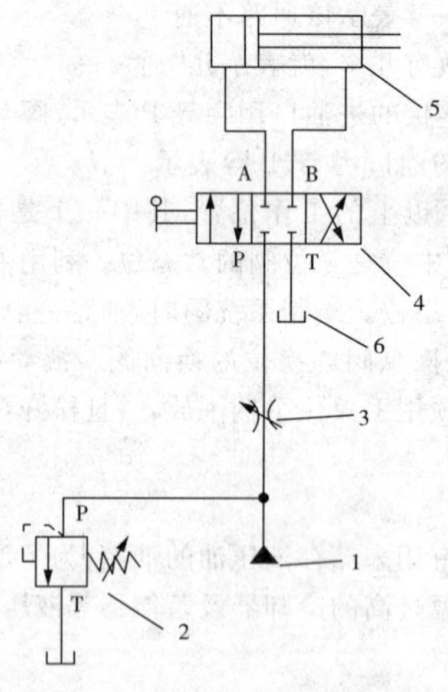

图 1-6 平面磨床液压系统图

1—液压源;2—溢流阀;3—节流阀;4—手动式三位四能换向阀;5—液压缸;6—油箱

任务2 数控车床刀架松开夹紧正反转回路的液压控制

任务介绍

数控车床是两坐标连续控制的卧式车床，主要用来加工轴类零件的内外圆柱面、圆锥面、螺纹表面、成形回转体表面，对于盘类零件可进行钻孔、扩孔、铰孔和镗孔等加工，还可以完成车端面、切槽、倒角等加工(如图1-7所示)。设备在工作中对液压系统的要求是定位准确、可靠，可调节压力，换向平稳，在工件没有夹紧的情况下无切削运动等。数控车床的液压控制系统能够完成卡盘夹紧与松开、卡盘夹紧力的高低压转换、回转刀架的松开与夹紧、刀架刀盘的正反转、尾座套筒的伸出与退回，它们都是由液压系统驱动的。

图1-7 数控车床

相关知识

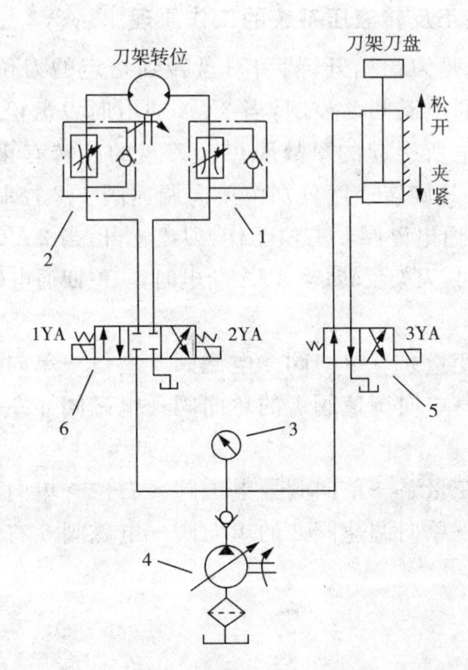

图1-8 数控车床刀架松夹正反转液压系统图

1、2—单向调速阀；3—压力计；4—变量泵；5—二位四通电磁阀；6—三位四通电磁阀

一、数控车床刀架松夹正反转液压系统的组成

1. 动力元件

数控车床刀架松夹正反转液压系统采用的液压泵为单向变量泵，如果泵的流量为定值，则为定量泵；反之，为变量泵。

2. 执行元件

刀架刀盘采用的是液压缸，负责刀盘松开夹紧；刀架正反转采用的是液压马达，液压马达是使负载作连续旋转的执行元件，其内部构造与液压泵类似，差别仅在于液压泵的旋转是由电机所带动，输出的是液压油；液压马达则是输入液压油，输出的是转矩和转速。因此，液压马达和液压泵在细部结构上存在一定的差别。

3. 控制元件

换向阀采用的是电磁换向阀，它是利用电磁铁吸力推动阀芯来改变阀的工作位置的。由于它可以借助按钮开关、行程开关、限位开关、压力继电器等发出的信号进行控制，所以操作轻便，易于实现自动化，因此应用广泛。如图 1-9 为三位四通电磁换向阀。

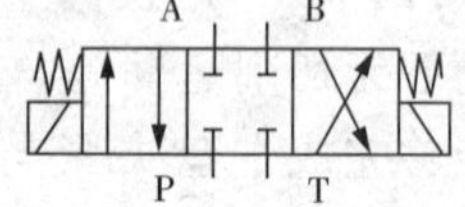

图 1-9　三位四通电磁换向阀

当两端电磁铁都断电时，弹簧复位，阀芯处于中间位置，此时各油路互不相通。当左边电磁铁通电，右边电磁铁断电时，阀油口的连接状态为 P 和 A 通，B 和 T 通；当右边电磁铁通电，左边电磁铁断电时，P 和 B 通，A 和 T 通。

流量控制元件采用的是单向调速阀，调速阀本身能在外界负载变化的状况下保持进口、出口的压力差恒定，使执行元件运动的速度保持基本稳定。

二、数控车床刀架松夹正反转液压系统的工作原理

回转刀架换刀时，首先是刀盘松开，然后刀盘转到指定的刀位，最后刀盘夹紧。刀盘的夹紧与松开由一个二位四通电磁阀 5 控制，当 3YA 通电时刀盘松开，断电时刀盘夹紧，消除了加工过程中由于突然停电所引起的事故隐患。刀盘的旋转有正转和反转两个方向，由一个三位四通电磁阀 6 控制，其旋转速度分别由单向调速阀 1、2 控制。

当 3YA 通电时，二位四通电磁阀 5 右位工作，刀盘松开；当 2YA 断电、1YA 通电时，刀架正转；当 2YA 通电、1YA 断电时，刀架反转；当 3YA 断电时，二位四通电磁阀 5 左位工作，刀盘夹紧。

1. 刀架正转

(1)进油路：过滤器→变量泵→单向阀→电磁阀 6 左位→单向调速阀 2→液压马达

(2)回油路：液压马达→单向调速阀 1 的单向阀→电磁阀 6 左位→油箱

2. 刀架反转

(1)进油路：过滤器→变量泵→单向阀→电磁阀 6 右位→单向调速阀 1→液压马达

(2)回油路：液压马达→单向调速阀 2 的单向阀→电磁阀 6 右位→油箱

任务实施

地点：实训基地

设备：数控车床

一、数控车床回转刀架的松夹及正反转控制

通过对液压回路的动作观察和动手操作，可加深对液压回路组成元件和液压回路工作原理的了解。

(1)液压泵由电动机带动，油液经换向阀供工作台液压缸及马达传动之用，换向阀的阀芯有不同的工作位置，操纵阀通过电磁铁通断电进行换向。

(2)单向调速阀实现对液压马达正反转速度的控制。

(3)安全操作:操作前应熟悉各元件的功用。

打开液压系统，检查各部位工作是否正常，操作时应注意观察机床各部位工作是否正常。

① 启动与关闭液压系统的操作。

② 刀架运动的启动和停止操作。

③ 电路控制回转刀架的松夹及正反转。

二、数控车床回转刀架液压系统的电气回路设计

(1)使用液压回路设计仿真软件 FuildSIM 进行回路设计。

(2)正确选用液压元件。

(3)绘制数控车床回转刀架液压系统图，并分析基本回路的组成及功用。

电气图设计的方法有很多，但用的比较多的有直觉法和串级法。

用直觉法设计电气回路图即是应用液压的基本控制方法和自身的经验来设计。使用此方法设计控制电路的优点是:适用于较简单的回路设计，可凭借设计者本身的积累经验，快速的设计出控制回路。

但此方法的缺点是:设计方法较主观，对于较复杂的控制回路不宜设计。在设计电气回路图之前，必须首先设计好液压动力回路，确定与电气回路图有关的主要技术参数。在液压自动化系统中常用的主控阀有单电控两位三通换向阀、单电控两位五通换向阀、双电控两位五通换向阀、双电控三位五通换向阀四种。

用串级法设计电气回路并不能保证使用最少的继电器，但却能提供一种方便而有规则可依的方法。根据此法设计的回路易懂，不必借助位移一步骤图来分析其动作，可减少对设计技巧和经验的依赖。

用串级法既适用于双电控电磁阀也适用于单电控电磁阀控制的电气回路，本文主要介绍串级法的设计方式。

用串级法设计电气回路的基本步骤如下:

(1)画出液压动力回路图，按照程序要求确定行程开关位置，并确定使用双电控电磁阀或单电控电磁阀。

(2)按照液压缸动作的顺序分组。

(3)根据各液压缸动作的位置，决定其行程开关。

(4)根据第 3 步骤画出电气回路图。

(5)加入各种控制继电器和开关等辅助元件。

电路图的绘制往往分为以下几步:

第一步。绘制电气控制分析图如图 1-10 及图 1-11 所示。

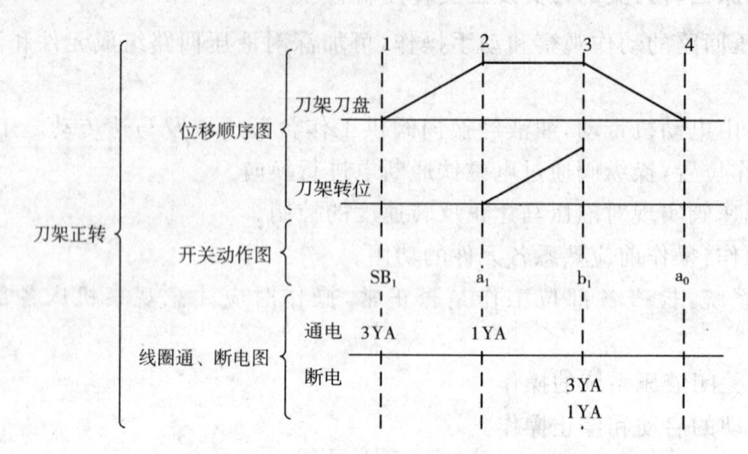

图 1-10　刀架正转电气控制分析图

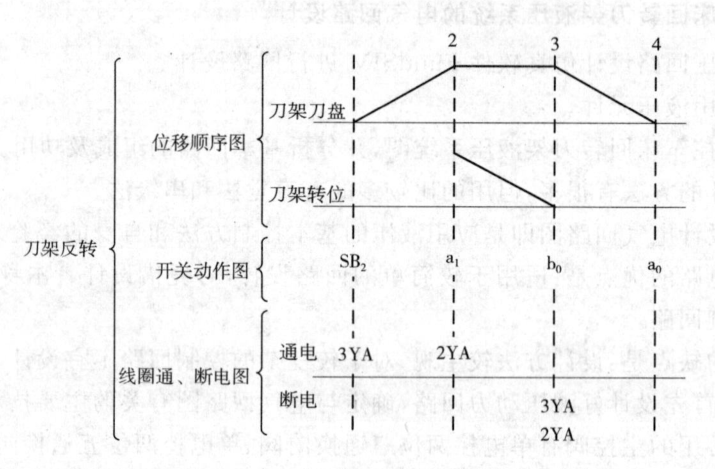

图 1-11　刀架反转电气控制分析图

第二步。根据电气控制分析图绘制出电气控制图,如图 1-12 所示。

在此图中,左母线为＋24V,右母线为 0V,在绘制电路图时应注意,线圈总是放在右母线侧,而左母线永远只能与开关或者触头相连接。

液压缸的动作顺序经分组后,在任意时间,只有其中某一组在动作状态中,如此可避免双电控电磁阀因误动作而导致通电,其详细设计步骤如下:

(1)写出液压缸的动作顺序并分组,分组的原则使每个液压缸的动作在每组中仅出现一次,即同一组中液压缸的英文字母代号不得重复出现;

(2)每一组用一个继电器控制其动作,且在任意时间,仅其中一组继电器处于动作状态中;

(3)第一组继电器由启动开关串联最后一个动作所触动的行程开关的常开触点控制,并形成自保;

(4)各组的输出动作按照各液压缸的运动位置及所触动的行程开关确定,并按顺序完成回路设计;

(5)第二组和后续各组继电器由前一组液压缸最后触动的行程开关的常开触点串联前一组继电器的常开触点控制，并形成自保；由此可避免行程开关被触动一次以上而产生错误的顺序动作，或是不按正常顺序触动行程开关造成的影响；

(6)每一组继电器的自保回路由下一组继电器的常闭触点切断，但最后一组继电器除外。最后一组继电器的自保回路是由最后一个动作完成时所触动的形成开关的常闭触点切断；

(7)如有动作两次以上的电磁铁线圈，必须在其动作回路上串联该动作所属组别的继电器的常开触点，以避免逆向电流造成不正确的继电器或电磁线圈被激磁。

通常如将动作顺序分成两组，只需用一个继电器，(一组用继电器常开触点，一组用继电器常闭触点)；如将动作顺序分成 3 组以上，则每一组用一个继电器控制，在任意时间，只有一个继电器通电。

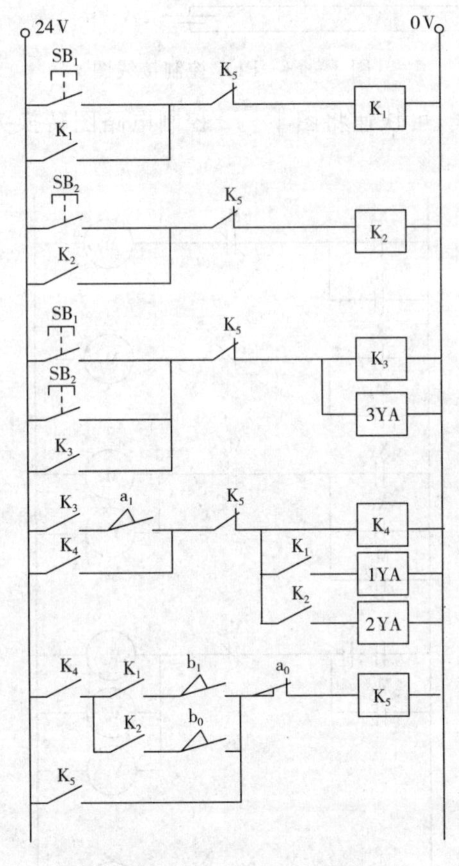

图 1-12　电气控制图

电-液压控制由继电器回路控制逐步发展成为采用可编程控制器(PLC)控制。液压控制由于 PLC 的参与，使得庞大的、复杂多变的系统控制起来简单明了，使程序的编制、修改变得容易。随着液压技术的发展，电磁阀的线圈功率越来越小，而 PLC 的输出功率在增大，使电磁阀与 PLC 之间省去了许多中间环节，使控制系统变得更简单了。

若采用 PLC 控制，则应当先规划 PLC 的输入、输出口，设计 PLC 的硬件接线图如图 1-13 所示。

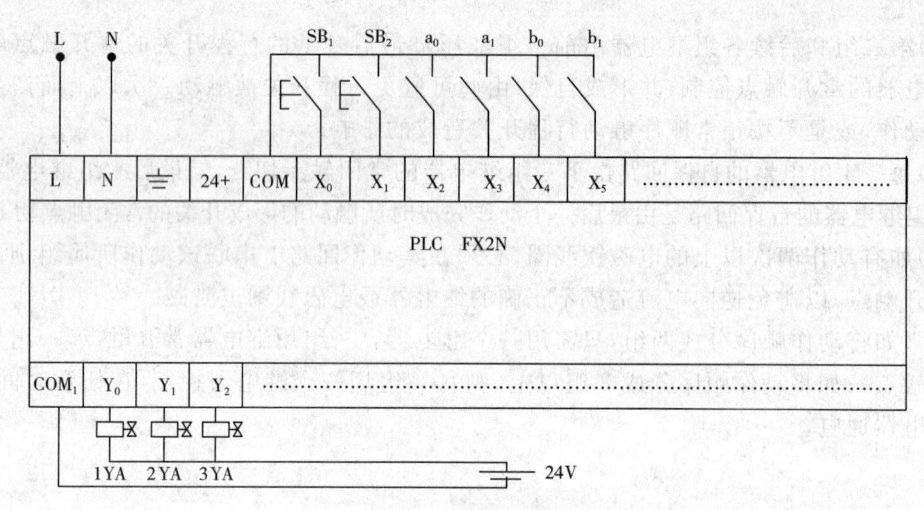

图 1-13 PLC 控制接线图

根据图 1-13PLC 接线，可快速将图 1-12 控制电路图转换为 PLC 梯形图，如图 1-14 所示。

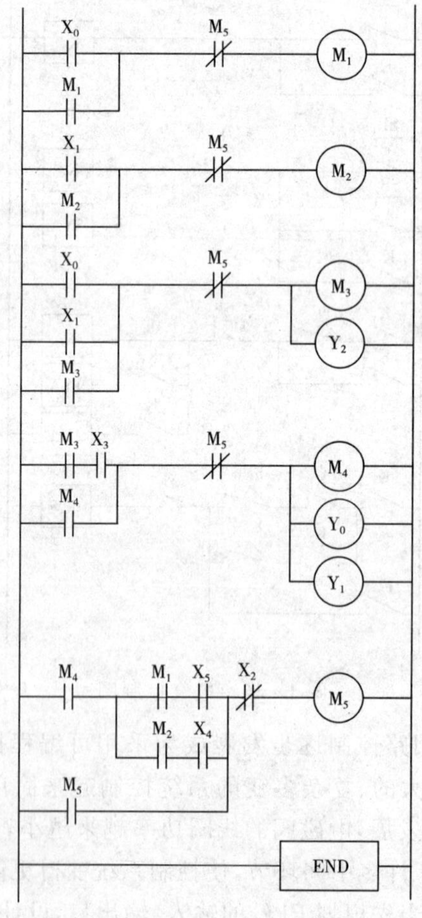

图 1-14 PLC 程序控制图

在上图所示，最后的 END 指令代表程序结束。

任务拓展

如图 1－15 所示为实现“快进→工进→快退→停止”的动作回路，工进 1 比工进 2 速度快，试问这些电磁铁将如何调度？将动作循环的电磁铁工作状态列入下列表格。

表 1－1　动作循环的电磁铁工作状态

动作名称	电磁铁通电情况			
	1YA	2YA	3YA	4YA
快进				
工进 1				
工进 2				
快退				
停止				

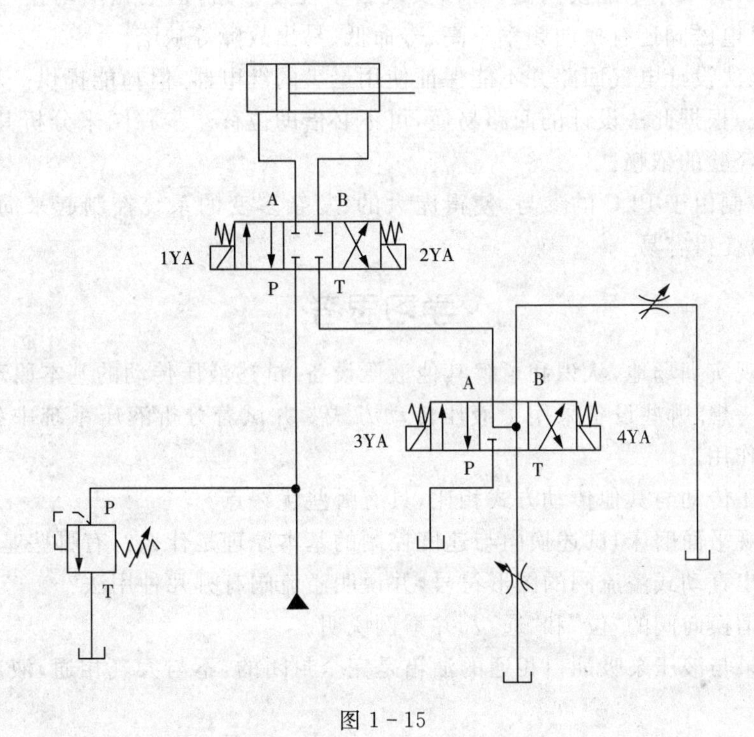

图 1－15

项目小结

(1)液压传动的工作原理:以液体作为工作介质,通过密闭容器内部液体的压力来传递运动和动力,实现机械能和液压能转换的过程。

一个完整的液压传动系统主要由动力元件、执行元件、控制元件以及辅助元件、传递介质等组成。

① 动力元件(液压泵)由电动机带动,是将机械能转换成液体压力能的装置,是液压传动系统的心脏,为系统提供压力油液。

② 液压系统最终目的是要推动负载运动,一般执行元件可分为液压缸与液压马达(或摆动缸)两类。液压缸使负载作直线运动,液压马达(或摆动缸)使负载转动(或摆动)。

③ 方向控制回路的作用是:利用各种方向阀来控制液流的通断和变向,以使执行元件启停或换向。

(2)简单换向回路:只需在动力元件与执行元件之间采用标准的普通换向阀即可。

复杂换向回路:当需要频繁、连续自动做往复运动且对换向过程有很多附加要求时,则需采用复杂换向回路。对于换向要求高的主机(如各类机床),若用手动换向阀就不能实现自动往复运动。若采用电磁换向阀,可以实现自动往复回路,但电磁阀动作一般较快,存在换向冲击,而且电磁阀还有换向频率不高、寿命低、易出故障等缺陷。

(3)用串级法设计电气回路并不能保证使用最少的继电器,但却能提供一种方便而有规则可依的方法。根据此法设计的回路易懂,可不必借助位移一步骤图来分析其动作,可减少对设计技巧和经验的依赖。

(4)液压控制由于 PLC 的参与,使得庞大的、复杂多变的系统控制起来简单明了,使程序的编制、修改变得容易。

学习思考

1-1　参观实训场地,认识和了解其他液压设备,试述液压传动的基本原理。

1-2　想一想,哪些设备采用了液压传动方式?并试着分析液压系统中各组成部分且说明各部分的作用。

1-3　液压传动与其他传动方式相比,具有哪些优缺点?

1-4　参观平面磨床,试述换向与速度控制的基本原理是什么?有哪些基本回路?

1-5　画出直动式溢流阀的图形符号,并说明溢流阀有哪几种用法?

1-6　何谓换向阀的“位”和“通”?并举例说明。

1-7　如果与液压泵吸油口相通的油箱是完全封闭的,不与大气相通,液压泵能否正常工作?

评价标准

本项目的评价内容包括专业能力评价、方法能力评价及社会能力评价等,其中专业能力评价:20%、自评:20%、组内互评:20%、教师评定:30%、答辩:10%,总计为 100%,见表 1-2。

表1-2　项目学习综合评价表

专业能力评价(权重20%)

1. 操作平面磨床工作台的方向与速度控制并分析其工作原理。(10分)

(1)方向控制以及工作原理分析;

(2)速度由小到大控制以及工作原理分析;

(3)工作台停止(不停机);

(4)安全文明操作。

2. 电磁换向阀的拆装,包括:名称、职能符号、结构分析、工具正确使用、拆装步骤、注意事项。(10分)

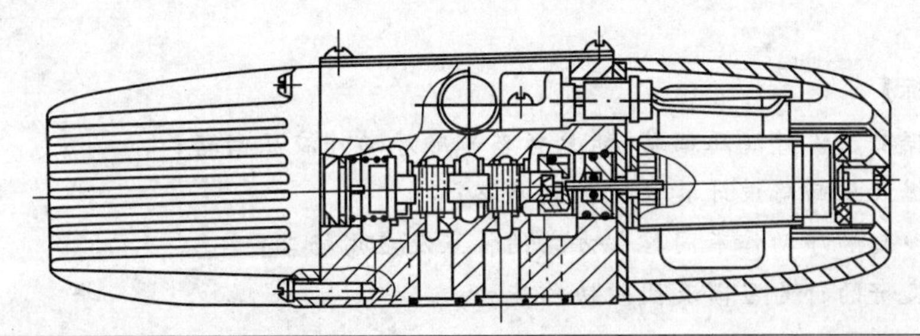

评定形式	权重	评定内容	评定标准	得分
自我评定	20%	① 学习工作态度(5分)	积极(5分);一般(3分);不积极(0分)	
		② 完成工作任务情况(5分)	全部(5分);一半(3分);没有(0分)	
		③ 出勤情况(5分)	全勤(5分);缺勤两次(3分);缺勤30%(0分)	
		④ 独立工作情况(5分)	强(5分);一般(3分);不强(0分)	
小组评定	20%	① 学习工作责任意识(5分)	强(5分);一般(3分);不强(0分)	
		② 收集材料、调研能力(5分)	强(5分);一般(3分);不强(1分)	
		③ 汇报、交流、沟通能力(5分)	强(5分);一般(3分);不强(1分)	
		④ 团队协作精神(5分)	强(5分);一般(3分);不强(1分)	
教师评定	30%	① 全组整体学习工作过程状态(5分)	积极(5分);一般(3分);较差(1分)	
		② 计划制定、执行情况(5分)	好(5分);一般(3分);较差(1分)	
		③ 任务完成情况(5分)	好(5分);一般(3分);较差(1分)	
		④ 项目学习、测试报告书(15分)	(15分)~(0分)	
答辩成绩	10%	答辩题目:		
成绩总分	______分	指导老师(签字):		组长(签名):

项目2 钻床液压系统

学习目标

【能力目标】

(1)能根据要求设计液压回路,能分析多缸顺序动作液压回路;

(2)能根据液压回路设计其电气控制回路;

(3)掌握多缸顺序动作不同控制方式的特点及应用场合;

(4)具有良好的行为习惯及团队协作能力。

【知识要求】

(1)掌握多缸顺序动作的基本组成及图形符号;

(2)掌握多缸顺序动作的工作原理;

(3)掌握多缸顺序动作不同控制方式的控制元件(行程阀,顺序阀等)的特点。

【技能要求】

(1)能识读方向控制回路及分析回路的应用;

(2)能正确使用液压元件及文明操作;

(3)能正确进行液压电气控制回路设计;

(4)能正确使用 FuildSIM 仿真软件;

(5)熟悉可编程控制器系统设计。

任务1 半自动钻床

任务介绍

半自动钻床工作流程与要求

如图2-1所示,半自动钻床采用人工放料方式,自动夹紧与钻孔。工件的夹紧与钻头升降由两个双作用液压缸驱动,两个液压缸由一个液压泵供油。夹紧用液压缸(夹紧缸A)可根据工件材料和形状不同调整夹紧力。同时为了保证安全,钻削缸B必须在夹紧缸A夹

紧力达到规定值时才能推动钻头进给，其工作流程如下：

按钮 → 夹紧缸A进 → 钻削缸B进 → 钻削缸B退 → 夹紧缸A退 →（返回按钮）

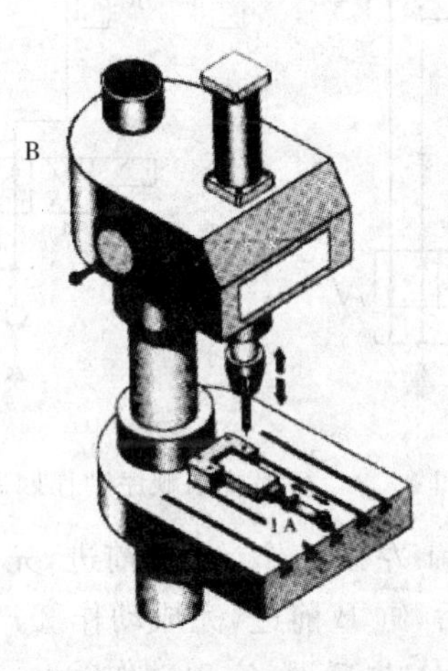

图 2－1　半自动钻床加工工位结构简图

相关知识

一、缸的动作顺序

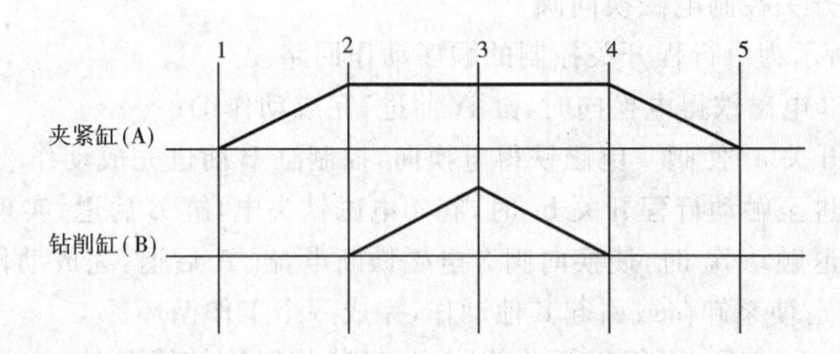

图 2－2　缸的动作顺序图

二、顺序控制方式

当一个缸一个动作完毕后，需要一个信号控制下一个动作。比如夹紧缸 A 伸出夹紧后，要控制钻削缸 B 伸出进行钻削，这时用什么信号来控制呢？主要有三种方式：

1. 行程控制

(1)可直接采用行程换向阀控制顺序动作

行程阀又称机动换向阀，借助于安装在工作台上的挡铁或凸轮来迫使阀芯移动，从而控制油液的流动方向。如图 2－3a 所示行程阀 2 为二位四通换向阀，若滚轮未压住，工作于下位，当挡铁或凸轮压住滚轮时，阀芯下移，工作于上位。

如图 2－3 所示为两个行程控制的顺序动作回路。其中，图 2－3a 所示为行程阀控制的顺序动作回路，在该状态下，A、B 两液压缸活塞均在右端。

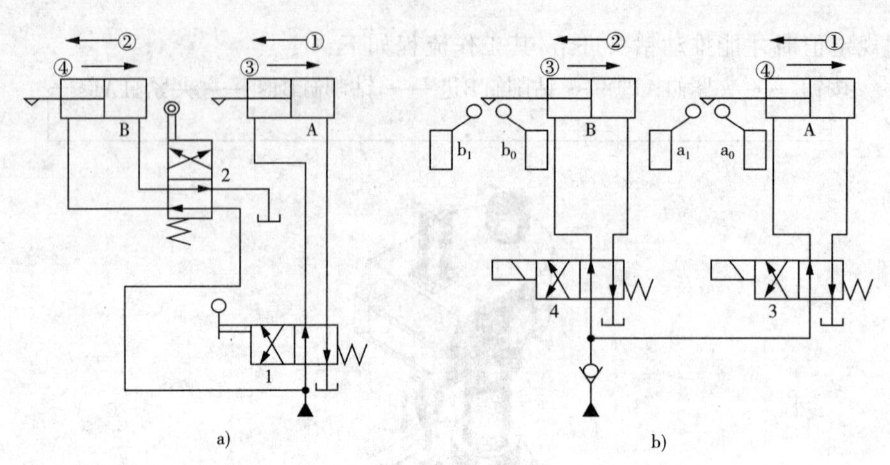

图 2-3　行程控制顺序动作回路

- 当推动手柄时，使换向阀 1 左位工作，缸 A 前进，完成动作①；
- 挡块压下行程换向阀 2 后，缸 B 前进，完成动作②；
- 手动换向阀 1 复位后，缸 A 先后退，实现动作③；
- 随着挡块后移，阀 2 复位，缸 B 后退，实现动作④。

该方式工作可靠；但安装位置要求高，挡块一定要能顺利压下行程阀，管路长，布置比较麻烦；变换行程不灵活，但动作顺序一经确定，再改变就比较困难。

思考：此方式能否实现该钻床工作顺序？

(2)采用行程开关控制电磁换向阀

如图 2-3b 所示为由行程开关控制的顺序动作回路。

- 当换向阀 3 电磁铁得电换向时，缸 A 前进，完成动作①；
- 触动行程开关 a_1 使阀 4 电磁铁得电换向，控制缸 B 前进完成动作②；
- 当缸 B 前进至触动行程开关 b_1 时，阀 4 电磁铁失电，缸 B 后退，实现动作③；
- 当缸 B 后退触动 b_0 时，使换向阀 3 电磁铁断电，缸 A 后退，完成动作④；
- 最后触动 a_0 使泵卸荷或引起其他动作，完成一个工作循环。

该方式控制灵活、方便，因行程开关体积小，安装位置比较简单，变换行程比较方便，只需改变电气部分；且可用行程标尺或接近开关，无需接触。

思考：若采用行程控制(行程阀或行程开关)，对不同大小的加工工件需做何调整？

2. 压力控制

该方式压力一定要有明显变化。可采用顺序阀控制，也可采用压力继电器控制电磁换向阀。

(1)顺序阀

顺序阀是当进口压力达到设定压力时打开阀口让油路通的压力阀。顺序阀与溢流阀不同的是：出口不是接油箱，而是接执行元件，一般有专门泄油口。通过改变上盖或底盖的装配位置可以改变控制油口和泄油口的状况，可分为内控外泄、内控内泄、外控内泄、外控外泄四类顺序阀，其符号表示如图 2-4 所示。

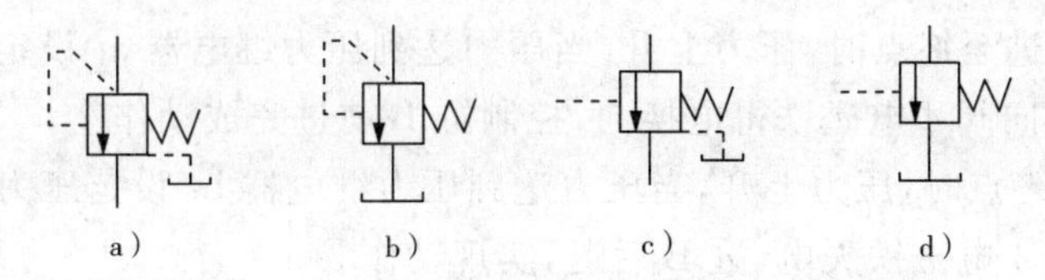

图 2-4　顺序阀 4 种类型

如图 2-5a 所示为一使用顺序阀的压力控制顺序动作回路。

当换向阀 1 左位接入回路，且顺序阀 D 的调定压力大于液压缸 A 的最大前进工作压力时，压力油先进入液压缸 A 的左腔，实现动作①；

当液压缸 A 前进至终点时，压力上升，压力油打开顺序阀 D，进入液压缸 B 的左腔，液压缸 B 前进，实现动作②；

同样地，当换向阀右位接入回路，且顺序阀 C 的调定压力大于液压缸 B 的最大返回工作压力时，压力油先进入液压缸 B 的右腔，液压缸 B 后退，实现动作③；

当液压缸 B 后退至起点时，压力上升，压力油打开顺序阀 C，进入液压缸 A 的右腔，液压缸 A 后退，实现动作④。

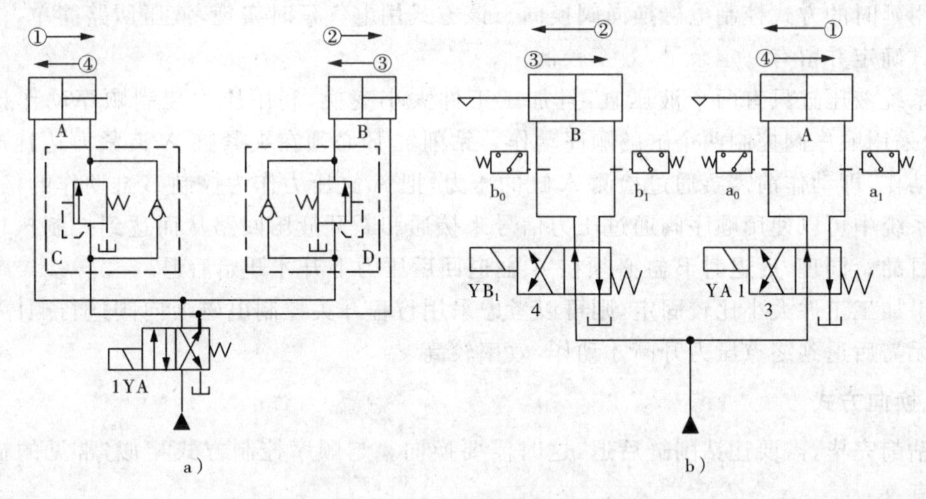

图 2-5　压力控制顺序动作回路

该回路中注意顺序阀的调定压力应比前一个动作的压力高出 0.8～1.0MPa，否则顺序阀易在系统压力脉冲中造成误动作。这种回路适用于液压缸数目不多、负载变化不大的场合，其优点是动作灵敏，安装连接较方便；缺点是可靠性不高，位置精度低。

(2)压力继电器

压力继电器(图 2-6)是一种将液压系统的压力信号转换为电信号输出的元件。其作用是根据液压系统压力的变化，通过压力继电器内的微动开关自动接通或断开电气线路。

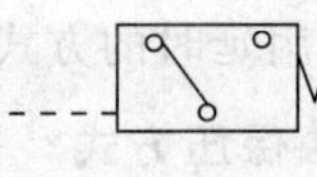

图 2-6　压力继电器

如图 2-5b 所示为压力继电器控制电磁换向阀的顺序动作回路。

当换向阀 3 电磁铁得电换向时，缸 A 前进，完成动作①；

当液压缸 A 前进至终点时，压力上升，当压力达到压力继电器 a_1 设定压力时，触动压力继电器开关 a_1 使换向阀 4 电磁铁得电换向，控制缸 B 前进完成动作②；

当缸 B 前进至终点时，压力上升，当压力达到压力继电器 b_1 设定压力时，触动压力继电器开关 a_1 使换向阀 4 电磁铁失电，缸 B 后退，实现动作③；

当缸 B 后退至起点时，压力上升，当压力达到压力继电器 b_0 设定压力时，触动压力继电器开关 b_0 使换向阀 3 电磁铁断电，缸 A 后退，完成动作④；

当缸 A 后退至起点时，压力上升，当压力达到压力继电器 a_1 设定压力时，触动压力继电器开关 a_0 使泵卸荷或引起其他动作，完成一个工作循环。

这种回路的优点是控制灵活、方便，变换行程比较方便，只需改变电气部分。当需要有明显的压力变化才能进入下一动作，所以一般需要液压缸运动到终点，难以停留在任意位置。

思考：①三个缸以上顺序动作能否采用顺序阀控制？②若要更改动作顺序，液压回路该如何调整。

3. 时间控制

采用延时的方式控制电磁换向阀换向。该方式用电气延时实现，液压回路简单，但延时需要调试确定并留有一定余量，效率较低。

此系统液压缸只有两个液压缸，且加工工件大小变换，利用压力控制顺序动作比较方便，在此采用顺序阀控制两个缸的顺序动作。钻削缸 B 必须在夹紧缸 A 夹紧力达到规定值时才能动作，即动作前需要通过检测 A 缸的压力，把 A 缸压力作为控制 B 缸动作的信号，这在液压系统中可以使用顺序阀通过压力信号来接通和断开液压回路从而达到控制执行元件动作的目的。同理，后退时 B 缸必须在 A 缸退回后压力上升才开始后退。

如果加工工件大小比较固定，则可以考虑采用行程开关控制电磁换向阀进行顺序控制，该方式无需后退到终点压力升高才动作，效率较高。

三、换向方式

当钻削完毕，需要让钻削缸后退，这时需要换向。与顺序控制方式相似，常见的控制换向方式有：

1. 压力控制

可采用压力继电器控制电磁换向阀。

2. 行程控制

可直接采用行程换向阀，也可采用行程开关控制电磁换向阀。

3. 时间控制

采用延时的方式控制电磁换向阀换向。

四、保压方式

在液压系统中有时需要具有保压功能，就是在工作循环的某一个阶段内保持规定的压力。保压回路应该满足保压的时间、压力稳定、工作可靠及节能等多个方面的要求。

常用的保压回路有：

(1)利用换向阀中位机能保压回路，压力稳定性差，保压时间较短；

(2)采用液控单向阀(或单向阀)保压回路,保压时间稍长;

(3)采用蓄能器保压回路,压力稳定性好,保压时间视蓄能器容量而定;

(4)使用液压泵保压回路,即液压泵一直对系统供油,可长时间保压,但要注意液压泵不能卸荷且需避免因其他缸快速前进导致压力下降。

在此钻床液压系统中,主要有三个压力:

(1)夹紧缸的夹紧力由顺序阀调节,当夹紧缸夹紧后,需要打开顺序阀钻削缸才能前进,因此能够保持一定的压力。

(2)钻削时的压力由溢流阀调节。

(3)系统不工作时,不希望两个缸动作,需要保压,无论从保压时间和压力稳定方面均要求不高,可直接采用换向阀中位机能实现。

五、卸荷方式

(1)如果采用顺序阀来控制顺序动作,只需一个换向阀,则可以在两个液压缸均不动作时,采用换向阀的中位机能进行卸荷。

(2)如果采用行程开关控制顺序动作,每个缸需要一个换向阀,不能采用换向阀的中位机能进行卸荷,否则当一个换向阀处于中位时,液压泵卸荷,其他缸都无法动作。可采用二位二通电磁阀卸荷。

六、换向阀中位机能

当液压缸或液压马达需在任何位置均可停止时,要使用三位阀,即除了前进端与后退端外,还有中间位置,阀两边皆装有弹簧,如无外来的推力,阀芯将停在中间位置,简称中位。换向阀中间位置各接口的连通方式称为中位机能。各种中位机能见表 2-1。

表 2-1　三位换向阀的中位机能

中位机能型式	中间位置时的滑阀状态	中间位置的符号	
		三位四通	三位五通
O	T(T_1)　A　P　B　T(T_2)	A B P T	A B T_1 P T_2
H	T(T_1)　A　P　B　T(T_2)	A B P T	A B T_1 P T_2
Y	T(T_1)　A　P　B　T(T_2)	A B P T	A B T_1 P T_2

（续表）

中位机能型式	中间位置时的滑阀状态	中间位置的符号	
		三位四通	三位五通
J	T(T_1) A P B T(T_2)	A B P T	A B T_1 P T_2
C	T(T_1) A P B T(T_2)	A B P T	A B T_1 P T_2
P	T(T_1) A P B T(T_2)	A B P T	A B T_1 P T_2
K	T(T_1) A P B T(T_2)	A B P T	A B T_1 P T_2
X	T(T_1) A P B T(T_2)	A B P T	A B T_1 P T_2
M	T(T_1) A P B T(T_2)	A B P T	A B T_1 P T_2
U	T(T_1) A P B T(T_2)	A B P T	A B T_1 P T_2

在分析和选择三位换向阀的中位机能时，通常考虑以下几点：

1. 系统保压

换向阀处于中位时，A、B 口与 T 口不通，即液压缸两端均不通油箱，液压缸保住压力，

停止时外力不能使其运动。相反，中位时如果 A、B 口与 T 口通则不保压。

2. 系统卸荷

换向阀处于中位时，P 口与 T 口通，即液压泵直接接油箱，因此泵的输出压力近似为零，也称泵卸荷，系统即可减少功率损失，但多缸系统时慎用。相反，如果 P 口与 T 口不通，P 口被堵塞时，油需从溢流阀流回油箱，液压泵不卸荷，从而增加了功率消耗。

如图 2－7a 所示。中位为“O”型，当换向阀处于中位时，A、B、P 口均与 T 口不通，保压且不卸荷。如图 2－7b 所示。中位为“M”型，当换向阀处于中位时，A、B 口与 T 口不通，液压缸保压；P、T 口相通，泵卸荷。

3. 液压缸快进

如图 2－7c 所示，中位为“P”型，当换向阀处于中位时，因 P、A、B 口相通，故可用作差动回路，实现液压缸快进。

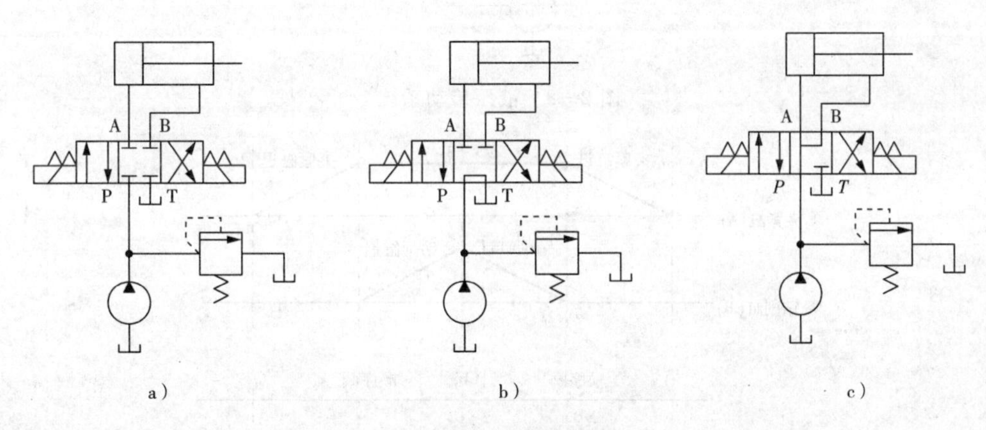

图 2－7　换向阀典型中位机能

任务实施

一、液压回路图

根据上述分析，设计本系统的液压回路如图 2－8 所示。分别采用两个顺序阀控制液压缸的顺序动作，其中顺序阀 5 控制夹紧缸 A 前进结束时钻削缸 B 前进的顺序动作，顺序阀 4 控制钻削缸 B 后退结束时夹紧缸 A 后退的顺序动作。行程开关 b_1 控制钻削缸钻削完成时换向，行程开关 a_0 控制夹紧缸回位后系统卸荷。

二、电气图设计

控制回路具体设计步骤如下：

(1)绘制各液压缸位移顺序图，其中 A 为夹紧缸，B 为钻削缸。

(2)绘制开关信号图。

(3)绘制线圈(电磁铁、继电器)通断电图，结果如图 2－9 所示。

(4)绘制电气控制回路图，如图 2－10 所示。

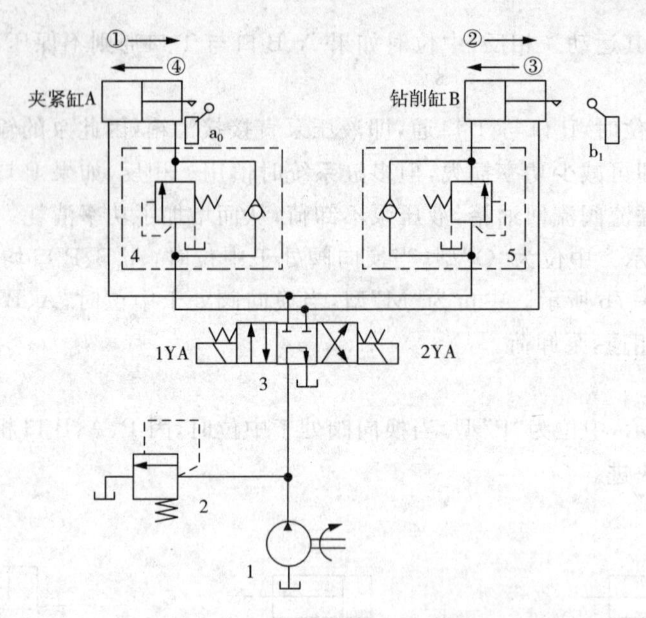

图 2－8　液压传动系统

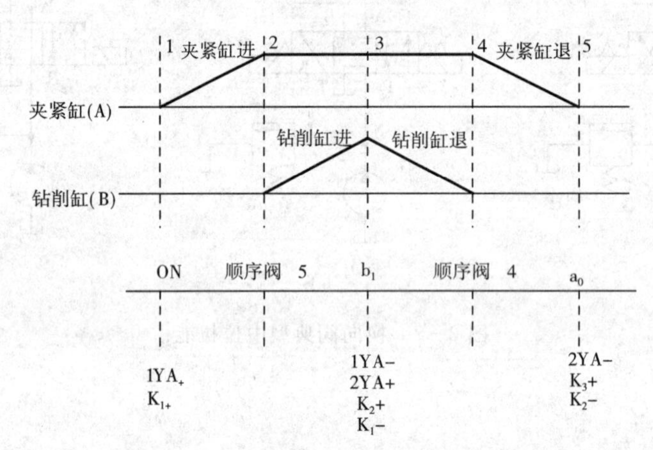

图 2－9　半自动钻床电气控制分析图

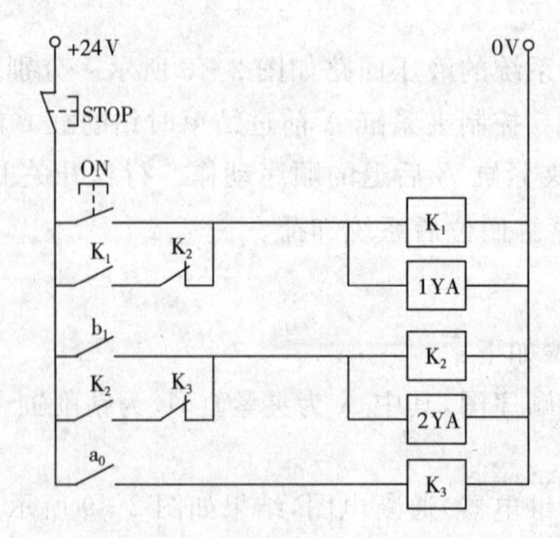

图 2－10　半自动钻床电气控制图

三、工作流程分析

1. 夹紧缸 A 伸出夹紧

当按下开关 ON 时，电磁换向阀 3 左位电磁线圈 1YA 得电，中间继电器 K_1 得电并自锁，换向阀 3 工作于左位，夹紧缸首先开始伸出运动。液压油路如图 2－11 所示。

进油油路：油箱→液压泵 1→换向阀 3 左位→夹紧缸左腔；

回油油路：夹紧缸右腔→单向顺序阀 4 中单向阀→换向阀左位→油箱。

此时系统压力较低，未打开顺序阀 5。

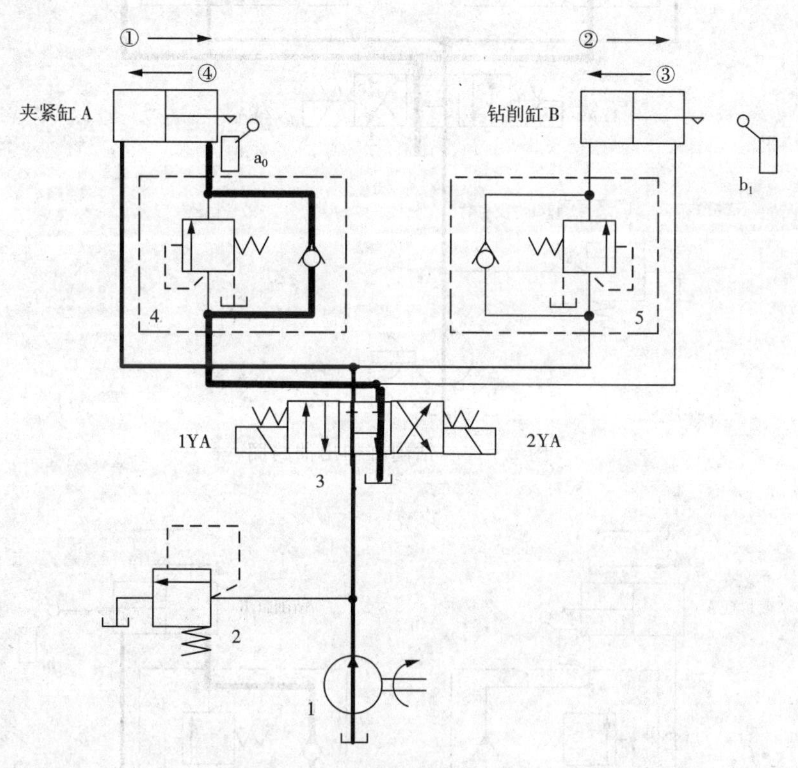

图 2－11　夹紧缸伸出油路图

2. 钻削缸 B 伸出钻削

当夹紧缸 A 夹紧工件后，停止运动，系统压力上升，当压力升高到顺序阀 5 设定压力（根据需要夹紧力设定）时，压力油打开顺序阀，进入液压缸 B 的左腔，钻削缸 B 伸出，开始钻削。液压油路如图 2－12 所示。

进油油路：油箱→液压泵 1→换向阀 3 左位→顺序阀 5→钻削缸左腔；

回油油路：钻削缸右腔→换向阀左位→油箱。

3. 钻削缸 B 后退

当钻削完毕时，钻削缸 B 挡块压下行程开关 b_1，b_1 动合开关闭合，电磁换向阀 3 右位电磁线圈 2YA 得电，中间继电器 K_2 得电并自锁，同时 K_2 动断触电断开使 1YA 断电，换向阀 3 工作于右位。液压油路如图 2－13 所示。

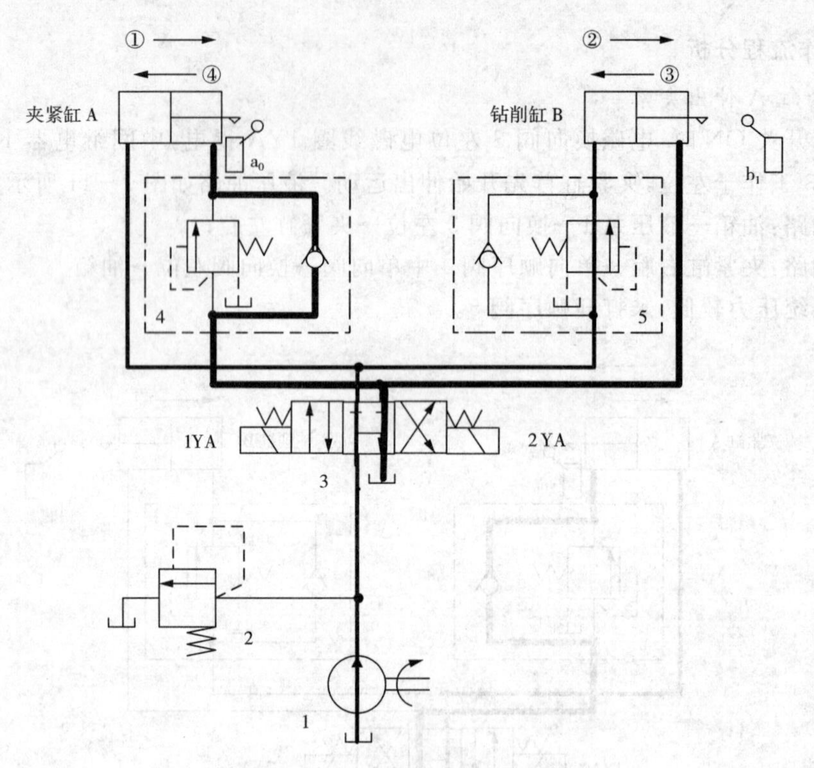

图 2－12　钻削缸伸出油路图

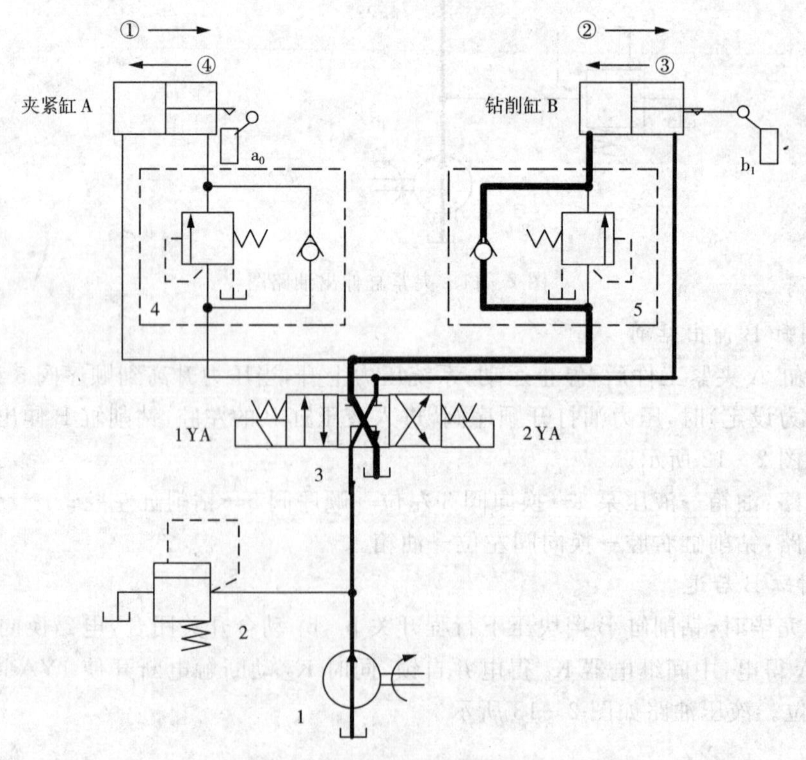

图 2－13　钻削缸后退油路图

进油油路：油箱→液压泵1→换向阀3右位→钻削缸右腔；

回油油路：钻削缸左腔→单向顺序阀5中单向阀→换向阀3右位→油箱。

4. 夹紧缸A后退

当钻削缸B后退至起点时，停止运动，系统压力上升，当压力升高到顺序阀4设定压力时，压力油打开顺序阀，进入液压缸A的右腔，钻削缸A开始后退，松开工件。液压油路如图2-14所示。

进油油路：油箱→液压泵1→换向阀3右位→顺序阀4→夹紧缸右腔；

回油油路：夹紧缸左腔→换向阀3右位→油箱。

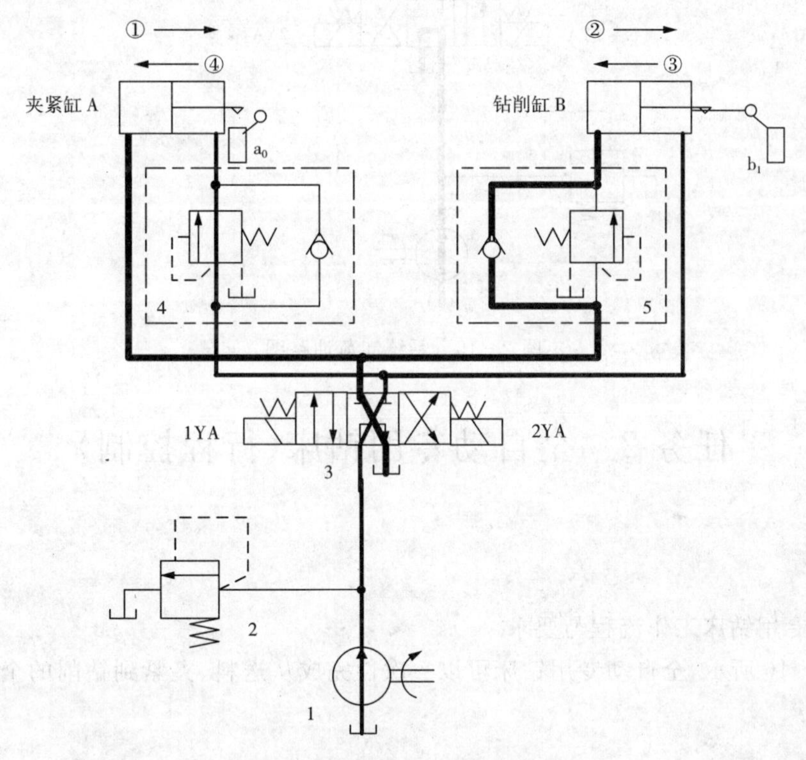

图2-14　夹紧缸后退油路图

5. 液压系统卸荷

当夹紧缸A后退至起点时，钻削缸A挡块压下行程开关a_0，a_0动合开关闭合，中间继电器K_3得电，其动断触电断开使2YA断电，换向阀3两端电磁均断电，在两端弹簧作用下工作于中位，液压油直接从液压泵流回油箱，系统卸荷。此时，液压泵处于空载运行，能耗少且延长寿命，液压油路如图2-15所示。

任务拓展

（1）采用行程开关控制电磁阀的方式，设计液压回路与电气回路。

（2）采用时间控制方式，设计液压回路与电气回路。

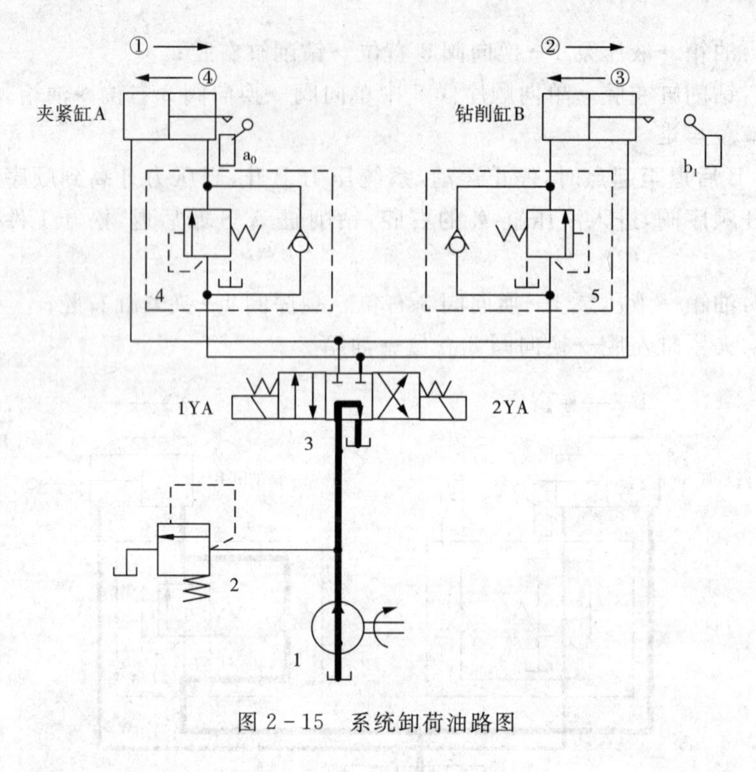

图 2-15　系统卸荷油路图

任务 2　全自动专用钻床(行程控制)

任务介绍

全自动专用钻床工作流程与要求

如图 2-16 所示,全自动专用钻床可以一次性完成从送料、夹紧到钻削的全过程。其工作流程如下:

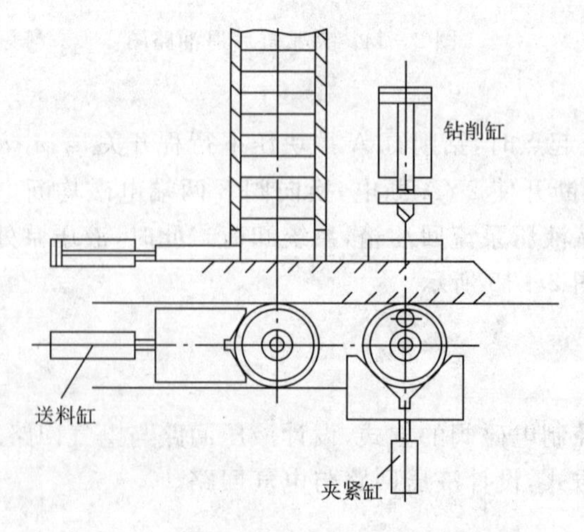

图 2-16　自动钻床加工工位结构简图

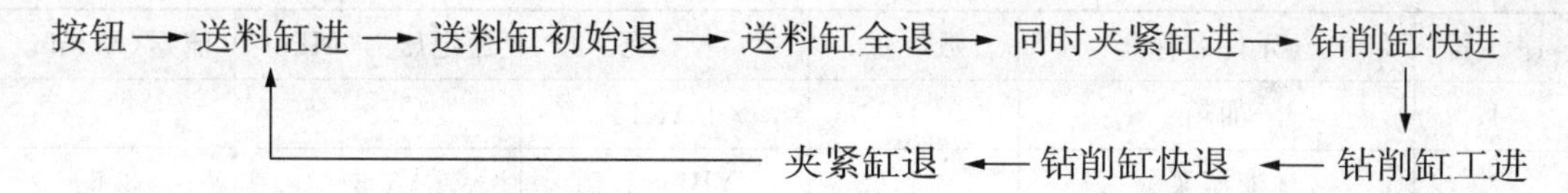

相关知识

一、缸的动作顺序

如图 2－17 所示。

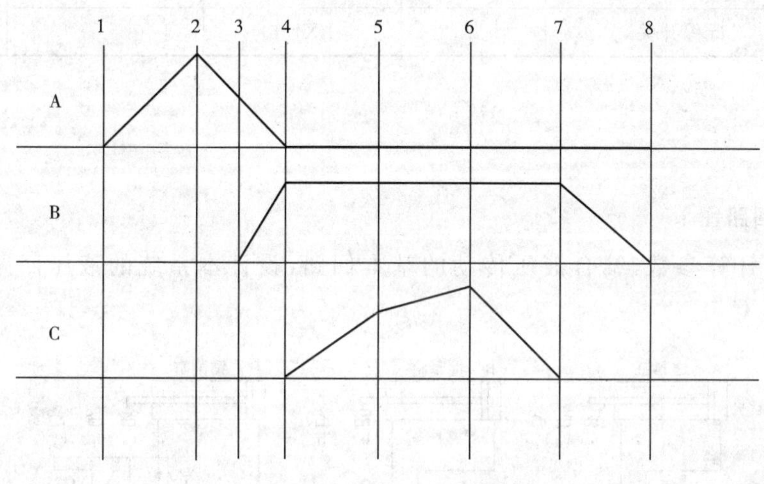

图 2－17　缸的动作顺序图

二、顺序控制方式选择

行程开关和电磁阀控制。

三、换向阀的选择

(1)送料缸动作与其他缸互不干扰，换向选用两位四通电磁阀即可满足送料要求。

(2)夹紧缸在工作过程中保持一定的压力，如果选用两位四通电磁换向阀，则在钻削缸快进和快退时无法保压，采用三位四通电磁换向阀。

(3)钻削缸换向选用三位四通电磁阀。

四、卸荷方式

由于多缸动作互相干扰，不能采用换向阀的中位机能进行卸荷，在此可采用二位二通电磁阀卸荷。

由于钻削缸垂直安装，为使得运动平稳，采用液压缸出口节流调速回路。以泵的额定压力 6.3MPa、流量 3.6L/min 为基准，选择各种电磁换向阀、溢流阀、调速阀等元件，元件的性能参数可参考液压传动设计手册有关资料，在此不再一一叙述。为节约能源，钻削缸快进采用差动回路。液压元件见表 2－2。

表 2-2 液压系统中各个元器件列表

序 号	元件名称	数 量	型 号	额定压力(MPa)	流量(L/min)
1	油箱	1	BAK13		
2	液压泵	1	YB1－2.5	6.3	3.6
3	二位四通电磁换向阀	1	U/FC10－4	10	5
4	溢流阀	1	Y－25	8	4
5	节流调速阀	1	TL6－01	7	4
6	三位四通电磁换向阀	2	M/10140	15	8
7	行程开关	8	LX156		

任务实施

一、液压回路图

根据以上计算参数，结合液压传动的基本回路，设计本系统的液压回路如图 2-18 所示。

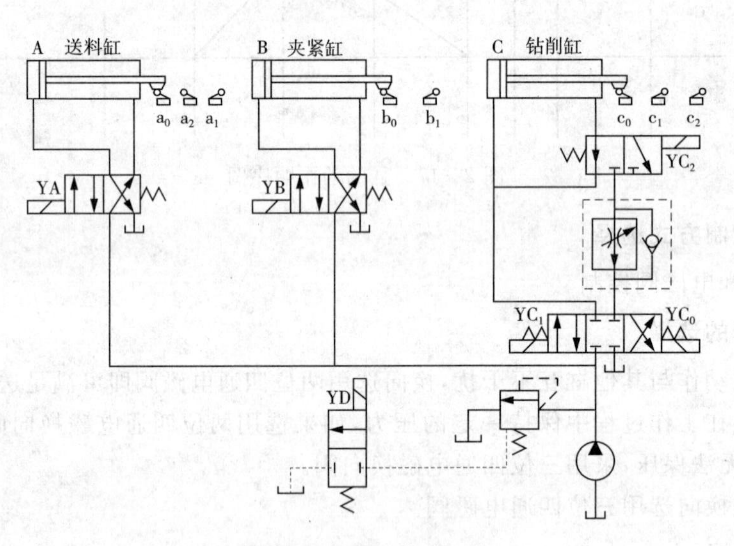

图 2-18 液压传动系统

二、电气图设计

1. 设计控制回路

该自动钻床工作循环过程如前所述，由于送料杆和夹紧杆同时伸出到位时会产生干涉，所以要等送料缸退回才能夹紧，但为了节约时间，在送料缸刚好退出干涉位置时，夹紧缸就动作，使得夹紧与送料缸后退同步。

控制回路具体设计步骤如下：

(1)绘制各液压缸位移顺序图，如图 2-19 所示，其中 A 为送料缸，B 为夹紧缸，C 为钻

削缸；

(2)以行程开关压下为 1，弹起为 0，绘制开关信号图，如图 2－19a 所示；

(3)由于在第 4 步和第 7 步有两组相同的信号，故将所有信号分成两级，图 2－19b 所示；

(4)以 0→1 为触发信号，绘制开关动作图，如图 2－19c 所示。在第 7 步因为和第 4 步信号相同所以在该组加 1 个继电器 K 常开触点；

(5)绘制线圈(电磁铁、继电器)通断电图，注意在Ⅰ级和Ⅱ级交界处增加一个继电器通电，以便进行分级的转换，在Ⅱ级结束时继电器断电，如图 2－19d 所示；

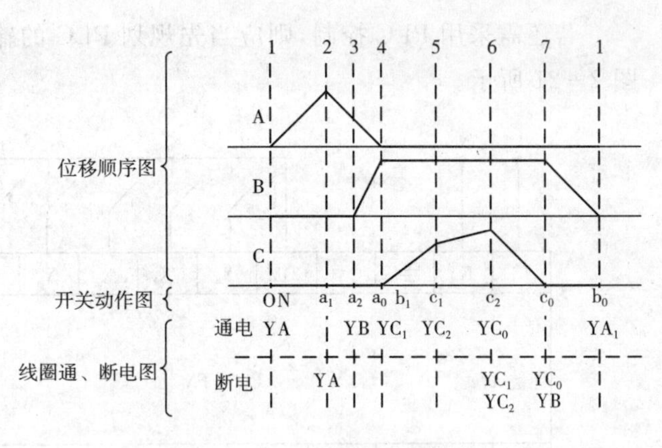

图 2－19　电气控制分析图

(6)绘制电气控制回路图，如图 2－20 所示，图中继电器 K5 为图 2－19 所示的分级转换继电器 K。工作时按一下带自锁的按钮 SB_1 使 YA 通电，即可连续的重复本例所要求的工作循环过程，如要短暂停机，则按 SB_1 使断电，再按 SB_2 液压泵卸荷。

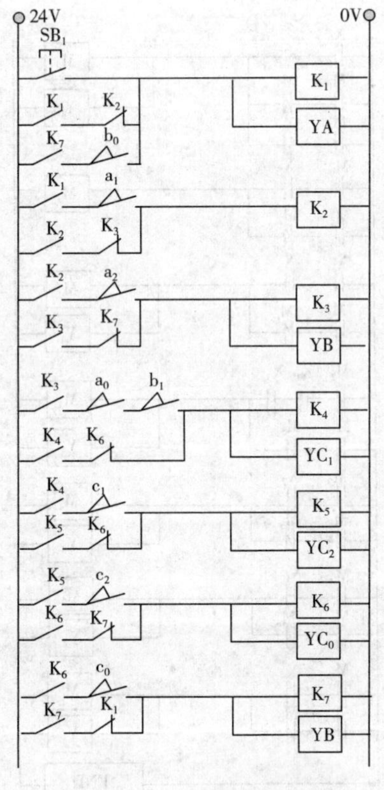

图 2－20　电气控制回路图

2. PLC 控制回路设计

若还需采用 PLC 控制，则应当先规划 PLC 的输入、输出口，设计 PLC 的硬件接线图如图 2－21 所示。

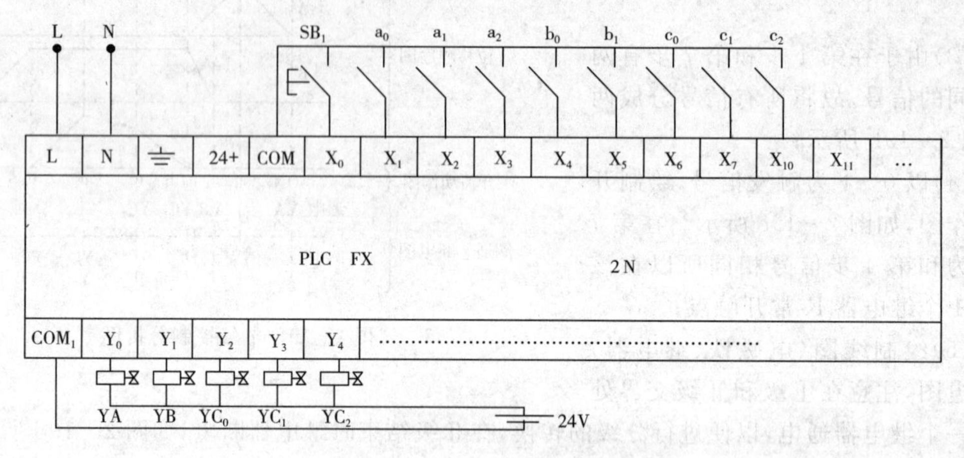

图 2－21 PLC 控制回路

根据上图 PLC 接线，可快速将图 2－20 控制电路图转换为 PLC 梯形图，如图 2－22 所示。

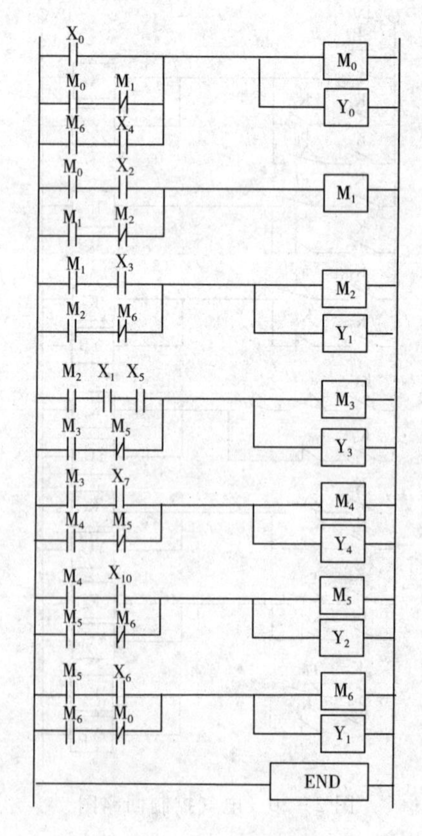

图 2－22 PLC 控制程序

(1)送料缸的伸出

——进油油路 ━━出油油路

当按下开关进行工作时,送料缸首先开始运动,如图 2-23 所示。

进油油路:油箱→液压泵→(YA 电磁阀得电,换向阀换向)→送料缸左腔;

回油油路:送料右腔→换向阀→油箱。

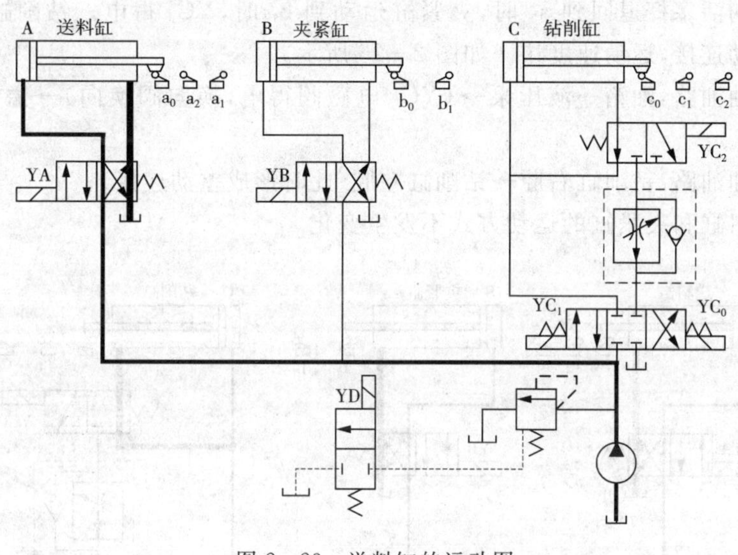

图 2-23 送料缸的运动图

(2)夹紧缸运动

当送料缸的活塞杆运动到 a_2 时,YB 电磁阀得电,但是 K_3 未得电,所以此时夹紧缸不运动,当活塞杆运动到 a_1 时,K_3 继电器得电,K_3 的常开闭合,常闭断开,所以夹紧缸开始伸出时,送料缸缩回。如图 2-24 所示。

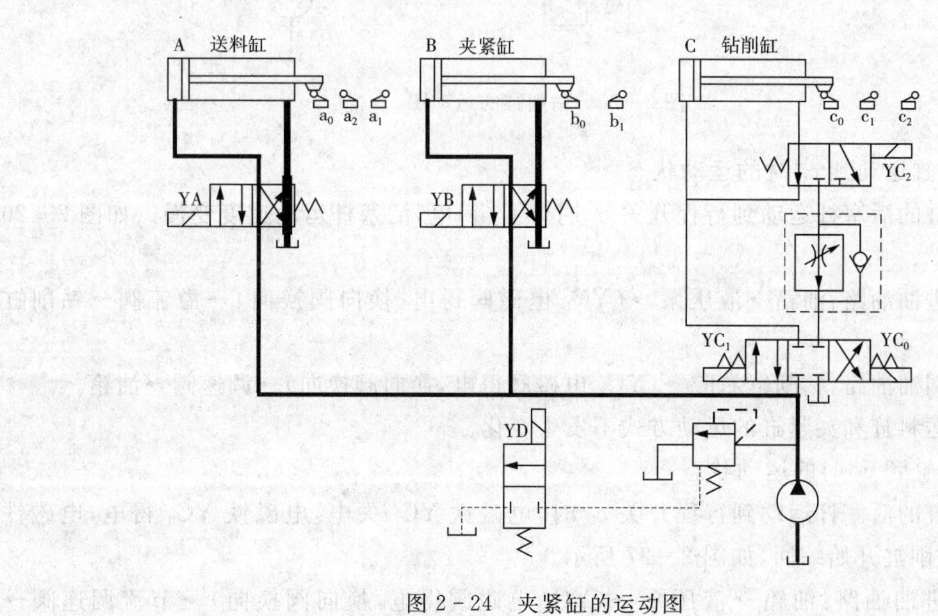

图 2-24 夹紧缸的运动图

送料缸进油油路：油箱→液压泵→（YA 电磁阀失电，换向阀换向）→送料缸右腔；

送料缸回油油路：送料缸左腔→换向阀→油箱；

夹紧缸进油油路：油箱→液压泵→（YB 电磁阀得电，换向阀换向）→夹紧缸左腔；

夹紧缸回油油路：夹紧缸右腔→换向阀→油箱。

（3）钻削缸的运动

当送料缸的活塞杆退回到 a_0 时，夹紧缸运动到 b_1 时，YC_1 得电。钻削缸开始伸出，此时钻削缸为差动连接，运动速度快。如图 2－25 所示。

钻削缸进油油路：油箱→液压泵→（YC_1 电磁阀得电，换向阀换向）→溢流阀→钻削缸左腔；

钻削缸回油油路：钻削缸右腔→钻削缸左腔（此时形成差动连接）；

而此时送料缸和夹紧缸的运动方式不发生变化。

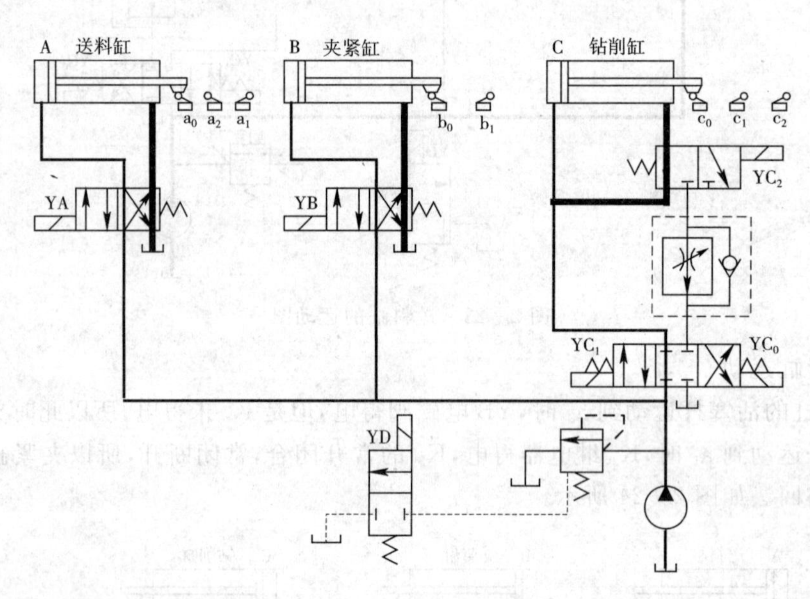

图 2－25 钻削缸的运动图

（4）钻削缸运动到 c_1 时的运动状态

当钻削缸的活塞杆运动到行程开关 c_1 时，YC_2 得电，活塞杆运动速度变慢。如图 2－26 所示。

钻削缸进油油路：油箱→液压泵→（YC_1 电磁阀得电，换向阀换向）→溢流阀→钻削缸左腔；

钻削缸回油油路：钻削缸右腔→（YC_2 电磁阀得电，换向阀换向）→调速阀→油箱。

而此时送料缸和夹紧缸的运动方式不发生变化。

（5）钻削缸到 c_2 时的运动状态

当钻削缸的活塞杆运动到行程开关 c_2 时，电磁铁 YC_1 失电，电磁铁 YC_0 得电，电磁铁 YC_2 得电，钻削缸开始缩回，如图 2－27 所示。

钻削缸进油油路：油箱→液压泵→（YC_0 电磁阀得电，换向阀换向）→节流调速阀→

（YC_2 电磁阀得电，换向阀换向）→钻削缸右腔；

钻削缸回油油路：钻削缸左腔→溢流阀→三位四通电磁阀→油箱。

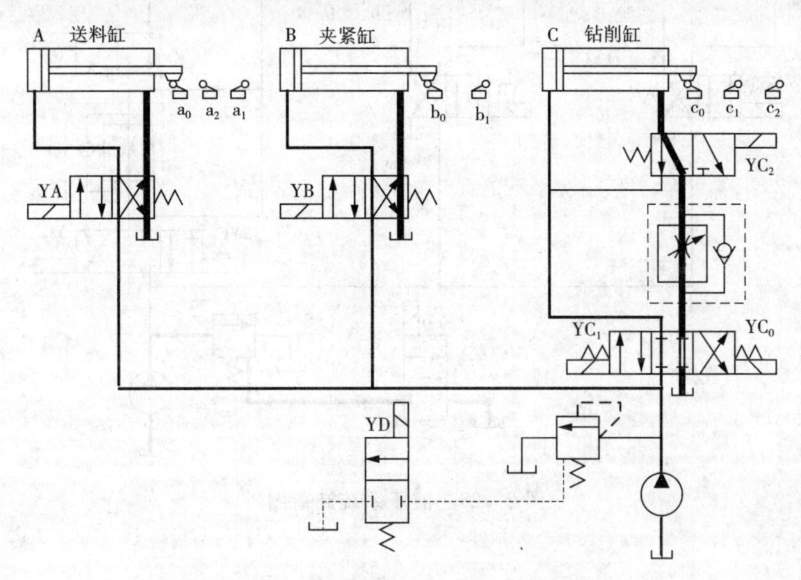

图 2-26　钻削缸在 c_1 时的运动状态图

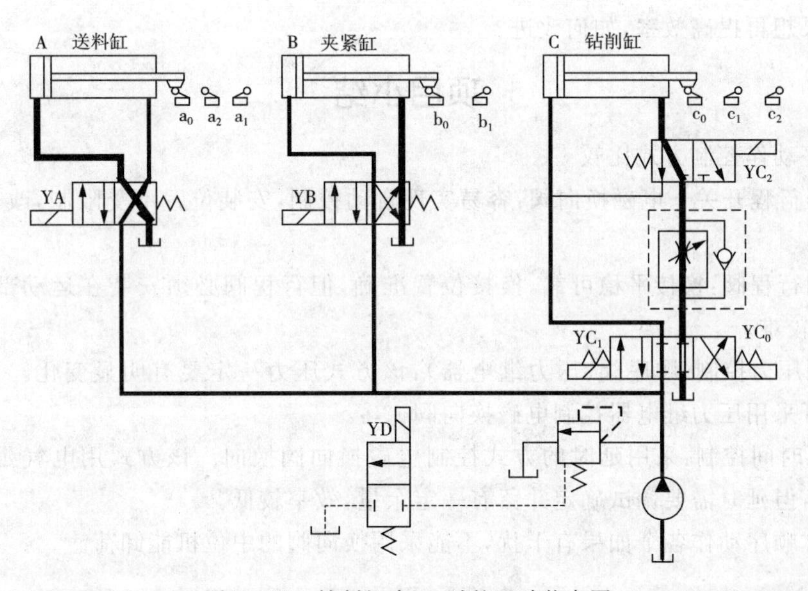

图 2-27　钻削缸在 c_2 时的运动状态图

(6)液压系统卸荷

按下 SB_2 时，系统就会卸荷，如图 2-28 所示。

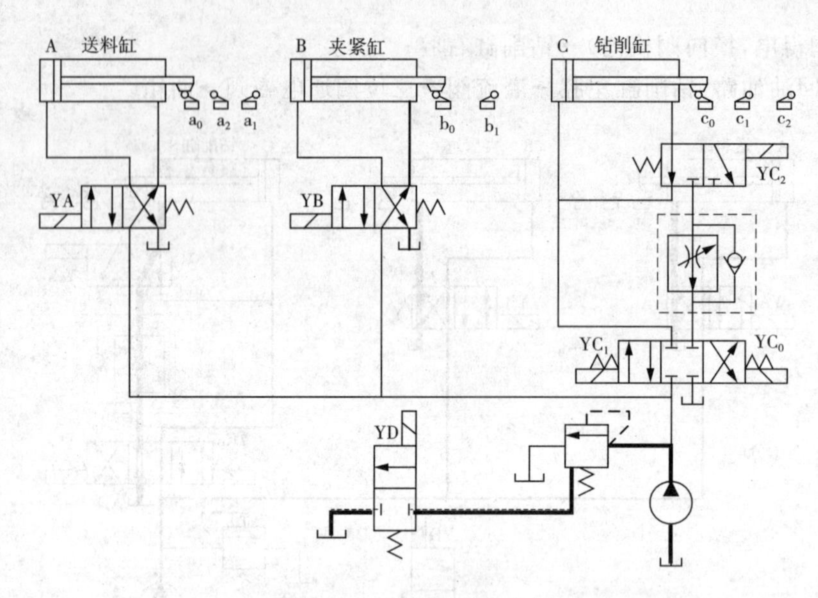

图 2-28 液压系统卸荷图

任务拓展

(1)如果该设备用于不同大小的工件,如何改进?

(2)如果想再提高效率,如何改进?

项目小结

(1)顺序动作控制方式比较

① 采用行程开关+电磁换向阀:容易实现自动控制,安装位置不受限制,改变动作顺序比较灵活。

② 采用行程阀:换接平稳可靠,换接位置准确,但行程阀必须安装在运动部件附近,改变运动顺序较难。

③ 采用压力控制(顺序阀、压力继电器):该方式压力一定要有明显变化。可采用顺序阀控制,也可采用压力继电器控制电磁换向阀。

④ 采用时间控制:采用延时的方式控制电磁换向阀换向。该方式用电气延时实现,液压回路简单,但延时需要调试确定并留有一定余量,效率较低。

(2)多缸顺序动作各个如果有干扰,不能采用换向阀的中位机能卸荷。

学习思考

一、判断题

2-1 当溢流阀的远控口通油箱时,液压系统卸荷。 ( )

2-2 液控顺序阀阀芯的启闭不是利用进油口压力来控制的。 ( )

2-3 先导式溢流阀主阀弹簧刚度比先导阀弹簧刚度小。 ( )

2－4 背压阀的作用是使液压缸的回油腔具有一定的压力，保证运动部件工作平稳。（ ）

2－5 当液控顺序阀的出油口与油箱连接时，称为卸荷阀。（ ）

2－6 直控顺序阀利用外部控制油的压力来控制阀芯的移动。（ ）

2－7 顺序阀可用作溢流阀用。（ ）

2－8 在节流调速回路中，大量油液由溢流阀溢流回油箱，是能量损失大、温升高、效率低的主要原因。（ ）

2－9 外控式顺序阀阀芯的启闭是利用进油口压力来控制的。（ ）

二、计算题

2－10 如图 2－29 所示的液压系统，两液压缸有效面积为 $A_1=A_2=100\times10^{-4}\,\mathrm{m}^2$，缸Ⅰ的负载 $F_1=3.5\times10^4\,\mathrm{N}$，缸Ⅱ的的负载 $F_2=1\times10^4\,\mathrm{N}$，溢流阀、顺序阀和减压阀的调整压力分别为 4.0MPa，3.0MPa 和 2.0MPa。试分析下列三种情况下 A、B、C 点的压力值。

(1)液压泵启动后，两换向阀处于中位；

(2)1YA 通电，液压缸Ⅰ活塞移动时及活塞运动到终点时；

(3)1YA 断电，2YA 通电，液压缸Ⅱ活塞移动时及活塞杆碰到死挡铁时。

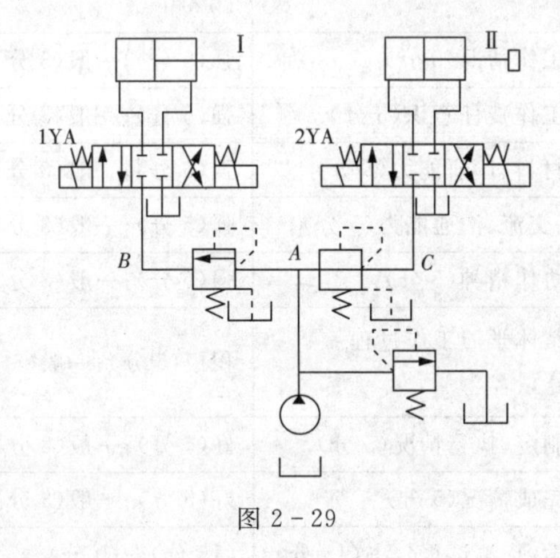

图 2－29

2－11 如图 2－30 所示回路中，溢流阀的调整压力为 5.0MPa、减压阀的调整压力为 2.5MPa。试分析下列三种情况下 A、B、C 点的压力值。

(1)当泵压力等于溢流阀的调定压力时，夹紧缸使工件夹紧后；

(2)当泵的压力由于工作缸快进、压力降到 1.5MPa 时；

(3)夹紧缸在夹紧工件前作空载运动时。

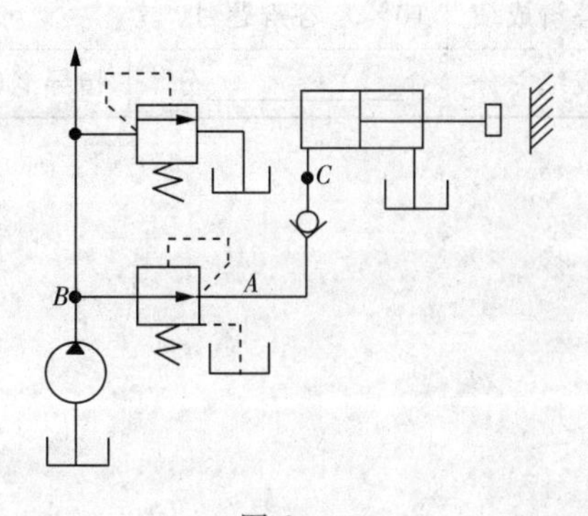

图 2－30

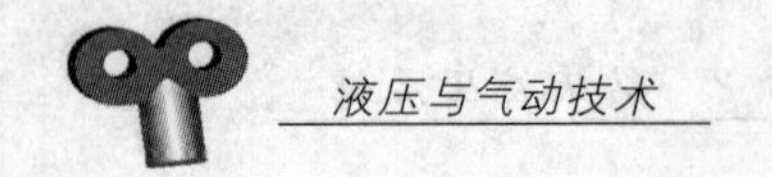

评价标准

本项目的评价内容包括专业能力评价、方法能力评价及社会能力评价等，其中专业能力评价:20%、自评:20%、组内互评:20%、教师评定:30%、答辩:10%，总计为100%，见表2-3。

表2-3 项目学习综合评价表

专业能力评价(权重20%)

思考并简单回答下列问题。(20分)

试用两个单向顺序阀实现“缸1前进——缸2前进——缸1退回——缸2退回”的顺序动作回路，绘出回路图并说明两个顺序阀的压力如何调节。

评定形式	权重	评定内容	评定标准	得分
自我评定	20%	① 学习工作态度(5分)	积极(5分);一般(3分);不积极(0分)	
		② 完成工作任务情况(5分)	全部(5分);一半(3分);没有(0分)	
		③ 出勤情况(5分)	全勤(5分);缺勤两次(3分);缺勤30%(0分)	
		④ 独立工作情况(5分)	强(5分);一般(3分);不强(0分)	
小组评定	20%	① 学习工作责任意识(5分)	强(5分);一般(3分);不强(0分)	
		② 收集材料、调研能力(5分)	强(5分);一般(3分);不强(1分)	
		③ 汇报、交流、沟通能力(5分)	强(5分);一般(3分);不强(1分)	
		④ 团队协作精神(5分)	强(5分);一般(3分);不强(1分)	
教师评定	30%	① 全组整体学习工作过程状态(5分)	积极(5分);一般(3分);较差(1分)	
		② 计划制定、执行情况(5分)	好(5分);一般(3分);较差(1分)	
		③ 任务完成情况(5分)	好(5分);一般(3分);较差(1分)	
		④ 项目学习、测试报告书(15分)	(15分)~(0分)	
答辩成绩	10%	答辩题目:		
成绩总分	________分	指导老师(签字):	组长(签名):	

项目 3　组合机床动力滑台液压系统

学习目标

【能力目标】

(1)能够识别液压方向、速度控制阀,如单向阀、电液换向阀、节流阀、调速阀;
(2)能够理论联系实际,分析流量阀及方向阀等控制元件在实际中的应用;
(3)能够分析组合机床动力滑台液压系统速度控制的液压回路;
(4)具有良好的行为习惯及团队协作能力。

【知识要求】

(1)熟悉节流阀、调速阀及电液换向阀等控制元件的结构及工作原理;
(2)掌握节流阀、调速阀及电液换向阀等控制元件种类及图形符号;
(3)掌握组合机床动力滑台液压系统不同控制方式的特点及应用场合。

【技能要求】

(1)能通过查阅资料完成液压元件的信息搜集和综合应用;
(2)能根据液压回路设计其电气控制回路;
(3)能正确使用液压元件及文明操作。

任务介绍

组合机床是由一些通用和专用零部件组合而成的专用机床,如图 3-1 所示,广泛应用于成批大量的生产中。组合机床上的主要通用部件——动力滑台是用来实现进给运动的,只要配以不同用途的主轴头,即可实现钻、扩、铰、镗、铣、刮端面、倒角及攻螺纹等加工。动力滑台有机械滑台和液压滑台之分。液压动力滑台是利用液压缸将泵站所提供的液压能转变成滑台运动所需的机械能的。它对液压系统性能的要求是速度换接平稳,进给速度稳定,功率利用合理,效率高,发热少。

现以 YT4543 型液压动力滑台为例分析组合机床动力滑台液压系统的工作原理和特点。该动力滑台要求进给速度范围为 6.6～600mm/min,最大进给力为 4.5×10^4 N。它在电气和机械装置的配合下可以实现一定的工作循环。它要求液压传动系统完成的进给运动是:快进→第一次工作进给→第二次工作进给→止挡块停留→快退→原位停止,且要求工作可靠，速度平稳，效率高。要达到动力滑台的性能要求，就必须将液压元件有机地组合，形成完整有效的液压控制回路。

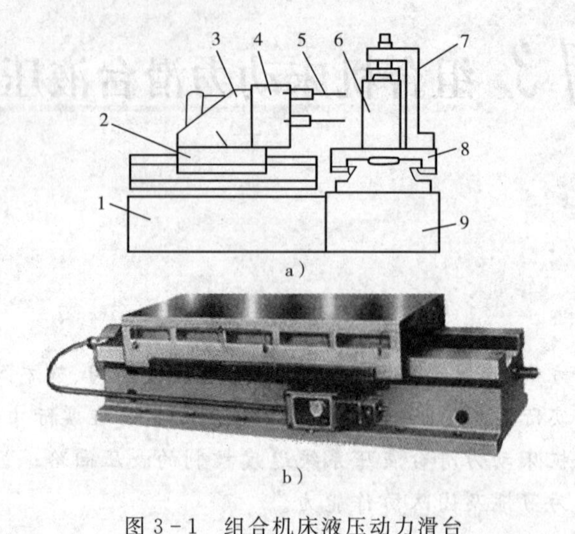

图 3-1　组合机床液压动力滑台

a)液压动力滑台的组成；b)液压动力滑台的外观

1—床身；2—动力滑台；3—动力头；4—主轴箱；5—刀具；6—工件；7—夹具；8—工作台；9—底座

相关知识

一、动力元件选择

采用限压式变量叶片泵，随负载的变化而输出不同流量的油液，以适应快速运动和工作进给（慢速）的要求。

限压式变量叶片泵是一种单作用叶片泵，它是利用其工作压力的反馈作用，来改变定子与转子间的偏心距 e，从而调节泵的输出流量，工作原理如图 3-2 所示。其转子的回转中心

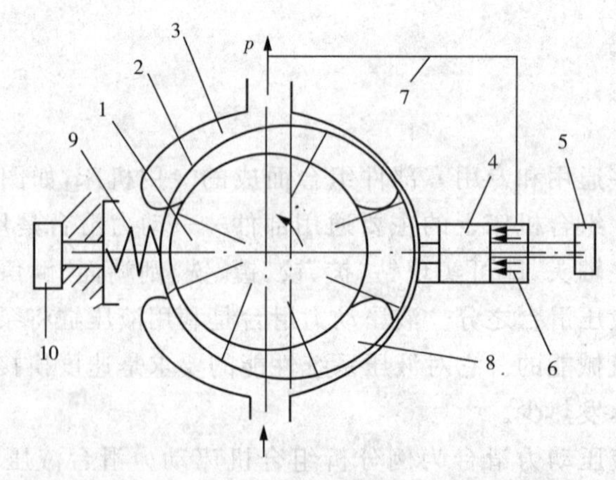

图 3-2　限压式变量叶片泵的工作原理

1—转子；2—定子；3—压油口；4—活塞；5—螺钉；6—反馈油缸；7—通道；8—吸油口；9—调压弹簧；10—调压螺钉

是固定的，而定子套相对转子的偏心安装是活动可调的，定子套的右侧设置有反馈油缸 6 和活塞 4，左侧设置有调压弹簧 9 和调压螺钉 10，而反馈油缸的作用油液来源于泵的压力油口，所以泵在正常工作时，定子是在出油口的反馈压力和弹簧 9 的相互作用下，处于一个相对平衡的位置。

二、执行元件选择

选用差动液压缸，活塞杆较粗，无杆腔与有杆腔的有效面积之比为 2∶1，使快速进给和快速退回的速度相等。

三、控制元件选择

1. 电液式换向阀

对于液压缸运动方向的控制采用电液式换向阀。电液换向阀是由电磁换向阀和液动换向阀组合而成的。电磁换向阀起先导作用，它可以改变和控制液流的方向，从而改变液动换向阀的位置。由于操纵液动换向阀的液压推力可以很大，因此主阀可以做得很大，允许有较大的流量通过。这样用较小的电磁铁就能控制较大的液流了。如图 3－3 所示为三位四通电液换向阀。该阀的工作状态（不考虑内部结构）和普通电磁阀一样，但工作位置的变换速度可通过阀上的节流阀调节。

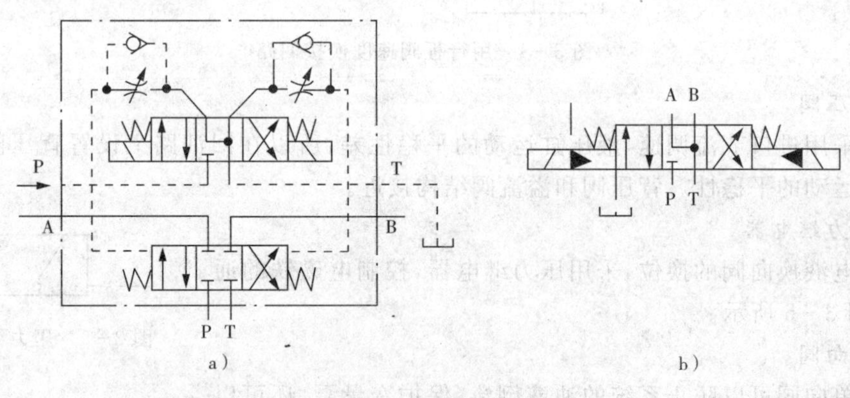

图 3－3　三位四通电液换向阀

a)职能符号；b)简易职能符号

2. 调速阀

对于速度的转变采用调速阀，第一次工作进给的速度以及第二次工作进给速度的控制各采用一个调速阀，并且串联在进油路上，由二位二通阀控制两种工进速度的换接。

3. 行程阀

对于快进和工进速度的换接采用行程阀，其优点是结构简单，换向时阀口逐渐关闭或打开，故换向平稳、可靠、位置精度高。常用于控制运动部件的行程或快、慢速度的转换。如图 3－4 所示为用行程阀进行速度换接回路。当手动阀 2 右位和行程阀 4 下位接入回路时，液压缸活塞将快速向右运动，当活塞移动至使挡块压下行程阀 4 时，行程阀关闭，液压油的回油必须通过节流阀 6，活塞的运动切换成慢速运动状态；当换向阀 2 左位接入回路，液压油经单向阀 5 进入液压缸右腔，活塞快速向左运动。这种回路的特点是速度切换比较平稳，切换点准确，但不能任意布置行程阀的安装位置。

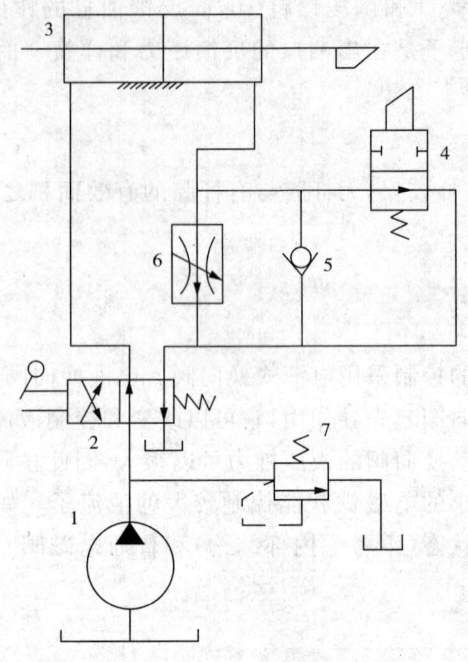

图 3－4　用行程阀速度换接回路

4. 背压阀

由于采用进口节流调速，液压缸运动的平稳性差，所以在回油路上设置背压阀，用以提高液压缸运动的平稳性。背压阀和溢流阀结构接近。

5. 压力继电器

对于电液换向阀的换位，采用压力继电器，控制电磁铁的通断电，如图 3－5 所示。

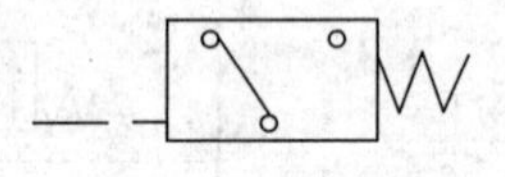

图 3－5　压力继电器

6. 单向阀

采用单向阀可以防止系统的油液倒流，保护变量泵，还可以使控制油路具有一定的压力，用以控制三位四通电磁阀的启动。

7. 顺序阀

液压缸快速前进时，系统压力低，采用顺序阀使液压缸形成差动连接。

四、卸荷方式的选择

当动力滑台快退到原始位置时，挡块压下行程开关，电液换向阀的先导阀及主阀都处于中位，液压缸两腔被封闭，动力滑台停止运动，滑台锁紧在起始位置上。变量泵输出油液的压力升高，直到输出流量为零，变量泵卸荷。

任务实施

根据以上分析，结合液压传动的基本回路，设计本系统的液压回路如图 3－6 所示。

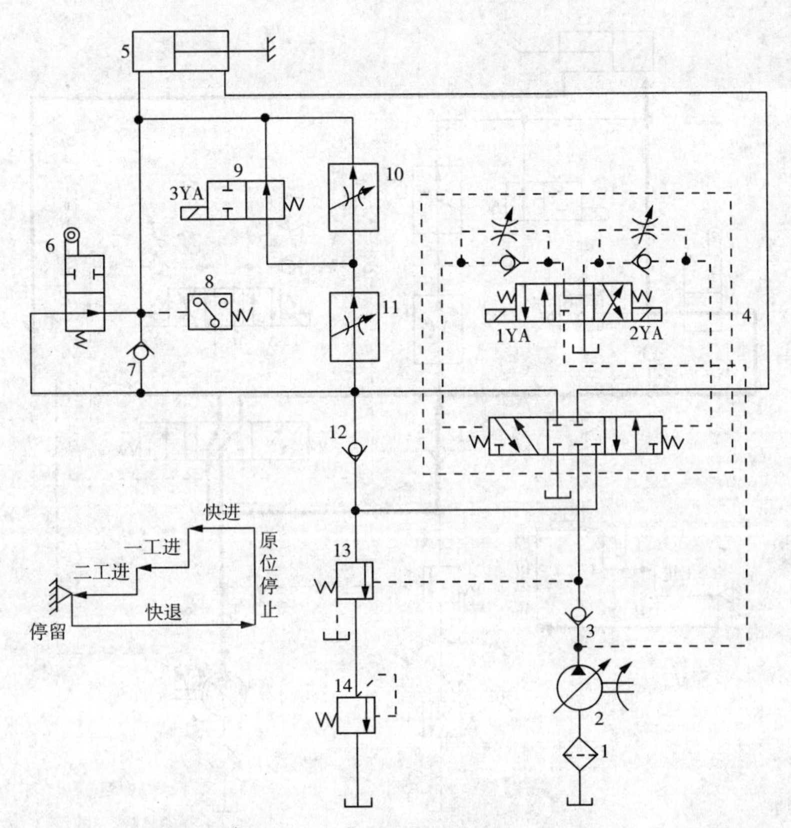

图 3-6 动力滑台液压系统原理图

1—过滤器；2—变量泵；3、7、12—单向阀；4—电液换向阀；5—液压缸；6—行程换向阀；

8—压力继电器；9—二位二通电磁换向阀；10、11—调速阀；13—液控顺序阀；14—背压阀

一、工作流程分析

1. 快进

如图 3-7 所示，按下启动按钮，电液换向阀 4 的电磁铁 1YA 得电，使电液换向阀 4 的先导阀阀芯向右移动从而引起主阀芯向右移，使其左位接入系统，泵 2 输出的油液经主液动换向阀左位进入液压缸的左腔，因此此时为空载，系统的压力不高，顺序阀 13 处于关闭状态，故液压缸右腔排出的油液经主液动换向阀左位也进入了液压缸的左腔。这时液压缸为差动连接，限压式变量泵输出流量最大，动力滑台实现快进。系统控制油路和主油路中油液的流动路线为：

(1)控制油路

进油路：滤油器 1→泵 2→阀 4 的先导阀左位→左单向阀→阀 4 的主阀的左端；

回油路：阀 4 的主阀的右端→右节流阀→阀 4 的先导阀左位→油箱。

(2)主油路

进油路：泵 2→单向阀 3→电液换向阀 4 左位→行程阀 6 下位→液压缸 5 左腔；

回油路：液压缸 5 的右腔→电液换向阀 4 左位→单向阀 12→行程阀 6 下位→液压缸 5 左腔。

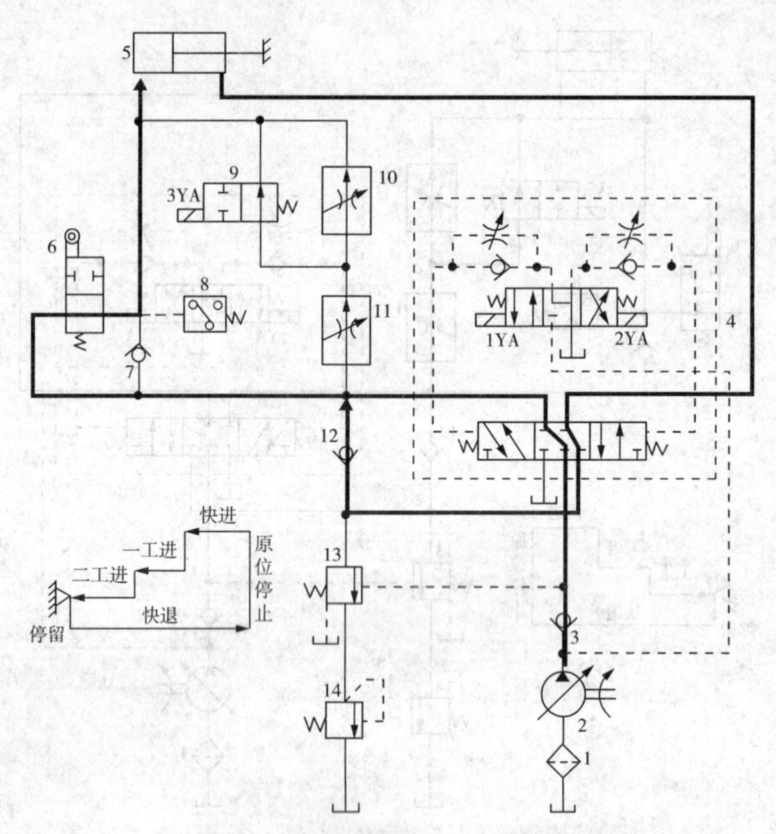

图 3-7 液压缸快进运动状态图

2. 第一次工进

如图 3-8 所示,当快进完成时,滑台上的挡块压下行程阀 6,行程阀上位工作,阀口关闭,这时液动换向阀 4 仍工作在左位,泵 2 输出的油液通过阀 4 后只能经调速阀 11 和二位二通电磁换向阀 9 右位进入液压缸 5 的左腔。由于油液经过调速阀 11 而使系统压力升高,于是将外控顺序阀 13 打开,并关闭单向阀 12,液压缸差动连接的油路被切断,液压缸 5 右腔的油液只能经顺序阀 13、背压阀 14 流回油箱,这样就使滑台由快进转换为第一次工进。由于工作进给时液压系统压力升高,所以限压式变量泵的流量自动减小,滑台实现第一次工进,工进速度由调速阀 11 调节,此时控制油路不变。

其主油路如下:

进油路:滤油器 1→泵 2→单向阀 3→阀 4 的主阀的左位→调速阀 11→换向阀 9 右位→液压缸 5 左腔;

回油路:液压缸 5 右腔→阀 4 的主阀的左位→顺序阀 13→背压阀 14→油箱。

3. 第二次工进

如图 3-9 所示,第二次工进时的控制油路和主油路的回油路与第一次工进时的基本相同,不同之处是当第一次工进结束时,滑台上的挡块压下行程开关,发出电信号使电磁换向阀 9 的电磁铁 3YA 通电,阀 9 左位接入系统,切断了该阀所在的油路,经调速阀 10 的油液必须通过调速阀 11 进入液压缸的左腔,此时顺序阀 13 仍开启。由于调速阀 11 的阀口开口

量小于调速阀 10，系统压力进一步升高，限压式变量泵的流量进一步减小，使得进给速度降低，滑台实现第二次工进。速度可由调速阀 10 调节。

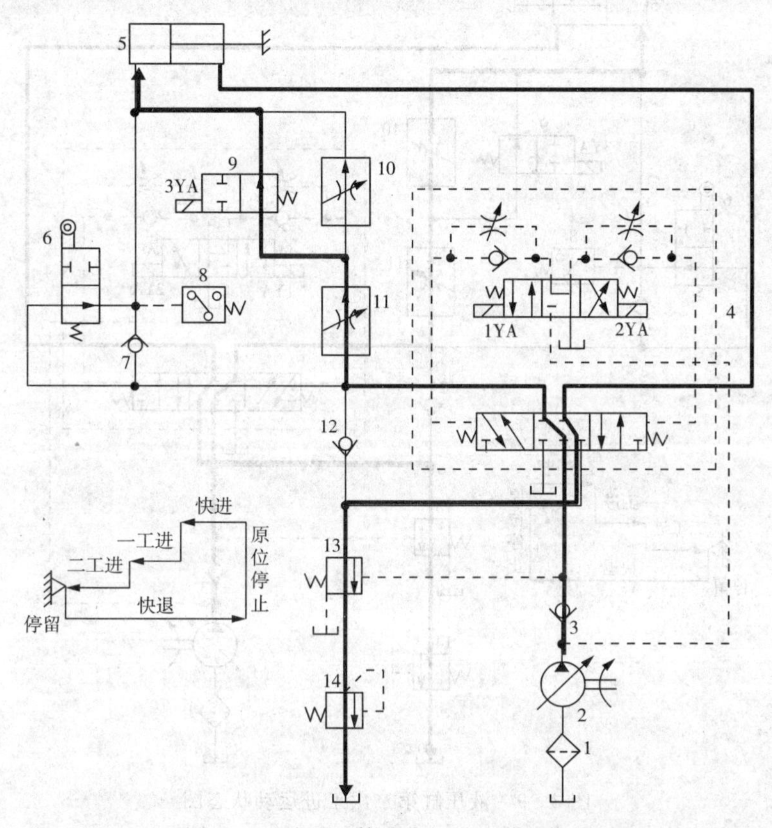

图 3－8　液压缸第一次工进运动状态图

其主油路如下：

进油路：滤油器 1→变量泵 2→单向阀 3→阀 4 的主阀的左位→调速阀 11→调速阀 10→液压缸 5 左腔；

回油路：液压缸 5 右腔→阀 4 的主阀的左位→顺序阀 13→背压阀 14→油箱。

4. 止位钉停留

当滑台完成第二次工进时，动力滑台与止位钉相碰撞，液压缸 5 停止不动。这时系统压力进一步升高，当达到压力继电器 8 的调定压力后，压力继电器动作，发出电信号传给时间继电器，由时间继电器延时控制滑台停留时间。在时间继电器延时结束之前，动力滑台留在止位钉限定的位置上，且停留期间液压系统的工作状态不变。设置止位钉的作用是可以提高动力滑台行程的位置精度。这时的油路同第二次工进的油路，但实际上液压系统内的油止流动，液压泵的流量已减至很小，仅用于补充泄漏油。

5. 快退

如图 3－10 所示，动力滑台停留时间结束后，时间继电器发出电信号，使电磁铁 2YA 通电，1YA、3YA 断电。这时阀 4 的先导阀右位接入系统，电液换向阀 4 的主阀也换为右位工作，主油路换向，因滑台返回时为空载，液压系统压力低，变量泵的流量又自动恢复到最大

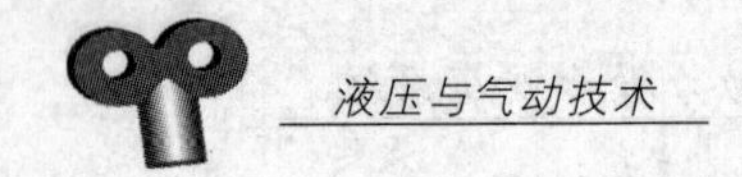

值，故滑台快速退回。其油路如下：

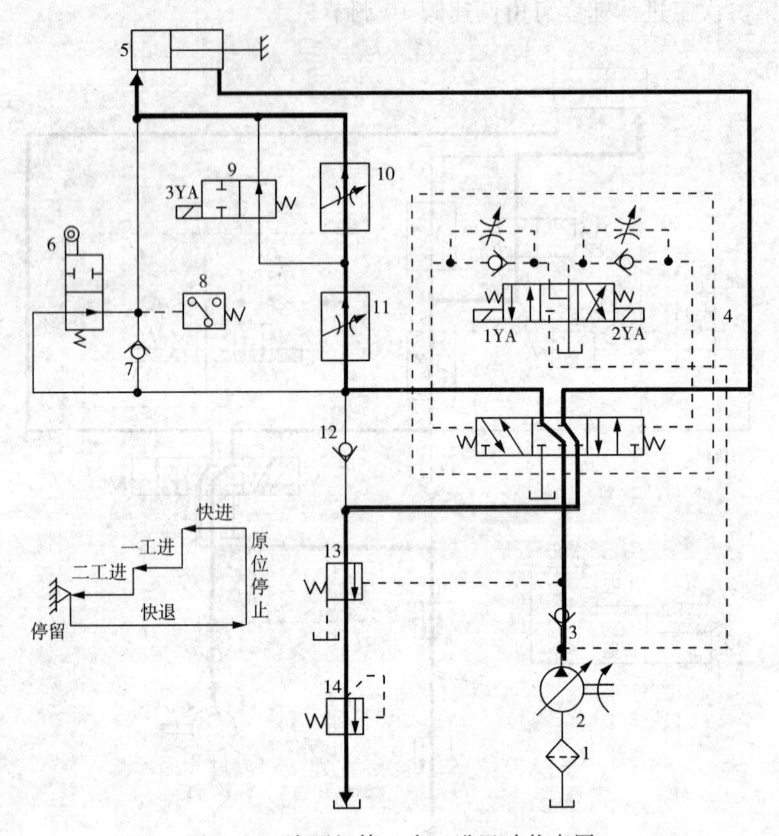

图 3-9　液压缸第二次工进运动状态图

(1)控制油路

进油路：滤油器 1→变量泵 2→阀 4 的先导阀的右位→右单向阀→阀 4 的主阀的右端；

回油路：阀 4 的主阀的左端→左节流阀→阀 4 的先导阀的右位→油箱。

(2)主油路

进油路：滤油器 1→变量泵 2→单向阀 3→电液换向阀 4 的主阀的右位→液压缸 5 右腔；

回油路：液压缸 5 左腔→单向阀 7→电液换向阀 4 的主阀的右位→油箱。

6. 原位停止

当动力滑台快退到原始位置时，挡块压下行程开关，使电磁铁 2YA 断电，这时电磁铁 1YA、2YA、3YA 都失电，电液换向阀 4 的先导阀及主阀都处于中位，液压缸 5 两腔被封闭，动力滑台停止运动，滑台锁紧在起始位置上。变量泵 2 输出油液的压力升高，直到输出流量为零，变量泵卸荷。

该系统的各电磁铁及行程阀动作顺序见表 3-1。

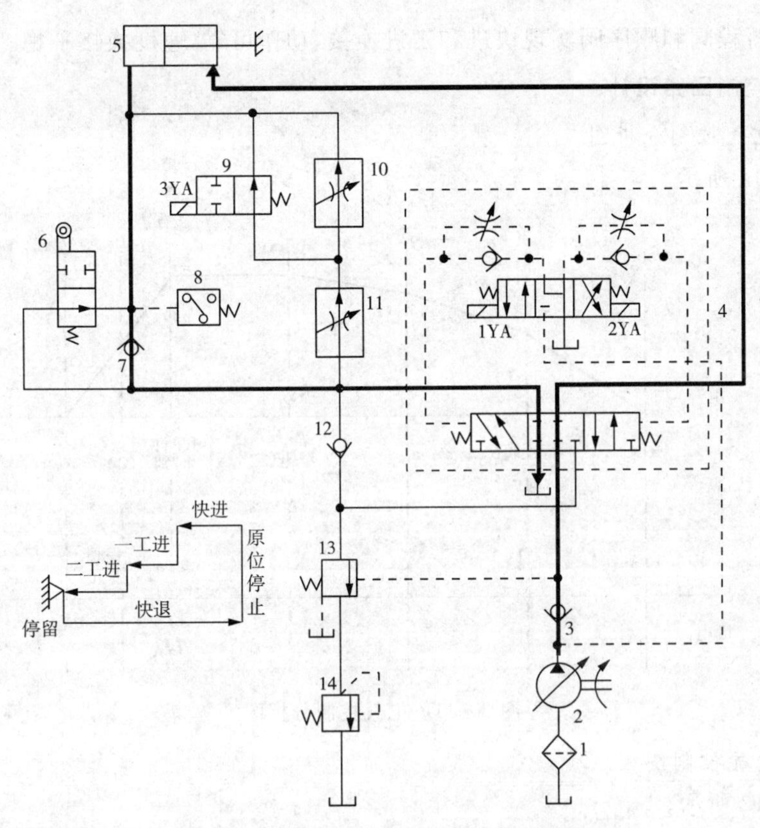

图 3-10　液压缸快退运动状态图

表 3-1　电磁铁及行程阀动作顺序表

工作循环	信号来源	电磁铁			行程阀 6
		1YA	2YA	3YA	
快进	启动按钮	+	−	−	−
一工进	挡块压行程阀	+	−	−	+
二工进	挡块压行程开关	+	−	+	+
停留	压力继电器	+	−	+	+
快退	时间继电器	−	+	−	+
原位停止	挡块压终点开关	−	−	−	−

二、组合机床动力滑台液压系统特点

(1)采用了限压式变量叶片泵和调速阀的调速回路,保证了稳定的低速运动,有较大的调速范围。

(2)回油路上的背压阀使滑台能承受负值负载。

(3)采用限压式变量泵和液压缸的差动连接实现快进,能量利用经济合理。

(4)采用行程阀和顺序阀实现快进和工进换接,动作可靠,速度换接平稳。

三、电气控制回路设计

1. 绘制电气控制分析图

如图 3-11 所示。

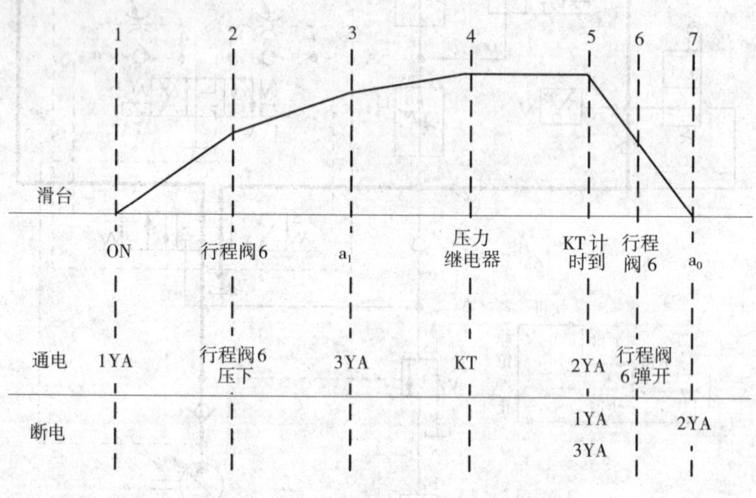

图 3-11　电气控制分析图

2. 绘制电气控制图

如图 3-12 所示。

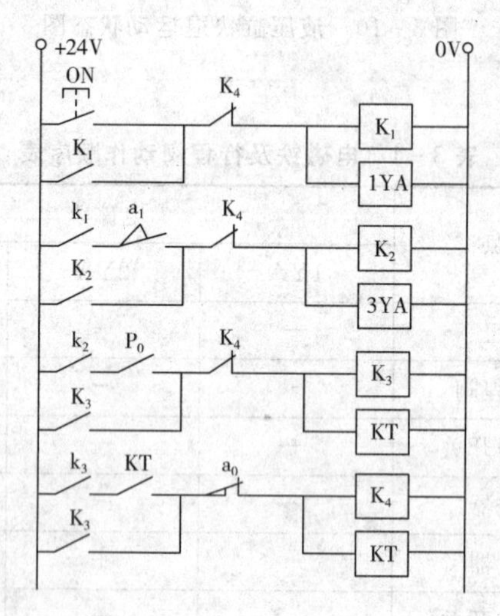

图 3-12　电气控制图

3. PLC 控制回路设计

若还需采用 PLC 控制,则应当先规划 PLC 的输入、输出口,设计 PLC 的硬件接线图如图 3-13 所示。

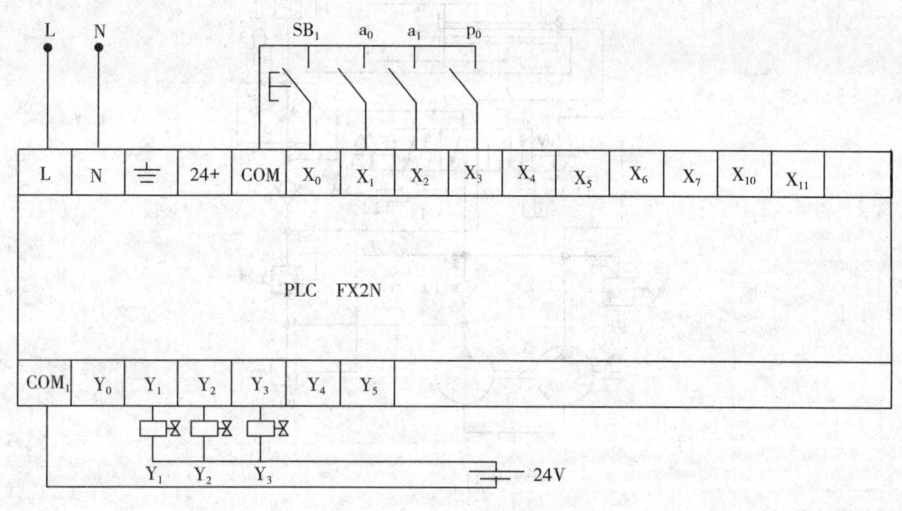

图 3－13　PLC 控制回路图

根据上图 PLC 接线，可快速将图 3－12 控制电路图转换为 PLC 梯形图，如图 3－14 所示。

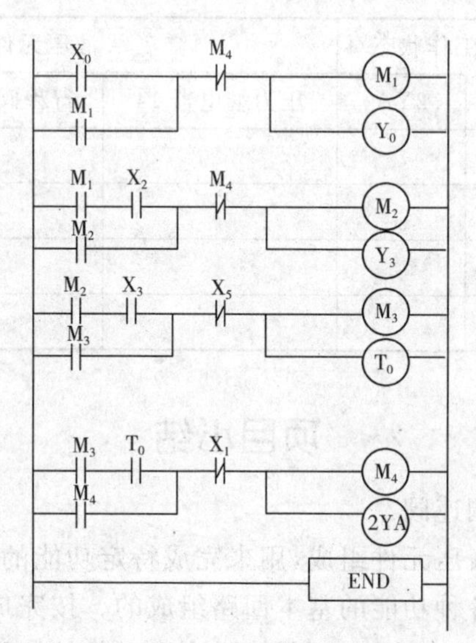

图 3－14　PLC 控制程序

项目拓展

如图 3－15 所示液压系统，按动作循环表规定的动作顺序进行系统分析，填写完成该液压系统的工作循环表。（注：电气元件通电为“＋”，断电为“－”；压力继电器、顺序阀、节流阀和顺序阀工作为“＋”，非工作为“－”。）

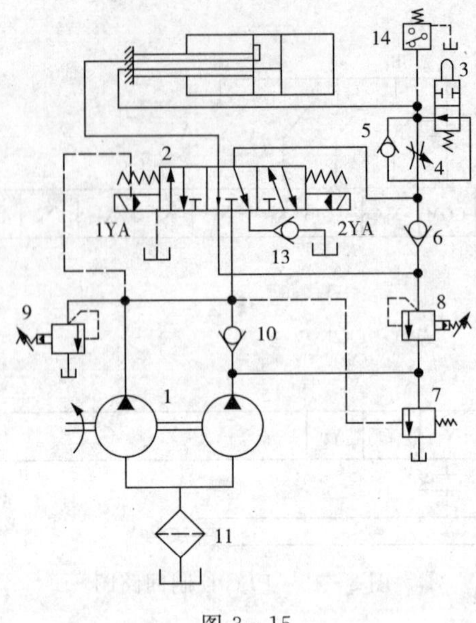

图 3-15

表 3-2 实现工作要求的电磁铁及液压元件顺序表

动作名称	电磁铁工作状态		液压元件工作状态			
	1YA	2YA	压力继电器 14	行程阀 3	节流阀 4	顺序阀 7
快进						
工进						
快退						
停止						

项目小结

(1)流量阀有节流阀和调速阀。

(2)液压回路是由一些液压元件组成,用来完成特定功能的控制油路。液压系统就是根据机构的要求,由若干具有各种功能的基本回路组成的。按完成的功能不同,液压回路可分为方向控制回路、压力控制回路、速度控制回路、多缸工作控制回路等。

(3)液压传动系统将实现各种不同运动的执行元件及相关液压回路整合起来,完成设备特定的运动循环或工作。阅读、分析较复杂的液压系统大致可按以下步骤进行。

① 解读液压设备的功用及液压系统动作和性能的要求。

② 浏览整个系统图,初步分析组成系统的液压元件及功用,并将整个系统分成若干子系统。

③ 根据工作循环和动作要求,参照电磁铁顺序动作表,分析各子系统之间的关系及包含哪些基本回路,进一步读懂系统是如何实现这些动作要求的。

④ 总结归纳整个液压系统的特点。

⑤ 液压系统性能的改进方向。

学习思考

3-1　阅读液压系统图的步骤是什么？

3-2　分析动力滑台液压系统图，说明系统由哪些基本回路组成？各液压元件在系统中起什么作用？

3-3　如图3-16所示系统可实现“快进→工进→快退→停止(卸荷)”的工作循环。

(1)指出标出数字序号的液压元件的名称；

(2)试列出电磁铁动作表(通电“+”，失电“－”)。

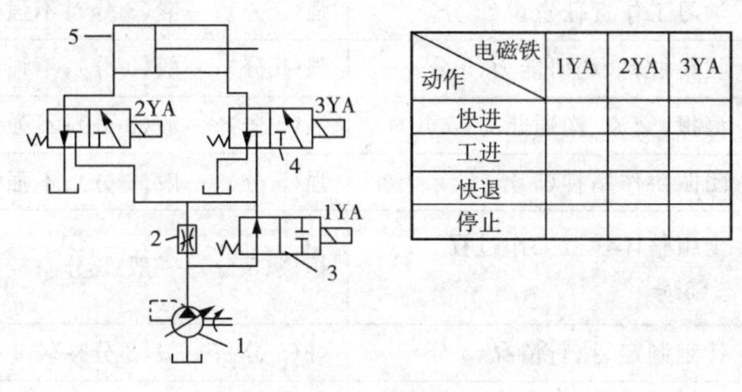

电磁铁 动作	1YA	2YA	3YA
快进			
工进			
快退			
停止			

图3-16　习题3-3

评价标准

本项目的评价内容包括专业能力评价、方法能力评价及社会能力评价等，其中专业能力评价:20%、自评:20%、组内互评:20%、教师评定:30%、答辩:10%，总计为100%，见表3-3。

表3-3　项目学习综合评价表

专业能力评价(权重20%)
如图所示的组合机床动力滑台的液压系统采用行程控制来实现顺序固定的动作循环。每次在手柄压行程阀1时，动作循环开始，滑台快速前进，并在滑台上挡块Ⅰ压下行程阀3时转换成工进，然后由滑台上的挡块Ⅱ释放行程阀3使滑台快速后退，最后在挡块Ⅱ释放行程阀1时滑台停止运动。试制作此系统的动作循环表，并指出这种系统的特点。(20分) 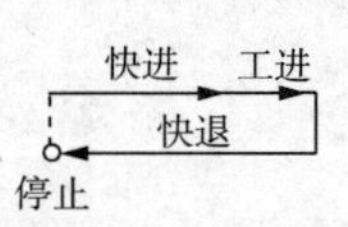 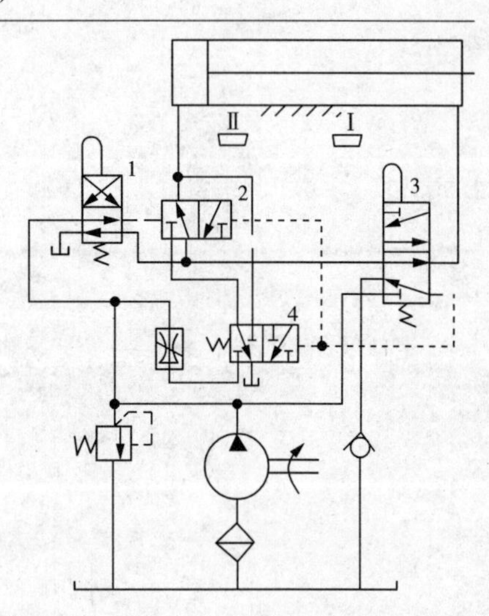

（续表）

评定形式	权重	评定内容	评定标准	得分
自我评定	20%	① 学习工作态度(5分)	积极(5分)；一般(3分)；不积极(0分)	
		② 完成工作任务情况(5分)	全部(5分)；一半(3分)；没有(0分)	
		③ 出勤情况(5分)	全勤(5分)；缺勤两次(3分)；缺勤30%(0分)	
		④ 独立工作情况(5分)	强(5分)；一般(3分)；不强(0分)	
小组评定	20%	① 学习工作责任意识(5分)	强(5分)；一般(3分)；不强(0分)	
		② 收集材料、调研能力(5分)	强(5分)；一般(3分)；不强(1分)	
		③ 汇报、交流、沟通能力(5分)	强(5分)；一般(3分)；不强(1分)	
		④ 团队协作精神(5分)	强(5分)；一般(3分)；不强(1分)	
教师评定	30%	① 全组整体学习工作过程状态(5分)	积极(5分)；一般(3分)；较差(1分)	
		② 计划制定、执行情况(5分)	好(5分)；一般(3分)；较差(1分)	
		③ 任务完成情况(5分)	好(5分)；一般(3分)；较差(1分)	
		④ 项目学习、测试报告书(15分)	(15分)～(0分)	
答辩成绩	10%	答辩题目：		
成绩总分	______分	指导老师(签字)：	组长(签名)：	

项目4　压力机液压系统

学习目标

【能力目标】

(1)能够识别各种压力阀,如溢流阀、减压阀、顺序阀等;

(2)能够理论联系实际,分析压力控制回路在实际中的应用;

(3)能够分析钣金冲床液压系统压力控制的液压回路;

(4)具有良好的行为习惯及团队协作能力。

【知识要求】

(1)熟悉压力控制元件的结构及工作原理;

(2)掌握压力控制元件种类及图形符号;

(3)掌握钣金冲床液压系统不同控制方式的特点及应用场合。

【技能要求】

(1)能通过查阅资料完成液压元件的信息搜集和综合应用;

(2)能根据液压回路设计其电气控制回路;

(3)能正确使用液压元件及文明操作;

(4)能正确进行液压电气控制回路设计;

(5)能正确使用 FuildSIM 仿真软件;

(6)熟悉可编程控制器系统设计。

任务介绍

冲压技术是目前被广泛应用的金属压力加工方法之一,它具有效率高、质量好、能量省、成本低的特点。液压冲床广泛适用于各种材料的冲孔、压印、整形、铆接,弯曲、剪切、拉伸、各种小型零部件的压装、装配。

液压冲压机又称液压成形冲压机,如图 4-1 所示,使用各种金属与非金属材料成型加工的设备。液压冲压机主要是有机架、液压系统、冷却系统、加压油缸、上模及下模,加压油缸装在机架上端,并与上模联接,冷却系统与上、下模连接。其特征在于机架下端装有移动工作台及与移动工作台联接的移动油缸,下模放在移动工作台的上面。液压冲压机是通过

液压泵产生的带压力的液体通过控制回路液压执行件来传递动力。

液压式冲压机主要特点如下：

① 工作压力大，运行平稳；

② 工作行程可以自由控制，调节范围大，工作空间较大；

③ 工作效率适中，可以完成机械压力机绝大部分的工作，适用面广；

④ 液压压力机配置较为复杂，稍微大一点的压力机一般都配有独立的泵站；

⑤ 控制部分和回路较为复杂，造价相对较高。

图 4－1　钣金冲床

现以 180t 钣金冲床为例分析其液压系统的工作原理和特点，它在电气和机械装置的配合下可以实现一定的工作循环。它要求液压传动系统完成的进给运动是：夹紧缸夹紧→压缸快速下降→压缸慢速下降（加压成型）→压缸暂停（降压）→压缸快速上升→夹紧缸松开→泵卸荷，且要求工作可靠，速度平稳，效率高。

任务分析

一、动力元件选择

采用复合泵作为液压冲床的动力源，如图 4－2 所示。

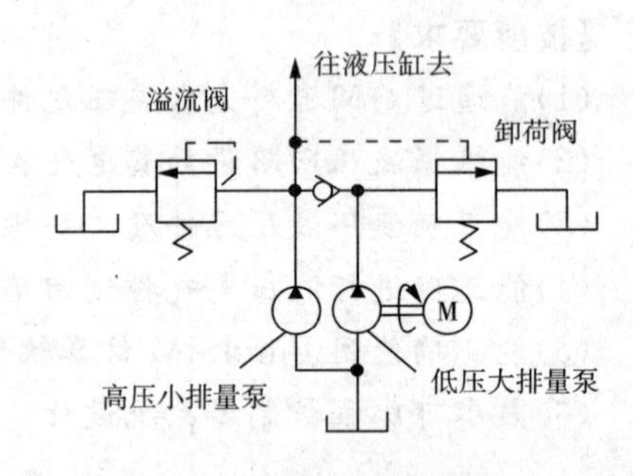

图 4－2　采用复合泵的卸载回路

当液压缸快速推进时，推动液压缸活塞前进所需的压力比左、右两边的溢流阀所设定压力还低，故大排量泵和小排量泵的压力油全部送到液压缸，使活塞快速前进。

当上模和工件接触时，液压缸活塞移动的速度要变慢，且在活塞上的工作压力变大，此时，往液压缸去的管路的油压力上升到比右边卸荷阀设定的工作压力大时，卸荷阀被打开，低压大排量泵所排出的液压油经卸荷阀送回油箱。因为单向阀受高压油作用的关系，所以低压泵所排出的油根本不会经单向阀就流到液压缸了。在加压成型的阶段，液压缸的油液由高压小排量泵来供给。因为这种回路的动力几乎完全由高压泵在消耗，所以可达到节约能源的目的。卸荷阀的调定压力通常比溢流阀的调定压力要低 0.5MPa 以上。

二、执行元件选择

1. 夹紧缸

选用一个夹紧缸 A 对钣金材料进行夹紧固定。

2. 差动液压缸

压缸选用差动液压缸B,因为液压缸要垂直放置,所以要设计平衡回路防止液压缸和与之相连的工作部件因自重而自行下落。如图4-3所示。

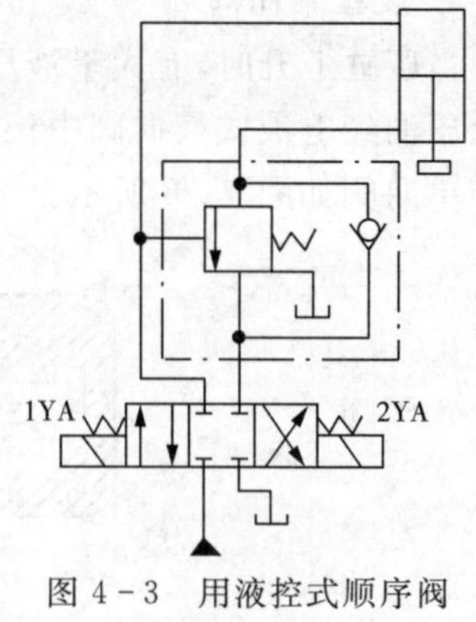

图4-3　用液控式顺序阀的平衡回路

当活塞下行时,控制压力油打开液控顺序阀,背压消失,因而回路工作效率较高;当停止工作时,液控顺序阀关闭以防止活塞和工作部件因自重而下降。

这种平衡回路的优点是只有上腔进油时活塞才下行,比较安全和可靠。

三、控制元件选择

1. 对于液压缸B运动方向的控制采用电液式换向阀

电液换向阀是由电磁换向阀和液动换向阀组合而成的。电磁换向阀起先导作用,它可以改变和控制液流的方向,从而改变液动换向阀的位置。由于操纵液动换向阀的液压推力可以很大,因此主阀可以做得很大,允许有较大的流量通过,这样用较小的电磁铁就能控制较大的液流了。

对于液压缸A运动方向的控制采用单电磁铁二位四通阀。

2. 对于系统压力的调定采用三级调压回路

当压缸下降时,系统需要压力较大,由调定压力大的溢流阀控制,上升时,系统需要压力较小,由遥控溢流阀(调定压力较小)控制,如此,可使系统产生的热量减少,防止油温上升,如图4-4所示。

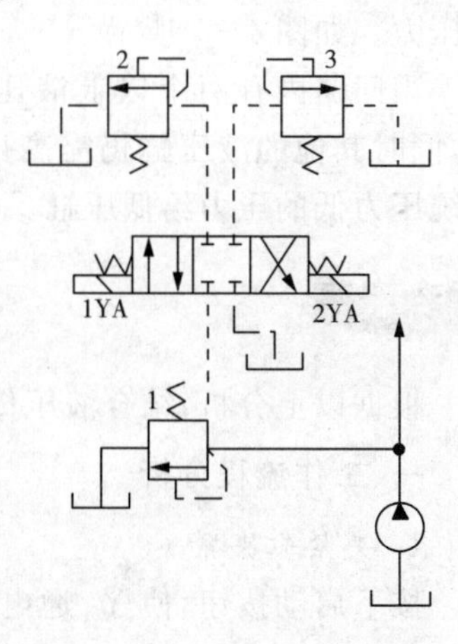

图4-4　三级调压回路

调压回路的功用是使液压系统整体或部分的压力保持恒定或不超过某个数值。在定量泵系统中,液压泵的供油压力可以通过溢流阀来调节。在变量泵系统中,用安全阀来限定系统的最高压力,来防止系统过载。若系统中需要两种以上的压力,则可采用多级调压回路

如图4-4所示为三级调压回路,由溢流阀1、2、3分别控制系统的压力,从而组成了三级调压回路。当两电磁铁均不带电时,系统压力由阀1调定,当1YA得电时,由阀2调定系统压力;当2YA得电时,系统压力由阀3调定。但在这种调压回路中,阀2和阀3的调定压力都要小于阀1的调定压力,而阀2和阀3的调定压力之间没有什么一定的关系。

3. 电液式换向阀

在压缸上升之前作短暂时间的降压,可防止压缸上升时产生振动、冲击现象,100吨以上的冲床尤其需要降压。可采用电液式换向阀的中位机能来控制。如图4-5所示。

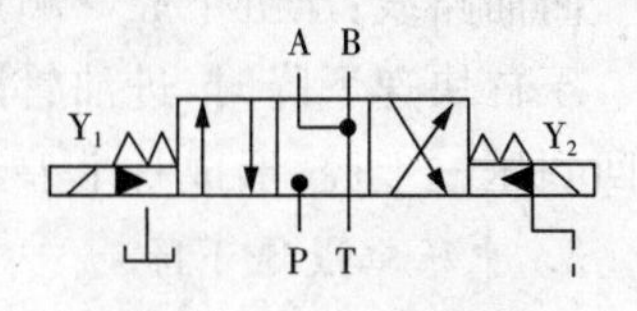

图4-5　电液式换向阀

4. 液控单向阀

当压缸上升时，有大量液压油要流回油箱，回油时，一部分压油经液控单向阀流回油箱，剩余压油经电液式换向阀中位流回油箱，如此，电液式换向阀可选用额定流量较小的阀件。液控单向阀如图 4－6 所示。

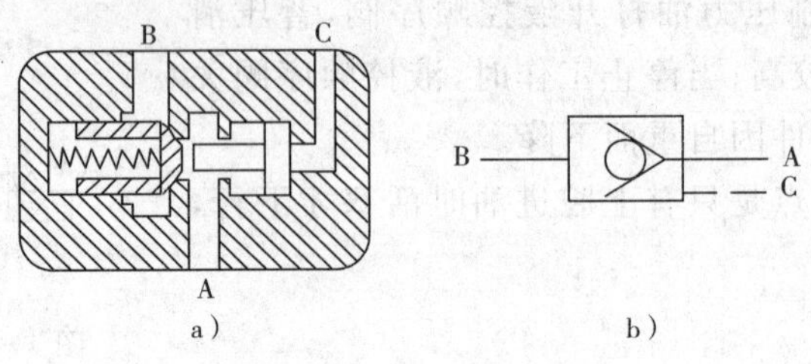

图 4－6 液控式单向阀
a)结构；b)职能符号

液控式单向阀如图 4－6 所示，在普通单向阀的基础上多了一个控制口 C，当控制口空接时，该阀相当于一个普通单向阀；若控制口接压力油，则油液可双向流动。

5. 减压阀

由于夹紧缸 A 需要的压力小于压缸 B，故采用一个减压阀来降低压力。如图 4－7 所示。

当回路内有两个以上液压缸，且其中之一需要较低的工作压力，同时其他的液压缸仍需高压运作时，就得用减压阀提供一个比系统压力低的压力给低压缸。

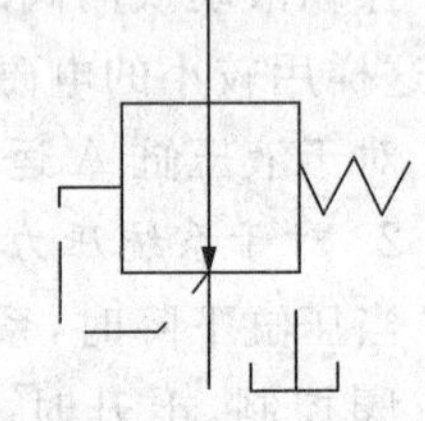

图 4－7 直动型减压阀

任务实施

根据以上分析，结合液压传动的基本回路，设计本系统的液压回路如图 4－8 所示。

一、工作流程分析

1. 夹紧缸夹紧

按下启动按钮，使 Y_5 通电，电磁铁 30 左位工作。

进油路线：泵 4、泵 5→单向阀 32→减压阀 31→单电磁阀 30 左位→夹紧缸 29 左腔；

回油路线：夹紧缸 29 右腔→单电磁阀 30 左位→邮箱。

2. 冲压缸快速下降

夹紧缸运动到尽头，系统压力上升，压力继电器 33 动作，Y_1 通电。

进油路线：泵 4、泵 5→电磁阀 19 左位→液控单向阀 28→压缸上腔；

回油路线：压缸下腔→顺序阀 23→单向阀 14→压缸上腔。

压缸快速下降时，进油管路压力低，未达到顺序阀 22 所设定的压力，故压缸下腔压力油再回到压缸上腔，形成一个差动回路。

3. 冲压缸慢速下降

当压缸上模碰到工件进行加压成形时，进油管路压力升高，使顺序阀 22 打开。

进油路线：泵 4→电磁阀 19 左位→液控单向阀 28→压缸上腔；

回油路线：压缸下腔→顺序阀 22→电磁阀 19 左位→油箱。

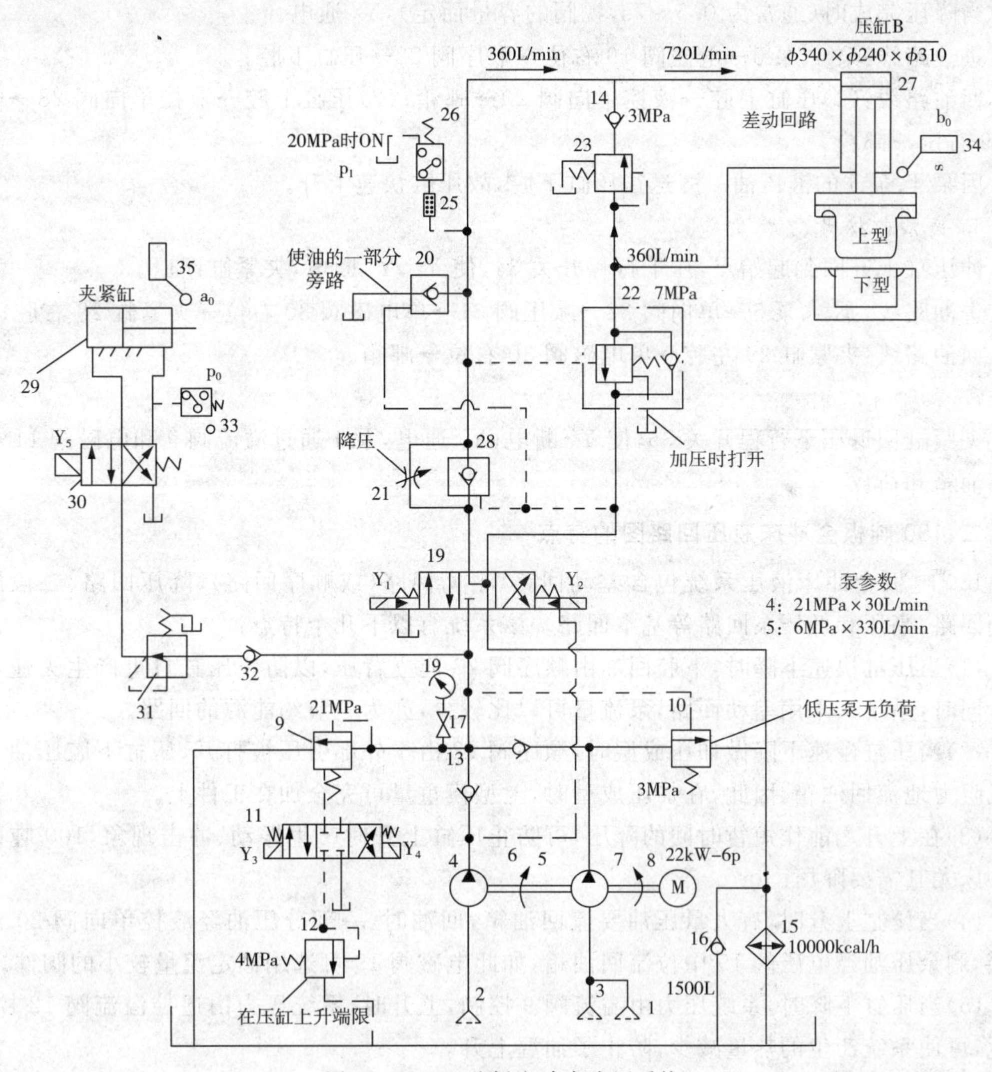

图 4-8　180 吨钣金冲床液压系统

1、2、3、15—过滤器；4—高压小排量泵；5—低压大排量泵；6、7、8—电动机；9、12—溢流阀；10—卸荷阀；11—三位四通电磁阀；13、14、32—单向阀；18—压力计；19—电液式换向阀；20、28—液控式单向阀；21—节流阀；22—液控式单向顺序阀；23—内控式顺序阀；26、33—压力继电器；27—压缸 B；29—夹紧缸 A；30—单电磁铁二位四通阀；31—减压阀；34、35—行程开关

此时，回油为一般油路，卸载阀 10 被打开，泵 5 的压油以低压状态流回油箱，送到压缸上腔的油仅由泵 4 供给，故压缸速度减慢。

4. 冲压缸暂停（降压）

当上模加压成型时，进油管路压力达到 20MPa，压力开关 26 动作，Y_1 断电、Y_3 通电，电磁阀 19 恢复正常位置、电磁阀 11 左位工作。此时，压缸上腔压油经节流阀 21、电磁阀 19 中位流回油箱，如此，可使压缸上腔压油压力下降，防止了压缸在上升时上腔油压由高压变成低压而发生的冲击、振动等现象。

5. 冲压缸快速上升

当降压完成时(通常为0.5～7s,视阀的容量而定),Y_2 通电。

进油路线:泵4、泵5→电磁阀19右位→顺序阀22→压缸下腔;

回油路线:(1)压缸上腔→液控单向阀20→邮箱;(2)压缸上腔→液控单向阀28→电磁阀19右位→邮箱。

因泵4、泵5的液压油一齐送往压缸下腔,故压缸快速上升。

6. 夹紧缸松开

冲压缸上升回到起始点,压下行程开关34,使 Y_5、Y_2 断电,夹紧缸回退。

进油路线:泵4、泵5→单向阀32→减压阀31→单电磁阀30右位→夹紧缸29右腔;

回油路线:夹紧缸29左腔→单电磁阀30右位→邮箱。

7. 泵卸荷

夹紧缸回退压下行程开关35,使 Y_3 断电,Y_4 通电,泵4通过溢流阀9和电磁阀11右位流回油箱卸荷。

二、180吨板金冲床液压回路图的特点

180吨板金冲床液压系统包含差动回路、平衡回路(或顺序回路)、降压回路、二段压力控制回路、高压和低压泵回路等基本回路。该系统有以下几个特点:

(1)当压缸快速下降时,下腔回油由顺序阀23建立背压,以防止压缸自重产生失速等现象。同时,系统又采用差动回路,泵流量可以比较少,亦为一节约能源的回路。

(2)当压缸慢速下降做加压成型时,顺序阀22由于外部引压被打开,压缸下腔压油几乎毫无阻力地流回油箱,因此,在加压成型时,上型模重量可完全加在工件上。

(3)在上升之前作短暂时间的降压,可防止压缸上升时产生振动、冲击现象,100吨以上的冲床尤其需要降压。

(4)当压缸上升时,有大量压油要流回油箱,回油时,一部分压油经液控单向阀20流回油箱,剩余压油经电磁阀19中位流回油箱,如此电磁阀19可选用额定流量较小的阀件。

(5)当压缸下降时,系统压力由溢流阀9控制,上升时,系统压力由遥控溢流阀12控制,如此,可使系统产生的热量减少,防止了油温上升。

三、电气控制回路设计

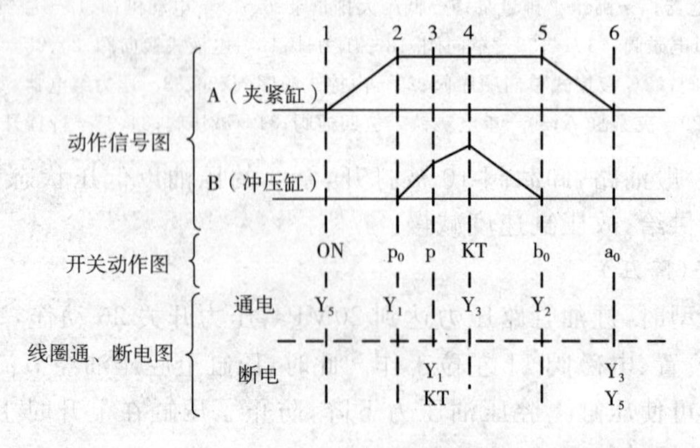

图4-9 电气控制分析图

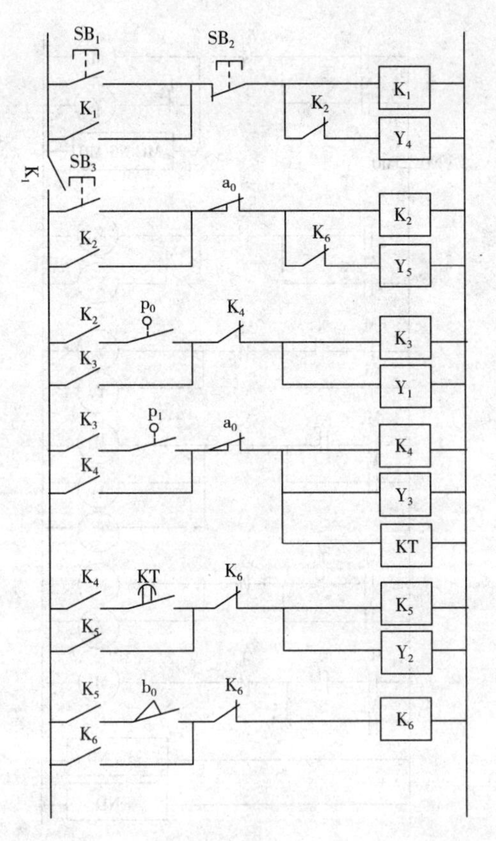

图 4－10　电气控制图

若采用 PLC 控制，则应当先规划 PLC 的输入、输出口，现对 PLC 的硬件接线图如 4－11 图所示：

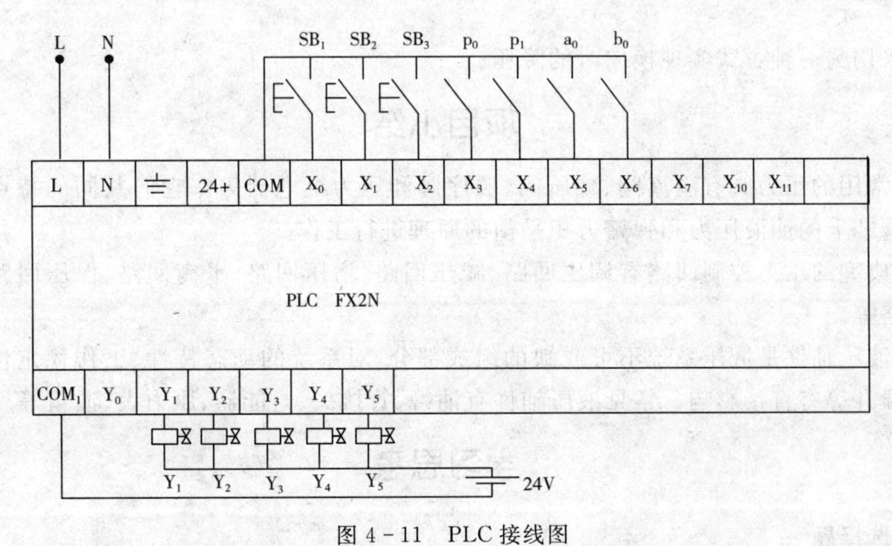

图 4－11　PLC 接线图

根据上述 IO 口，将图 4－10 控制电路图转换为 PLC 梯形图，如图 4－12 所示：

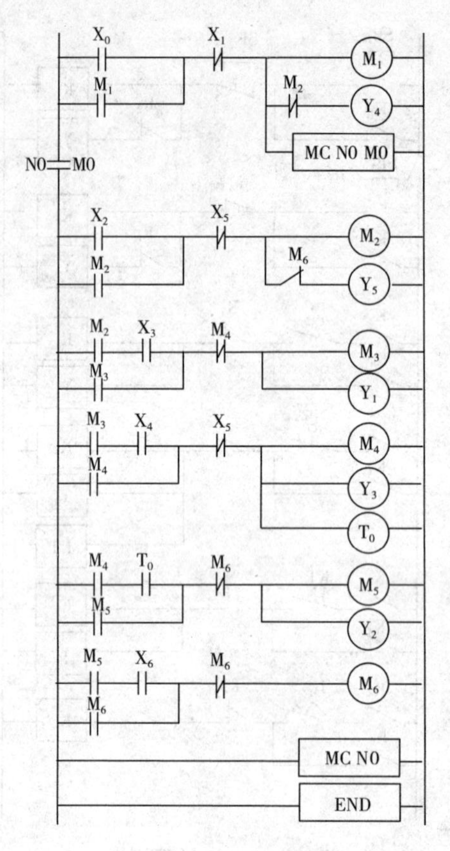

图 4－12　PLC 程序图

任务拓展

请采用另一种方式实现换向时的降压。

项目小结

(1)常用的压力阀有溢流阀、减压阀、顺序阀和压力继电器等。它们共同的特点是利用作用于阀芯上的油液压力和弹簧力相平衡的原理进行工作。

(2)典型的压力控制回路有调压回路、减压回路、增压回路、平衡回路、保压回路和顺序动作回路等。

(3)液压辅件是液压系统不可或缺的组成部分,对系统的动态特性、工作稳定性、寿命、噪声和温升等有直接影响。常见液压辅件有油管、管接头、蓄能器、压力表、油箱等。

学习思考

一、选择题

4－1　减压阀控制的是(　　)处的压力。

A. 进油口　　B. 出油口　　　C. A 和 B 都不是

4-2 在液压系统中，(　　)可作背压阀。

A. 溢流阀　　B. 减压阀　　C. 液控顺序阀

4-3 在减压回路中，减压阀调定压力为 p_j，溢压阀调定压力为 p_y，主油路暂不工作，二次回路的负载压力为 p。若 $p_y > p_j > p_L$，减压阀阀口状态为(　　)。

A. 阀口处于小开口的减压工作状态

B. 阀口处于完全关闭状态，不允许油流通过阀口

C. 阀口处于基本关闭状态，但仍允许少量的油流通过阀口流至先导阀

D. 阀口处于全开启状态，减压阀不起减压作用

4-4 顺序阀在系统中作背压阀时，应选用(　　)型。

A. 内控内泄式　　B. 内控外泄式　　C. 外控内泄式　　D. 外控外泄式

二、简答题

4-5 直动式和先导式溢流阀的阻尼孔的作用分别是什么？

4-6 试述溢流阀、减压阀和顺序阀的异同。

4-7 在很多机床上具有自锁性能的液压夹紧机构中，大都采用二级压力控制回路，试说明有什么必要。

4-8 如图4-13所示为双泵供油的油源，试述该油源的工作原理。

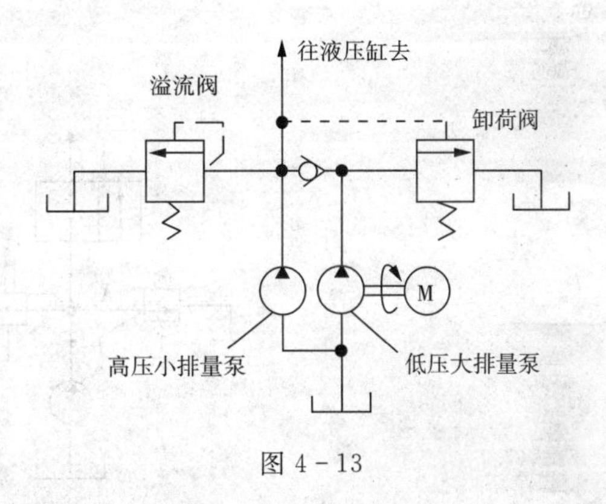

图4-13

三、计算题

4-9 如图4-14所示液压系统中，试分析在下面的调压回路中各溢流阀的调整压力应如何设置，能实现几级调压？

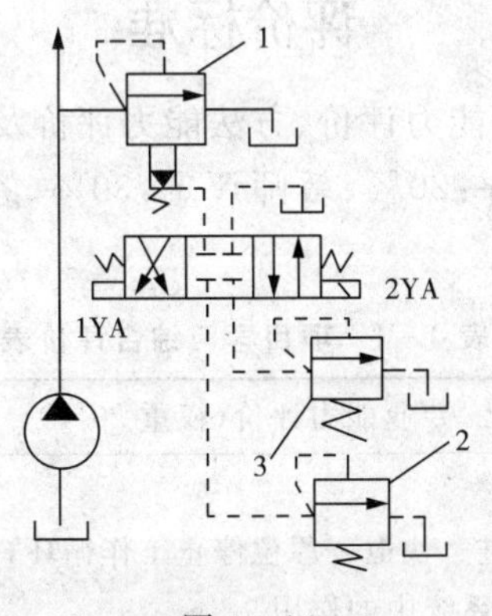

图4-14

4-10 如图4-15所示，分析下列回路中个溢流阀的调定压力分别为 $p_{Y_1}=3\text{MPa}$，$p_{Y_2}=2\text{MPa}$，$p_{Y_3}=4\text{MPa}$，问外负载无穷大时，泵的出口压力各为多少？

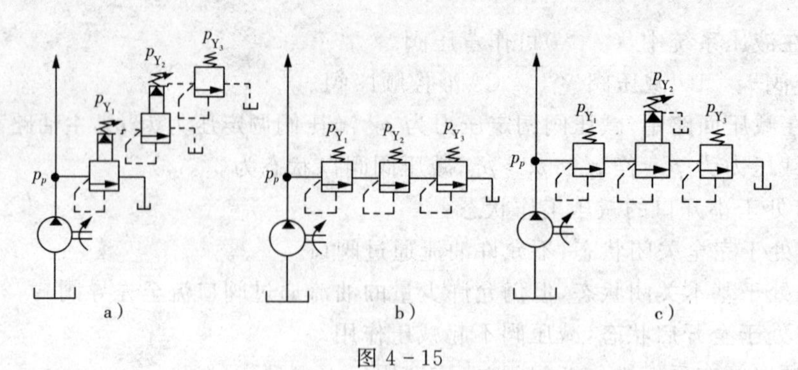

图 4-15

4-11　夹紧回路如图 4-16 所示，若溢流阀的调整压力 $p_1=3$MPa、减压阀的调整压力 $p_2=2$MPa，试分析活塞空载运动时 A、B 两点的压力各为多少？减压阀的阀芯处于什么状态？工件夹紧活塞停止运动后，A、B 两点的压力又各为多少？此时，减压阀芯又处于什么状态？

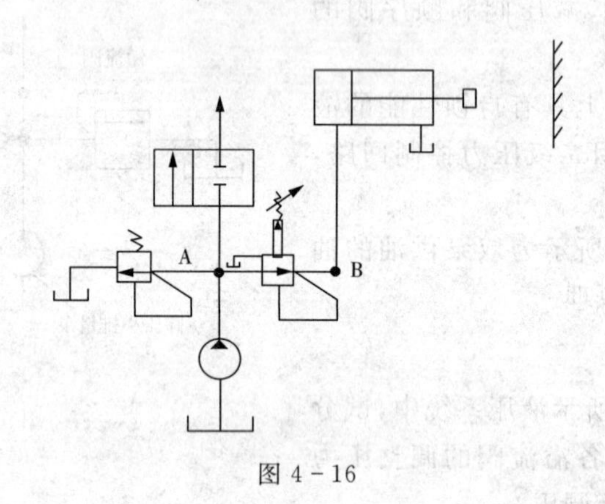

图 4-16

评价标准

本项目的评价内容包括专业能力评价、方法能力评价及社会能力评价等，其中专业能力评价：20%、自评：20%、组内互评：20%、教师评定：30%、答辩：10%，总计为 100%，见表 4-1。

表 4-1　项目学习综合评价表

专业能力评价(权重 20%)
思考并简单回答下列问题。(20 分) 如图所示液压系统可实现快进—工进—快退—原位停止工作循环，分析并回答以下问题： (1)写出元件 2、3、4、7、8 的名称及在系统中的作用。 (2)列出电磁铁动作顺序表(通电“+”，断电“-”)。 (3)分析系统由哪些液压基本回路组成。 (4)写出快进时的油流路线。

（续表）

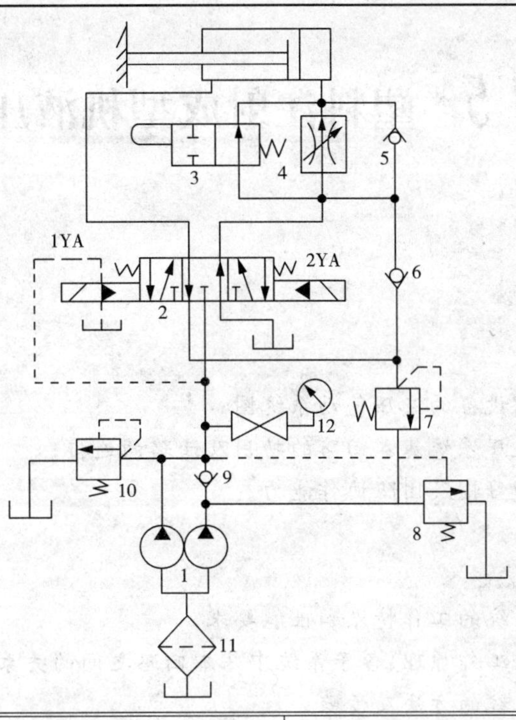

评定形式	权重	评定内容	评定标准	得分
自我评定	20%	① 学习工作态度(5 分)	积极(5 分);一般(3 分);不积极(0 分)	
		② 完成工作任务情况(5 分)	全部(5 分);一半(3 分);没有(0 分)	
		③ 出勤情况(5 分)	全勤(5 分);缺勤两次(3 分);缺勤 30%(0 分)	
		④ 独立工作情况(5 分)	强(5 分);一般(3 分);不强(0 分)	
小组评定	20%	① 学习工作责任意识(5 分)	强(5 分);一般(3 分);不强(0 分)	
		② 收集材料、调研能力(5 分)	强(5 分);一般(3 分);不强(1 分)	
		③ 汇报、交流、沟通能力(5 分)	强(5 分);一般(3 分);不强(1 分)	
		④ 团队协作精神(5 分)	强(5 分);一般(3 分);不强(1 分)	
教师评定	30%	① 全组整体学习工作过程状态(5 分)	积极(5 分);一般(3 分);较差(1 分)	
		② 计划制定、执行情况(5 分)	好(5 分);一般(3 分);较差(1 分)	
		③ 任务完成情况(5 分)	好(5 分);一般(3 分);较差(1 分)	
		④ 项目学习、测试报告书(15 分)	(15 分)～(0 分)	
答辩成绩	10%	答辩题目:		
成绩总分	______分	指导老师(签字):	组长(签名):	

项目5 塑料注射成型机液压系统

学习目标

【能力目标】

(1)能识读一般专用设备的液压气动系统图;

(2)能够正确分析液压系统基本回路的功用及油路的连接;

(3)具有良好的行为习惯及团队协作能力。

【知识要求】

(1)熟悉典型液压系统的工作特点和性能要求;

(2)掌握液压系统的工作原理、各子系统中基本回路之间的关系;

(3)掌握识读液压系统的方法及步骤;

(4)能正确进行液压电气控制回路设计;

(5)能正确使用 FuildSIM 仿真软件;

(6)熟悉可编程控制器系统设计。

【技能要求】

(1)能掌握液压元件的结构、工作原理与性能,并能合理选用;

(2)能掌握液压典型基本回路的工作原理与特点,并能合理选用;

(3)能正确使用液压元件,并能文明操作。

任务介绍

注塑机是一种通用设备,如图 5-1 所示,通过它与不同专用注塑模具配套使用,能够生产出多种类型的注塑制品。注塑机主要由机架,动、静模板,合模保压部件,预塑、注射部件,液压系统,电气控制系统等部件组成。注塑机的动模板和静模板用来成对安装不同类型的专用注塑模具。合模保压部件有两种结构形式,一种是用液压缸直接推动动模板工作,另一种是用液压缸推动机械机构,通过机械机构再驱动动模板工作(机液联合式)。注塑机工作时,按照其注塑工艺要求,要完成对塑料原料的预塑、合模、注射机筒快速移动、熔融塑料注射、保压冷却、开模、顶出成品等一系列动作,因此其工作过程运动复杂、动作多变、系统压力变化大。

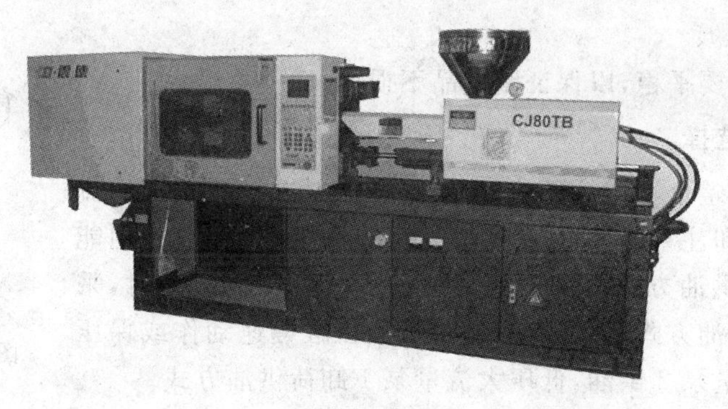

图5-1 注塑机

注塑机的工作循环为合模→注射→保压→预塑→开模→顶出制品→顶出缸后退→合模→冷却定型。以上动作分别由合模缸、预塑液压马达、注射缸和顶出缸完成，另外注射座通过液压缸可前后移动。

注塑机液压系统要求有足够的合模力，可调节合模、开模速度，可调节注射压力和注射速度，可调节保压压力，系统还应设有安全联锁装置。

相关知识

一、对液压系统的要求

1. 具有足够的合模力

熔融塑料以120～200MPa的高压注入模腔，在已经闭合的模具上会产生很大的开模力，所以合模液压缸必须产生足够的合模力，确保对闭合后的模具的锁紧，否则注塑时模具会产生缝隙，使塑料制品产生溢边，出现废品。

2. 模具的开、合模速度可调

当动模离静模距离较远时，即开、合模具为空程时，为了提高生产效率，要求动模快速运动；当动模离静模距离较近时，合模速度减慢，以免冲击力太大撞坏模具，并减少合模时的振动和噪声。因此，一般开、合模的速度按慢—快—慢运动的规律变化。

3. 注射座整体进退

要求注射座移动液压缸应有足够的推力，确保注塑时注射嘴和模具浇口能紧密接触，防止注射时有熔融的塑料从缝隙中溢出。

4. 注射压力和注射速度可调

注塑机为了适应不同塑料品种、制品形状及模具浇注系统的工艺要求，注射时的压力与速度在一定范围内可调。

5. 保压及压力可调

当熔融塑料依次经过机筒、注射嘴、模具浇口和模具型腔完成注射后，需要对注射在模具中的塑料保压一段时间，以保证塑料紧贴模腔而获得精确的形状，另外在制品冷却凝固、收缩过程中，熔化塑料可不断充入模腔，防止产生充料不足的废品。保压的压力也要求根据不同情况可以调整。

6. 制品顶出速度

制品顶出速度要平稳，以保证制成品不损坏。

二、动力元件选择

由于该系统在整个工作循环中，合模缸和注射缸等液压缸的流量变化较大，锁模和注射后系统有较长时间的保压，为合理利用能量，系统采用双泵供油方式。液压缸快速动作（低压大流量）时，采用双液压泵联合供油方式，如图 5-2 所示；液压缸慢速动作或保压时，采用高压小流量泵 2 供油，低压大流量泵 1 卸荷供油方式。

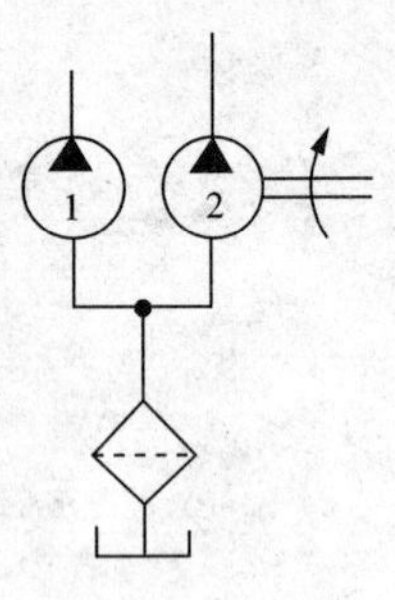

图 5-2　双泵供油

三、执行元件选择

1. 增压缸

动作机构除螺杆是单向旋转外，其他机构均为直线往复运动。各直线运动机构均采用单活塞杆双作用液压缸直接驱动，螺杆则用液压马达驱动。锁模时所需的力最大，为保证足够的合模力，防止高压注射时模具开缝产生塑料溢边，该注塑机采用了液压—机械增力合模机构，还可采用增压缸合模装置。

在某些短时或局部需要高压的液压系统中，常用增压缸与低压大流量泵配合作用，单作用增压缸的工作原理如图 5-3a 所示，输入低压力为 p_1 的液压油，输出高压力为 p_2 的液压油，增大的压力关系为

$$p_2 = p_1\left(\frac{D}{d}\right)^2$$

单作用增压缸不能连续向系统供油。如图 5-3b 所示为双作用式增压缸，可由两个高压端连续向系统供油。

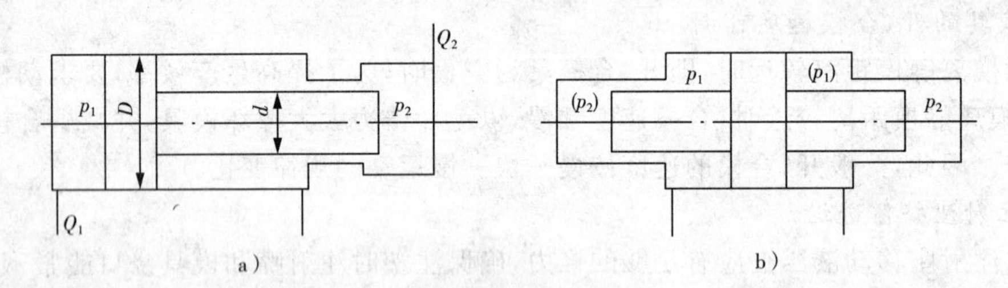

图 5-3　增压缸

a)单作用式增压缸；b)双作用式增压缸

2. 合模缸

合模缸要求其实现快速、慢速锁模、开模动作。其运动方向由电液换向阀直接控制。快速运动时，需要有较大流量供给；慢速合模只要有小流量供给即可。锁模时，液压—机械增力合模机构供油，如图 5-4 所示。

合模时，活塞杆前进，由连杆机构推动动模板向定模板靠近。当合模结束后由于五连杆机构处于极限死点位置，所以动模板在连杆的作用下不会后退，达到锁模的目的。这种合模、锁模方式结构简单，安装方便，锁紧稳定安全，就算油路突然发生断路，动模板也不会在注射压力作用下退回，造成危险。

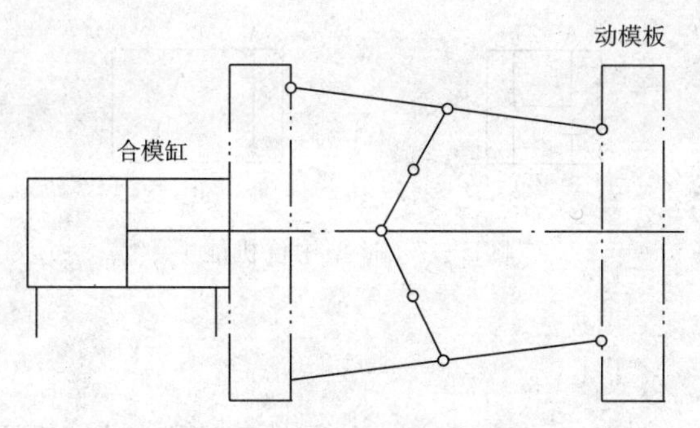

图5-4　液压—机械合模机构

3. 液压马达

螺杆不要求反转，所以液压马达单向旋转即可。由于其转速要求较高，而对速度平稳性无过高要求，故采用旁路节流调速方式。

旁路节流调速是控制不需流入执行元件也不经溢流阀而直接流回油箱的油的流量，从而达到控制流入执行元件油液流量的目的。如图5-5所示为旁路节流调速回路，该回路的特点是液压缸的工作压力基本上等于泵的输出压力，其大小取决于负载，该回路中的溢流阀只有在过载时才被打开。

4. 注射缸

注射缸运动速度较快，平稳性要求不高，故也采用旁路节流调速方式。由于预塑时有背压要求，在无杆腔出口处串联背压阀(顺序阀)。

5. 注射座移动缸

注射座移动缸，采用回油节流调速回路，如图5-6所示。

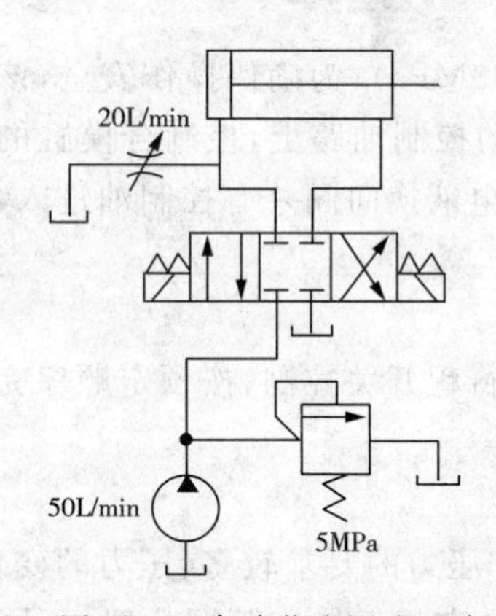

图5-5　旁路节流调速回路

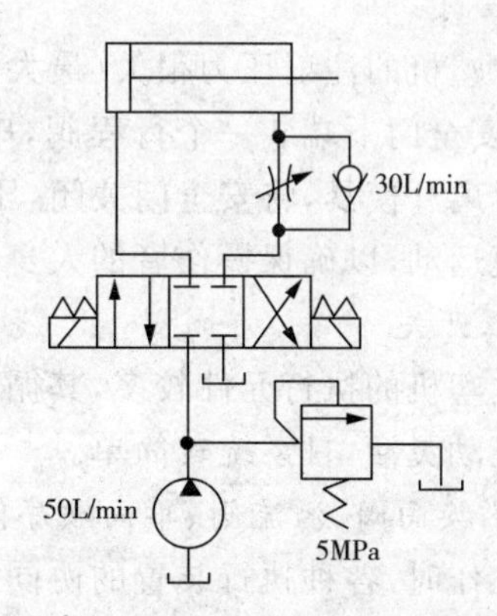

图5-6　回油节流调速回路

回油节流调速就是控制执行元件出口的流量，回油节流调速是控制排油的；节流阀可提供背压，使液压缸能承受各种负荷。

工艺要求其不工作时，处于浮动状态，故采用Y型中位机能的电磁换向阀，如图5-7所示。

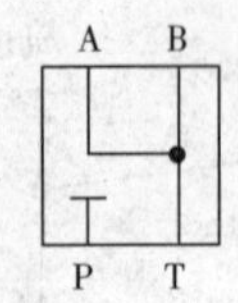

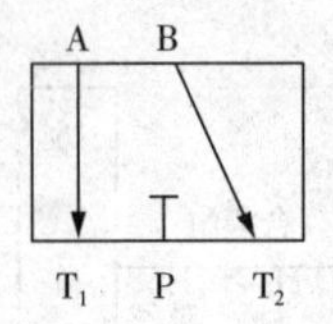

图 5-7 Y 型中位机能

四、动力元件选择

1. 增力缸

由于合模液压缸要求实现快、慢速开模、合模以及锁模动作，系统采用电液换向阀换向回路控制合模缸的运动方向，为保证足够的锁模力，系统设置了增力缸作用合模缸的方式，再通过机液复合机构完成合模和锁模，因此，合模缸结构较小、回路简单。

2. 背压阀

由于注射液压缸运动速度较快，但运动平稳性要求不高，故系统采用调速阀旁路节流调速回路。由于预塑时要求注射缸有背压且背压可调，所以在注射缸的无杆腔出口处串联一个背压阀(顺序阀)。

3. 电磁换向阀

由于预塑工艺要求注射座移动缸在不工作时应处于背压且浮动状态，系统采用 Y 型中位机能的电磁换向阀。顺序阀起到可调背压、回油节流调速回路等措施，调节注射座移动缸的运动速度，以提高运动的平稳性。

4. 调速阀

预塑时螺杆转速较高，对速度平稳性要求较低，系统采用调速阀旁路节流调速回路。

5. 行程阀

由于注塑机的注射压力很大(最大注射压力达 153MPa)，为确保操作安全，该机设置了安全门，在安全门下端装一个行程阀，串接在电液阀的控制油路上，控制合模缸的动作。只有当操作者离开模具，将安全门关闭，压下行程阀后，电液换向阀才有控制油进入，合模缸才能实现合模运动，以确保操作者的人身安全。

6. 行程开关

由于注塑机的执行元件较多，其循环动作主要由行程开关控制，按预定顺序完成。这种控制方式机动灵活，且系统较简单。

7. 电磁换向阀、溢流阀、单向顺序阀联合作用

系统工作时，各种执行装置的协同运动较多、工作压力的要求较多、压力的变化较大，分别通过电磁换向阀、溢流阀和单项顺序阀的联合作用，实现系统中不同位置、不同运动状态的不同压力控制。

任务实施

根据以上分析，结合液压传动的基本回路，设计本系统的液压回路如图 5-8 所示。

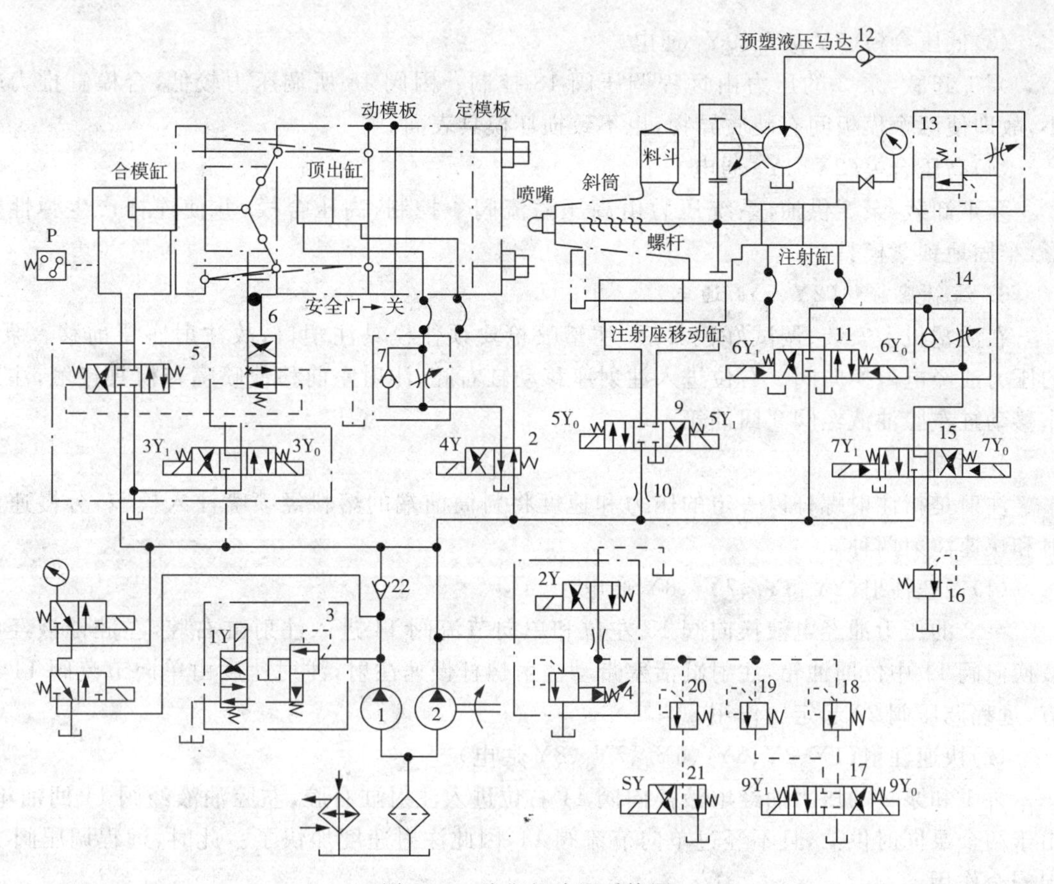

图5-8　注塑机液压系统图

一、工作流程分析

1. 关安全门

为保证操作安全,注塑机都装有安全门。关安全门,行程阀6恢复常位,合模缸才能动作,系统开始整个动作循环。

2. 合模

动模板慢速启动、快速前移,当接近定模板时,液压系统转为低压、慢速控制。在确认模具内没有异物存在时,系统转为高压,使模具闭合。这里采用了液压机械式合模机构,合模缸通过对称五连杆结构推动模板进行开模和合模。连杆机构具有增力和自锁作用。

(1)慢速合模(2Y、$3Y_1$ 通电)

大流量泵1通过电磁溢流阀3卸载,小流量泵2的压力由4调定,泵2的压力油经电液换向阀5右位进入合模缸左腔,推动活塞以带动连杆慢速合模,合模缸右腔油液经阀5和冷却器回油箱。

(2)快速合模(1Y、2Y、$3Y_1$ 通电)

慢速合模转快速合模时,由行程开关发令使1Y得电,泵1不再卸载,其压力油经单向阀22与泵2的供油汇合,同时向合模缸供油,实现快速合模,最高压力由阀3限定。

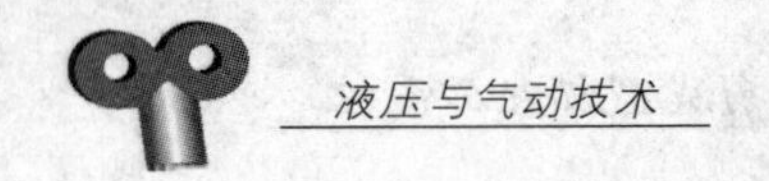

(3)低压合模(2Y、$3Y_1$、$9Y_1$ 通电)

泵 1 卸载,泵 2 的压力由远程调压阀 18 控制。因阀 18 所调压力较低,合模缸推力较小,故即使两个模板间有硬质异物,也不致损坏模具表面。

(4)高压合模(2Y、$3Y_1$ 通电)

泵 1 卸载,泵 2 供油,系统压力由高压溢流阀 4 控制,高压合模,并使连杆产生弹性变形,牢固地锁紧模具。

3. 注射座前移(2Y、$5Y_1$ 通电)

在注塑机上安装、调试好模具后,注塑喷枪要顶住模具注塑口,故注射座要前移。泵 2 的压力油经电磁换向阀 9 右位进入注射座移动缸右腔,注射座前移使喷嘴与模具接触,注射座移动缸左腔油液经阀 9 回油箱。

4. 注射

注射是指注射螺杆以一定的压力和速度将料筒前端的熔料经喷嘴注入模腔,分慢速注射和快速注射两种。

(1)慢速注射(2Y、$5Y_1$、$7Y_1$、8Y 通电)

泵 2 的压力油经电液换向阀 15 左位和单向节流阀 14 进入注射缸右腔,左腔油液经电液换向阀 11 中位回油箱,注射缸活塞带动注射螺杆慢速注射,注射速度由单向节流阀 14 调节,远程调压阀 20 起定压作用。

(2)快速注射(1Y、2Y、$5Y_1$、$6Y_0$、$7Y_1$、8Y 通电)

泵 1 和泵 2 的压力油经电液换向阀 11 右位进入注射缸右腔,左腔油液经阀 11 回油箱。由于两个泵同时供油,且不经过单向节流阀 14,因此注射速度加快了。此时,远程调压阀 20 起安全作用。

5. 保压(2Y、$5Y_1$、$7Y_1$、$9Y_0$ 通电)

由于注射缸对模腔内的熔料实行保压并补塑,因此只需少量油液,所以泵 1 卸载,泵 2 单独供油,多余的油液经溢流阀 4 回油箱,保压压力由远程调压阀 19 调节。

6. 预塑(1Y、2Y、$5Y_1$、$7Y_0$ 通电)

保压完毕(时间控制),从料斗加入的熔料随着螺杆的转动被带至料筒前端,进行加热塑化,并建立一定压力。当螺杆头部熔料压力到达能克服注射缸活塞退回的阻力时,螺杆开始后退。后退到预定位置,即螺杆头部熔料达到所需注射量时,螺杆停止转动和后退,准备下一次注射。与此同时,在模腔内的制品冷却成形。

螺杆转动由预塑液压马达通过齿轮机构驱动。泵 1 和泵 2 的压力油经电液换向阀 15 右位、旁通型调速阀 13 和单向阀 12 进入马达。马达的转速由旁通型调速阀 13 控制,溢流阀 4 为安全阀。当螺杆头部熔料压力迫使注射缸后退时,注射缸右腔油液经单向节流阀 14、电液换向阀 15 右位和背压阀 16 回油箱,其背压力由阀 16 控制。同时,注射缸左腔产生局部真空,油箱的油液在大气压作用下经阀 11 中位进入其内。

7. 防流涎(2Y、$5Y_1$、$6Y_1$ 通电)

当采用直通开敞式喷嘴时,预塑加料结束,要使螺杆后退一小段距离以减小料筒前端压力,防止喷嘴端部熔料流出。泵 1 卸载,泵 2 压力油一方面经阀 9 右位进入注射座移动缸右腔,使喷嘴与模具保持接触,另一方面经阀 11 左位进入注射缸左腔,使螺杆强制后退。注射

座移动缸左腔和注射缸右腔，油液分别经阀 9 和阀 11 回油箱。

8. 注射座后退（2Y、$5Y_0$ 通电，$5Y_1$ 断电）

在安装调试模具或模具注塑口堵塞需清理时，注射座要离开注塑机的定模座后退。泵 1 卸载，泵 2 压力油经阀 9 左位使注射座后退。

9. 开模

开模速度一般为慢→快→慢，由行程控制。

(1)慢速开模（2Y、$3Y_0$ 通电）

泵 1（或泵 2）卸载，泵 2（或泵 1）压力油经电液换向阀 5 左位进入合模缸右腔，左腔油液经阀 5 回油箱。

(2)快速开模（1Y、2Y、$3Y_0$ 通电）

泵 1 和泵 2 合流向合模缸右腔供油，开模速度加快。

(3)慢速开模（2Y、$3Y_0$ 通电）

泵 1（或泵 2）卸载，泵 2（或泵 1）压力油经电液换向阀 5 左位进入合模缸右腔，左腔油液经阀 5 回油箱。

10. 顶出

(1)顶出缸前进（2Y、4Y 通电）

泵 1 卸载，泵 2 压力油经电磁换向阀 8 左位、单向节流。阀 7 进入顶出缸左腔，推动顶出杆顶出制品，其运动速度由单向节流阀 7 调节，溢流阀 4 为定压阀。

(2)顶出缸后退（2Y 通电）

泵 2 的压力油经阀 8 常位使顶出缸后退。

二、液压系统特点

液压系统一般具有以下特点：

(1)因注射缸液压力直接作用在螺杆上，所以注射压力 p_z 与注射缸的油压 p 的比值为 D^2/d^2（D 为注射缸活塞直径，d 为螺杆直径）。为满足加工不同塑料对注射压力的要求，一般注塑机都配备三种不同直径的螺杆，在系统压力为 14MPa 时，获得的注射压力为 40～150MPa。

(2)为保证足够的合模力，防止高压注射时模具开缝产生塑料溢边，该注塑机采用了液压—机械增力合模机构，还可采用增压缸合模装置。

(3)根据塑料注射成型工艺，模具的启闭过程和塑料注射的各阶段速度不一样，而且快慢速之比可达 50～100，为此，该注塑机采用了双泵供油系统，快速时双泵合流，慢速时泵 2（流量为 48L/min）供油，泵 1（流量为 194L/min）卸载，系统功率利用比较合理。有时在多泵分级调速系统中，还兼用差动增速或充液增速等方法。

(4)系统所需多级压力，由多个并联的远程调压阀控制。如果采用电液比例压力阀来实现多级压力调节，再加上电液比例流量阀调速，不仅减少了元件，降低了压力及速度变换过程中的冲击和噪声，还为实现计算机控制创造了条件。

(5)注塑机的多执行元件的循环动作主要依靠行程开关按事先编程的顺序完成，这种方式灵活、方便。

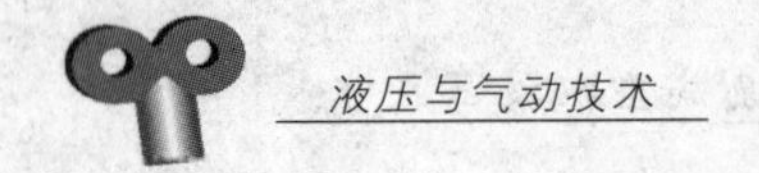

三、液压系统电气回路设计

1. 电气回路设计

各执行元件的动作循环主要依靠行程开关切换电磁换向阀来实现，各液压缸及电磁铁通、断电动作顺序如图 5-9 所示。

图 5-9 中，a_0、a_1、a_2、a_3 为合模缸的行程开关；b_0、b_1 为注射座的行程开关；c_0、c_1、c_2 为注射缸的行程开关；d_0、d_1 为顶出缸的行程开关；t_1 为控制慢速注射的时间；t_2 为控制合模保压的时间；p 为压力开关，合模缸到达高压值时该压力开关动作。相对应电气控制回路图如图 5-10 所示。

若采用 PLC 控制，则应当先规划 PLC 的输入、输出口，设计 PLC 的硬件接线图如图 5-11 所示。

2. PLC 控制回路设计

根据上述 IO 口及中间继电器的定义，将图 5-10 控制电路图转换为 PLC 梯形图，PLC 的硬件接线如图 5-12 所示。

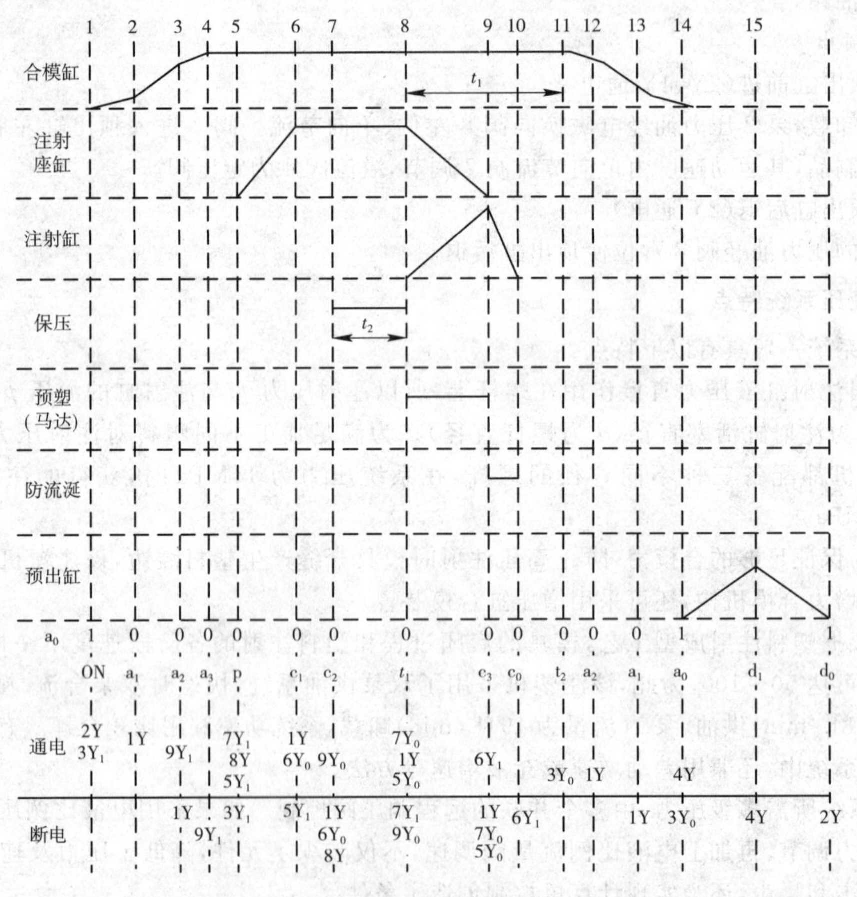

图 5-9　电气控制分析图

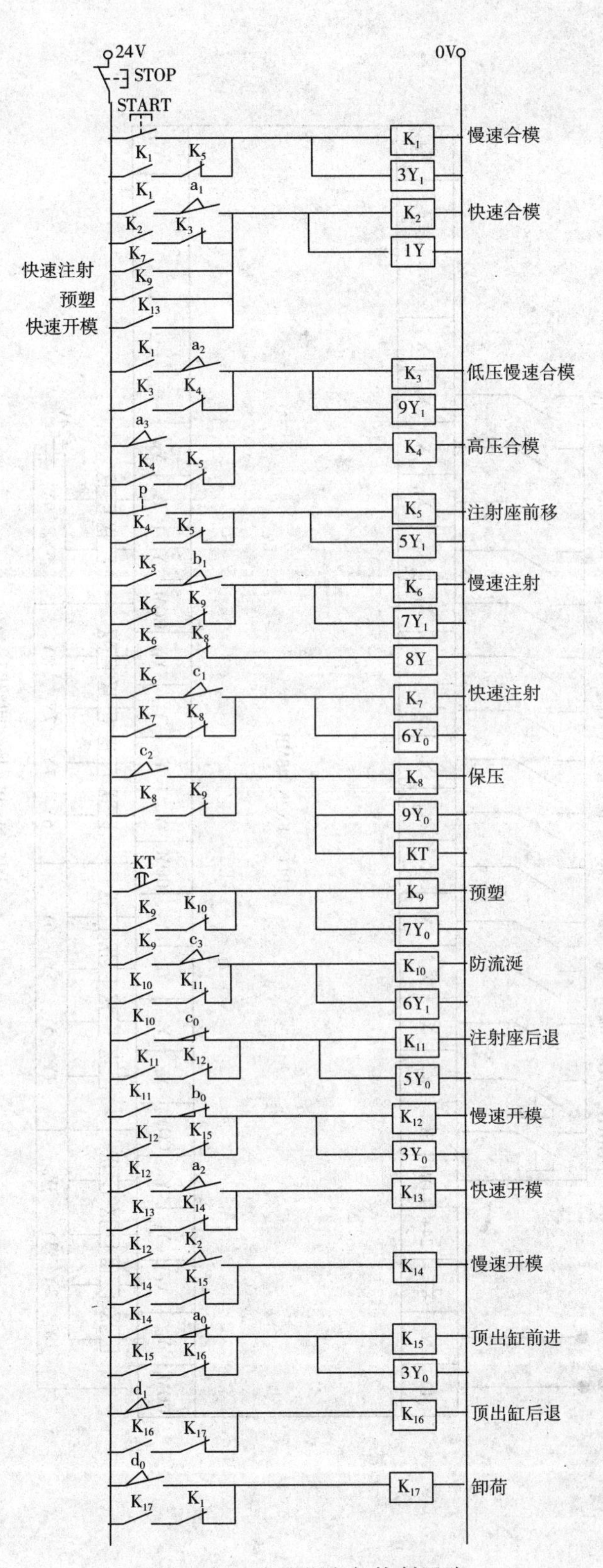

图 5－10　注塑机电气控制回路

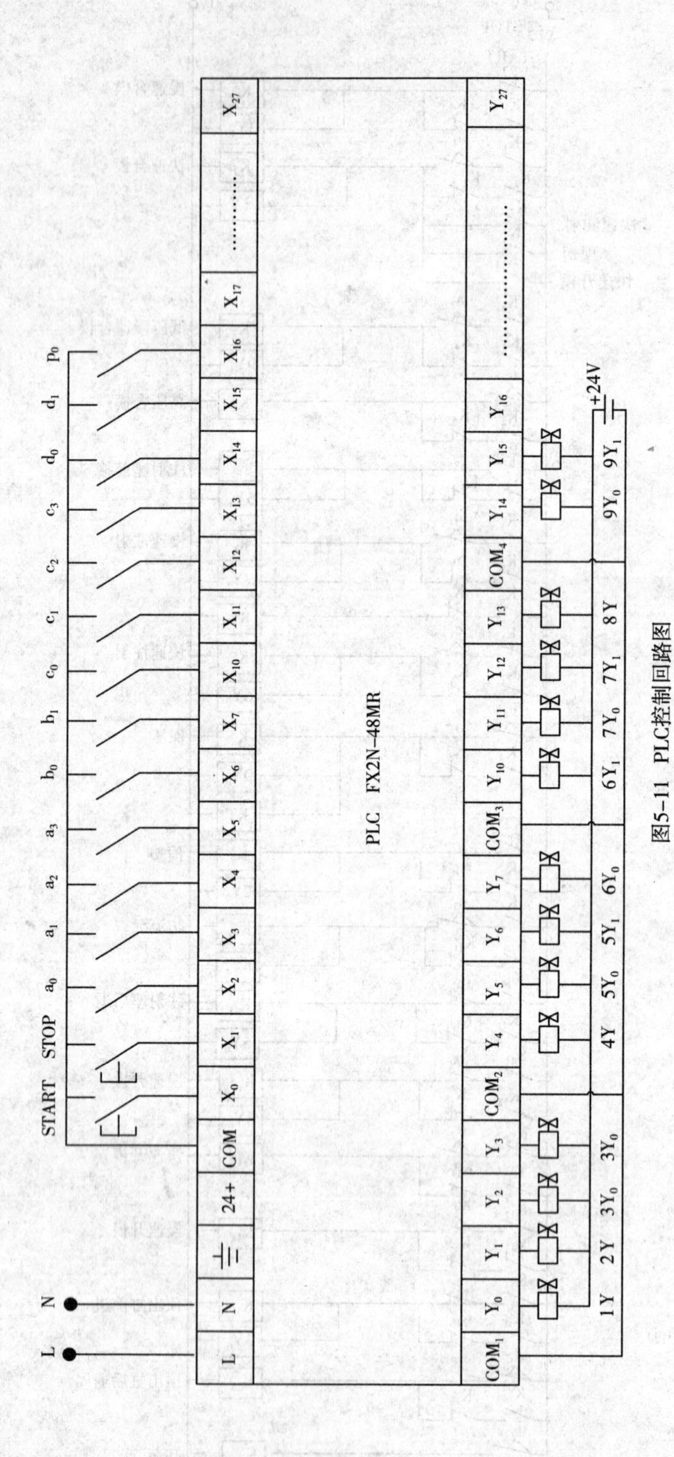

图5-11 PLC控制回路图

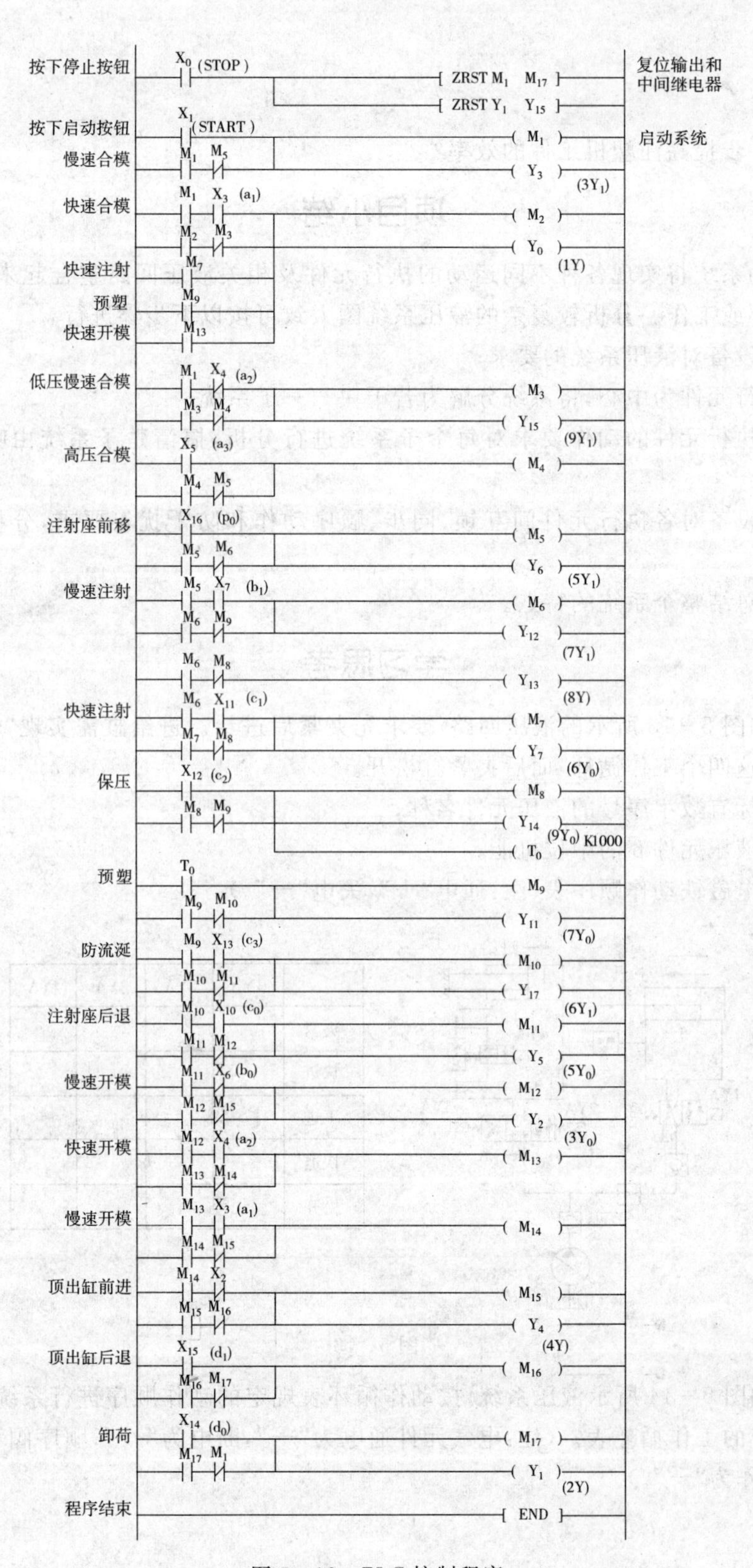

图 5 - 12　PLC 控制程序

项目拓展

如何进一步提高注塑机工件的效率？

项目小结

液压传动系统将实现各种不同运动的执行元件及相关液压回路整合起来，完成设备特定的运动循环或工作。分析较复杂的液压系统图大致可按以下步骤进行。

(1)了解设备对液压系统的要求；

(2)以执行元件为中心，将系统分解为若干块——子系统；

(3)根据执行元件的动作要求对每个子系统进行分析，搞清楚子系统由哪些基本回路组成；

(4)根据设备对各执行元件间互锁、同步、顺序动作和防干扰等要求，分析各子系统的联系；

(5)归纳总结整个系统的特点。

学习思考

5-1　如图5-13所示的液压回路，要求先夹紧后进给。进给缸需实现“快进—工进—快退—停止”这四个工作循环，而后夹紧缸松开。

(1)指出标有数字序号的液压元件名称；

(2)指出液压元件6的中位机能；

(3)列出电磁铁动作顺序表(注:通电“+”,失电“-”。)

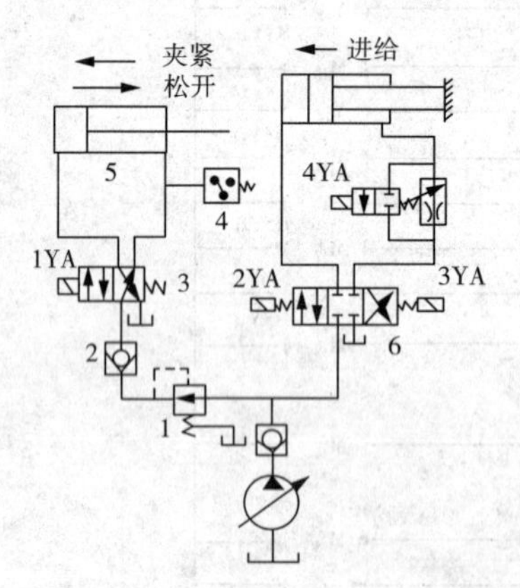

	1YA	2YA	3YA	4YA
夹紧				
快进				
工进				
快退				
松开				

图5-13

5-2　如图5-14所示液压系统，按动作循环表规定的动作顺序进行系统分析，填写完成该液压系统的工作循环表。(注:电气元件通电为“+”,断电为“-”;顺序阀和节流阀工作为“+”,非工作为“-”。)

表5-1　题5-2液压系统工作循环表

动作名称	电器元件		液压元件		
	1YA	2YA	顺序阀6	压力继电器7	节流阀5
快进					
工进					
保压					
快退					
停止					

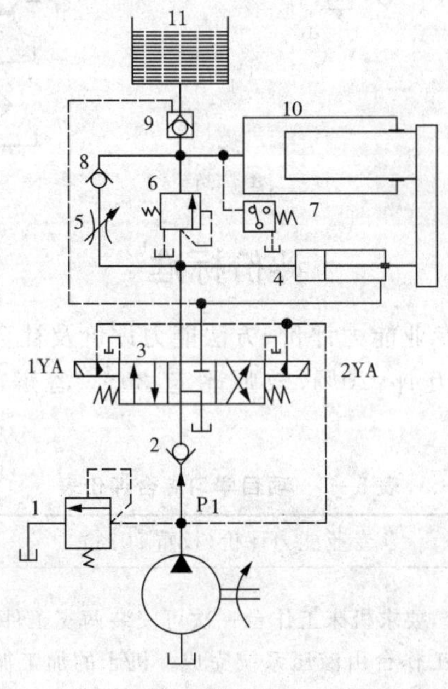

图5-14

5-3　如图5-15所示液压系统,按动作循环表规定的动作顺序进行系统分析,填写完成该液压系统的工作循环表。(注:电气元件通电为"+",断电为"—"。)

表5-2　题5-3液压系统的工作循环表

动作名称	电器元件						
	1YA	2YA	3YA	4YA	5YA	6YA	YJ
定位夹紧							
快进							
工进(卸荷)							
快退							
松开拔销							
原位(卸荷)							

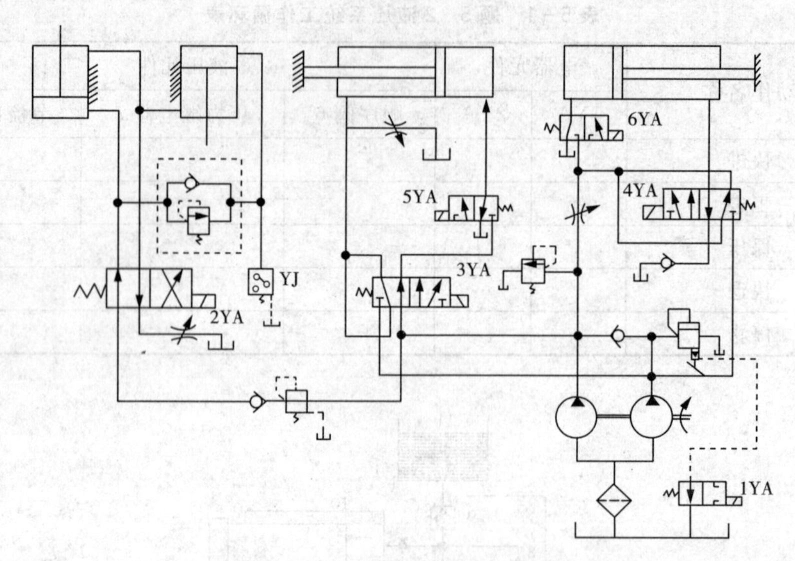

图 5－15

评价标准

本项目的评价内容包括专业能力评价、方法能力评价及社会能力评价等，其中专业能力评价：20％、自评：20％、组内互评：20％、教师评定：30％、答辩：10％，总计为 100％，见表 5－3。

表 5－3　项目学习综合评价表

专业能力评价（权重 20％）

如图所示为专用铣床液压系统，要求机床工作台一次可安装两支工件，并能同时加工。工件的上料、卸料由手工完成，工件的夹紧及工作台由液压系统完成。机床的加工循环为"手工上料—工件自动夹紧—工作台快进—铣削进给—工作台快退—夹具松开—手工卸料。分析系统回答下列问题：(20 分)

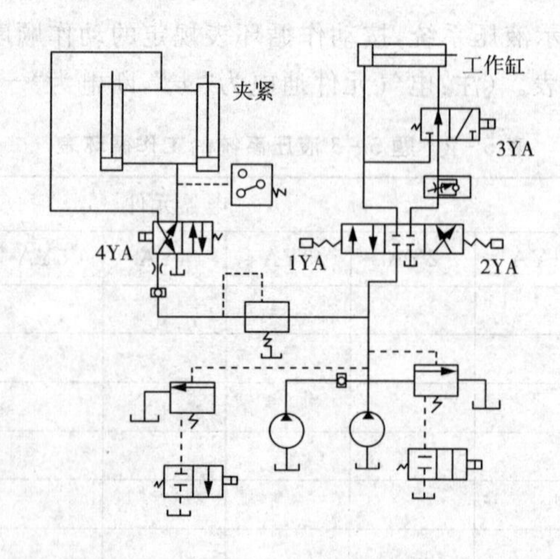

（续表）

评定形式	权重	评定内容	评定标准	得分
自我评定	20%	① 学习工作态度(5分)	积极(5分);一般(3分);不积极(0分)	
		② 完成工作任务情况(5分)	全部(5分);一半(3分);没有(0分)	
		③ 出勤情况(5分)	全勤(5分);缺勤两次(3分);缺勤30%(0分)	
		④ 独立工作情况(5分)	强(5分);一般(3分);不强(0分)	
小组评定	20%	① 学习工作责任意识(5分)	强(5分);一般(3分);不强(0分)	
		② 收集材料、调研能力(5分)	强(5分);一般(3分);不强(1分)	
		③ 汇报、交流、沟通能力(5分)	强(5分);一般(3分);不强(1分)	
		④ 团队协作精神(5分)	强(5分);一般(3分);不强(1分)	
教师评定	30%	① 全组整体学习工作过程状态(5分)	积极(5分);一般(3分);较差(1分)	
		② 计划制定、执行情况(5分)	好(5分);一般(3分);较差(1分)	
		③ 任务完成情况(5分)	好(5分);一般(3分);较差(1分)	
		④ 项目学习、测试报告书(15分)	(15分)~(0分)	
答辩成绩	10%	答辩题目：		
成绩总分	________分	指导老师(签字)：	组长(签名)：	

项目6 公交车内摆式气动门控制系统

学习目标

【能力目标】

(1)能够识读气动回路中速度控制回路(进气节流和排气节流);

(2)能够根据工作任务完成简单气动回路设计并能正确连接;

(3)能够将气动系统分解出各子系统,完成动作操作;

(4)具有良好的行为习惯及团队协作能力。

【知识要求】

(1)熟悉气动系统基本回路分类、典型控制系统组成部分;

(2)掌握各种气动元件在各基本回路中的功用及气动基本回路组成特点和功用;

(3)掌握典型气动回路设计的方法。

【技能要求】

(1)能根据要求拟定其他方案,并进行比较;

(2)能分析常用气动元件的结构与功用,以及常见故障的诊断与排除。

任务介绍

本系统要求由气压传动系统控制门泵驱动门体作内摆式运动,满足在门体处于关闭锁紧位置时,门扇要与车身侧围弧度一致,在完全开启位置时门扇垂直于车身侧围面。

相关知识

一、门体传动机构选择

本系统要求门体在关闭锁紧位置时,门扇要与车身侧围弧度一致,在完全开启位置时门扇垂直于车身侧围面。经调查研究采用曲柄滑块机构。

二、门泵类型选择

门泵是以压缩气体或电为动力源,用于启闭客车气动门的一种控制执行装置。门体的开启和关闭是气缸左右两腔通过压缩气体推动活塞运动带动连杆机构运动实现的,因此可选择双作用单杆活塞缸。

三、换向回路选择

气泵产生压缩气体经后冷却器、除油器净化，经储气罐稳压，经空气过滤进一步净化后通向紧急阀，而后通过电磁阀换向，这里选用二位五通电磁阀，如图6－1所示为二位五通电磁阀的图形符号。

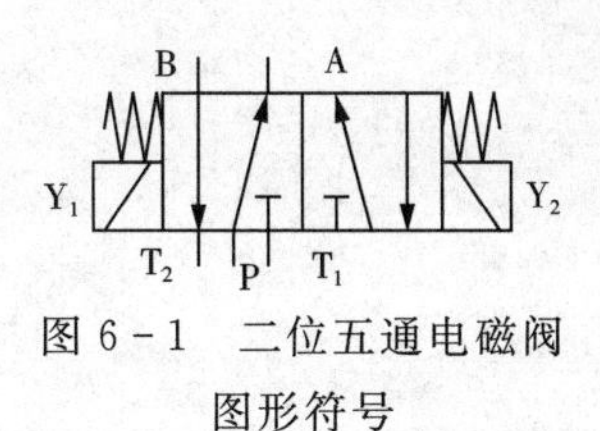

图6－1　二位五通电磁阀图形符号

二位五通电磁阀具有1个进气孔P(接进气气源)、1个正动作出气孔A和1个反动作用出气孔B(分别提供气缸一正一反动作的气源)、1个正动作排气孔T_1和1个反动作排气孔T_2(安装消声器)。二位五通电磁阀一般为双电控(双线圈)。二位五通双电控电磁阀动作原理：给正动作线圈通电，则正动作气路接通(正动作出气孔有气)，即使给正动作线圈断电后正动作气路仍然是接通的，将会一直维持到给反动作线圈通电为止。给反动作线圈通电，则反动作气路接通(反动作出气孔有气)，即使给反动作线圈断电后反动作气路仍然是接通的，将会一直维持到给正动作线圈通电为止。这相当于"自锁"，这样可以保护电磁阀线圈不容易损坏。

四、速度控制回路选择

双作用气缸的调速回路主要有进气节流和排气节流两种方法，如图6－2、图6－3所示。

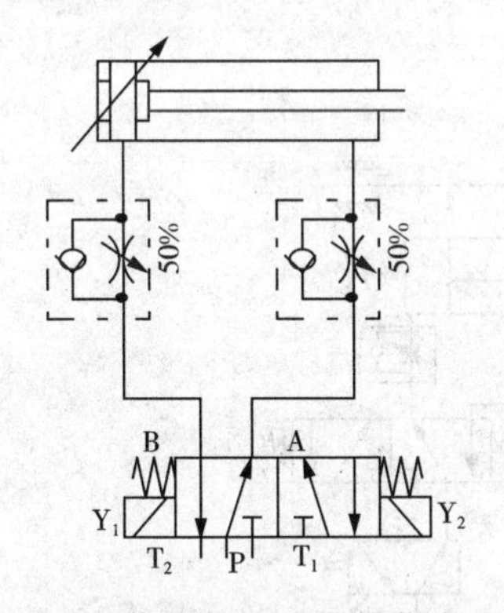

图4－2　双作用气缸的排气节流回路

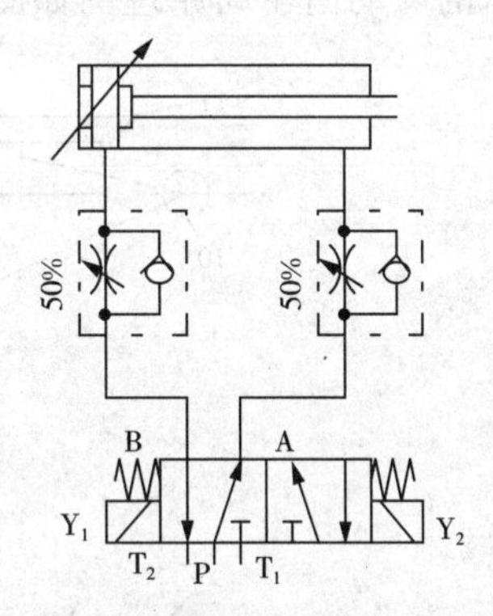

图6－3　双作用气缸的进气节流回路

一般多采用排气节流。进气节流回路由于进气流量小而排气流量大，进气腔压力上升缓慢，当进气和排气两腔压力差达到刚好克服各种反力时，活塞就突然前进，使进气腔容积突然增大，进气腔压力下降，活塞就停止前进。气缸活塞这种"忽走忽停"的现象称为气缸爬行，故较少采用这种调速方法。

五、气动防夹系统

内摆式乘客门防夹系统的作用是当乘客门和车身外部门关闭过程中，遇到阻碍时，乘客门能够自动地打开。如图6－4所示。

其工作原理为：关门时，门泵气缸内活塞杆伸出，遇到阻碍物时，门泵气缸无杆腔内压力增大，当增大到压力继电器设定压力时，压力继电器开关闭合，控制换向阀左端电磁阀，开门系统开始送气，乘客门被打开。

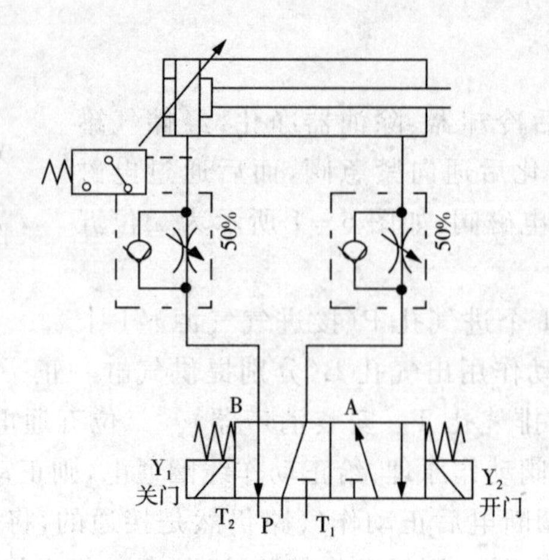

图 6-4　防夹系统工作原理

任务实施

将上述所选定的机构与气压基本回路组合成气动门驱动系统，并根据需要做修改与调整，最后画出的气动门驱动原理图如图 6-5 所示。

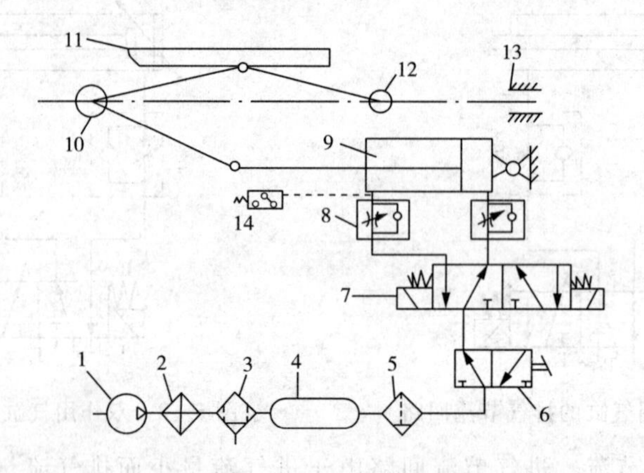

图 6-5　气动门驱动原理图

1—空气压缩机；2—后冷却器；3—除油器；4—储气瓶；5—空气过滤器；6—紧急阀；7—二位五通电磁阀；8—单向节流阀；9—气缸；10—门轴；11—门体；12—滚轮；13—滑槽；14—压力继电器

项目拓展

(1)请设计该控制系统电气图。

(2)若将电磁换向阀换成气控换向阀，有何不同?

项目小结

(1)气源系统一般由气压发生装置、压缩空气的净化处理装置和传输管路系统组成。

(2)气动基本回路有方向、压力、速度控制回路。

(3)方向控制回路是由单向型和换向型方向控制阀组成的回路,速度回路有进气节流和排气节流调速回路。

学习思考

6－1 气动系统由哪几部分组成？各部分的作用是什么？

6－2 如何正确选用空气压缩机？

6－3 为何在大流量的场合采用先导式电磁阀而不采用直动式电磁阀呢？

6－4 画出二位三通双气控加压换向阀、双电控二位五通先导式电磁换向阀、中位机能"O"型三位五通气控换向阀、二位三通手动换向阀的职能符号。

6－5 在气动控制元件中,哪些元件具有记忆功能？记忆功能是如何实现的？

评价标准

本项目的评价内容包括专业能力评价、方法能力评价及社会能力评价等,其中专业能力评价:20%、自评:20%、组内互评:20%、教师评定:30%、答辩:10%,总计为 100%,见表 6－1。

表 6－1 项目学习综合评价表

专业能力评价(权重 20%)

如图所示的空气压缩机。

(1)根据工作任务正确选用空压机;(2)调节空压机的输出压力,使其输出压力为 0.8MPa;(3)空压机的日常维护和保养;(4)调节三联件的输出压力,使其进入系统的压力为 0.6MPa。(20 分)

评定形式	权重	评定内容	评定标准	得分
自我评定	20%	① 学习工作态度(5 分)	积极(5 分);一般(3 分);不积极(0 分)	
		② 完成工作任务情况(5 分)	全部(5 分);一半(3 分);没有(0 分)	
		③ 出勤情况(5 分)	全勤(5 分);缺勤两次(3 分);缺勤 30%(0 分)	
		④ 独立工作情况(5 分)	强(5 分);一般(3 分);不强(0 分)	

（续表）

评定形式	权重	评定内容	评定标准	得分
小组评定	20％	① 学习工作责任意识（5分）	强（5分）；一般（3分）；不强（0分）	
		② 收集材料、调研能力（5分）	强（5分）；一般（3分）；不强（1分）	
		③ 汇报、交流、沟通能力（5分）	强（5分）；一般（3分）；不强（1分）	
		④ 团队协作精神（5分）	强（5分）；一般（3分）；不强（1分）	
教师评定	30％	① 全组整体学习工作过程状态（5分）	积极（5分）；一般（3分）；较差（1分）	
		② 计划制定、执行情况（5分）	好（5分）；一般（3分）；较差（1分）	
		③ 任务完成情况（5分）	好（5分）；一般（3分）；较差（1分）	
		④ 项目学习、测试报告书（15分）	（15分）～（0分）	
答辩成绩	10％	答辩题目：		
成绩总分	______分	指导老师（签字）：	组长（签名）：	

项目 7　折弯机的气动控制回路

学习目标

【能力目标】

(1)能够掌握系统压力的调节与控制方式；
(2)能够运用快速排气阀使气缸快速回退；
(3)能够使各控制元件之间的信号按一定规律连接起来，实现执行元件的动作；
(4)具有良好的行为习惯及团队协作能力。

【知识要求】

(1)熟悉气动回路的符号表示法；
(2)掌握回路图内元件的命名方式；
(3)掌握执行元件动作顺序的表示方法。

【技能要求】

(1)能根据要求拟定其他方案，并进行比较；
(2)能分析常用气动元件的结构与功用，以及常见故障的诊断与排除。

任务介绍

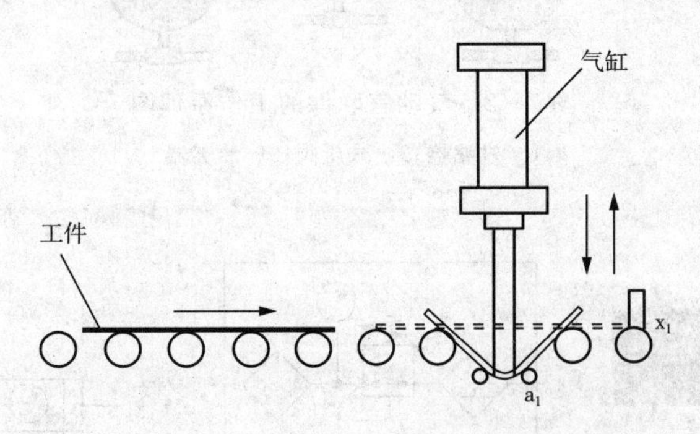

图 7－1　折弯机工作原理图

图 7－1 所示为折弯机的工作原理图，其工作要求为：当工件到达规定位置时，如果按下启动按钮，气缸伸出，将工件按设计要求折弯，然后快速退回，完成一个工作循环。如果工件未到达指定位置时，即使按下按钮气缸也不动。另外，为了适应加工不同材料或直径工件的

要求，系统工作压力应该可以调节。

分析折弯机的工作要求，要完成对折弯机系统回路的设计，需解决好以下四点：

(1)系统压力的调节与控制方式；

(2)气缸快速返回如何控制；

(3)工件及活塞杆伸出位置的控制以及与按钮协调；

(4)折弯机气动控制回路图的绘制。

相关知识

一、系统压力的调节与控制方式

所有气动系统均有一个最适合的工作压力，而在各种气动系统中，均会出现或多或少的压力波动。气动与液压传动不同，一个气源系统输出的压缩空气通常供多台气动装置使用，气源系统输出的空气压力都高于每台装置所需压力，且压力波动较大。如果压力过高，将造成能量损失，并增加损耗；压力过低会使输出压力不足，造成不良效率。因此，每台气动装置的供气压力都需要用减压阀减压，并保持稳定。

减压阀的作用是将较高输入压力调到规定的输出压力，并能保持输出压力稳定，不受空气流量变化及气源压力波动的影响。减压阀的调压方式有直动式和先导式两种。

空气过滤器、减压阀、油雾器三件联合使用，组成气源调节装置(通常称之为气动三联件)，使之具有过滤、减压和油雾润滑的功能。

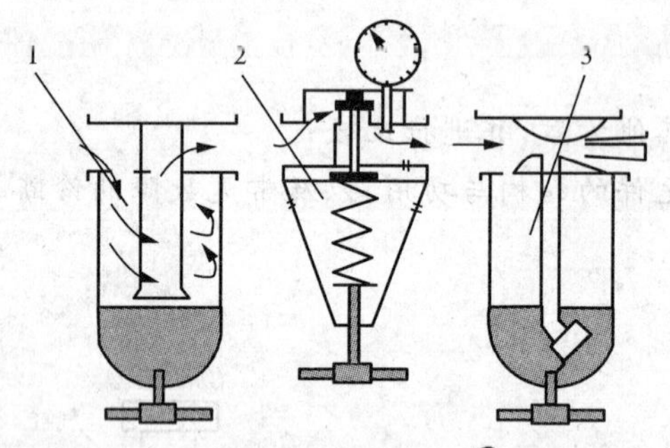

图7-2　气动三联件的工作原理图

1—过滤器；2—减压阀；3—油雾器

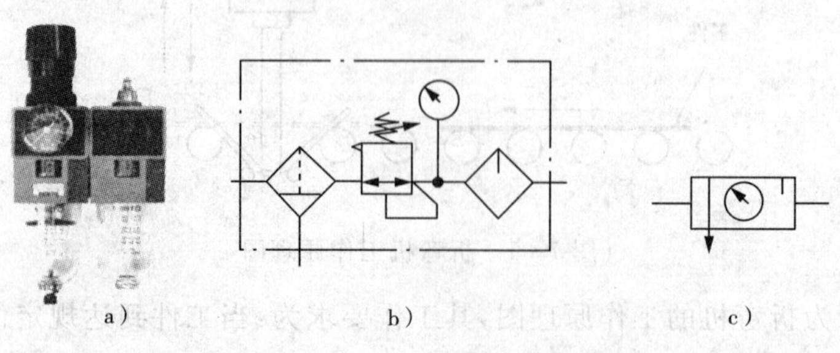

图7-3　气动三联件的外观及职能符号

a)外观；b)详细职能符号；c)简略职能符号

二、气缸快速返回控制方式选择

快速排气阀可使气缸活塞运动速度加快，特别是在单作用气缸情况下，可以避免其回程时间过长。如图 7-4 所示为快速排气阀，当 1 口进气时，由于单向阀开启，压缩空气可自由通过，2 口有输出，排气口 3 被圆盘式阀芯关闭。若 2 口为进气口，则圆盘式阀芯就关闭气口 1，压缩空气从大排气口 3 排出。为了降低排气噪声，这种阀一般带消声器。

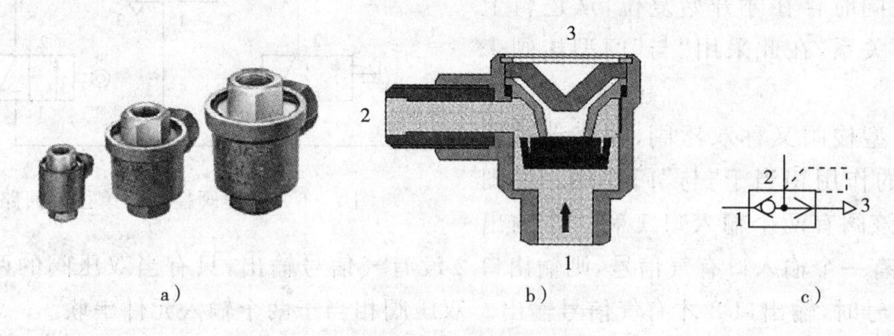

图 7-4　快速排气阀

a)外观；b)结构；c)职能符号

快速排气阀用于使气动元件和装置迅速排气的场合。为了减小流阻，快速排气阀应靠近气缸安装。例如，把它装在换向阀和气缸之间(应尽量靠近气缸排气口，或直接拧在气缸排气口上)，使气缸排气时不用通过换向阀而直接排出。这对于大缸径气缸及缸阀之间管路长的回路尤为需要，如图 7-5a 所示。

快速排气阀也可用于气缸的速度控制，如图 7-5b 所示。按下手动阀，由于节流阀的作用，气缸慢进；如手动阀复位，则气缸无杆腔中的气体直接通过快速排气阀快速排出，气缸实现快退动作。压缩空气通过大排气口排出。

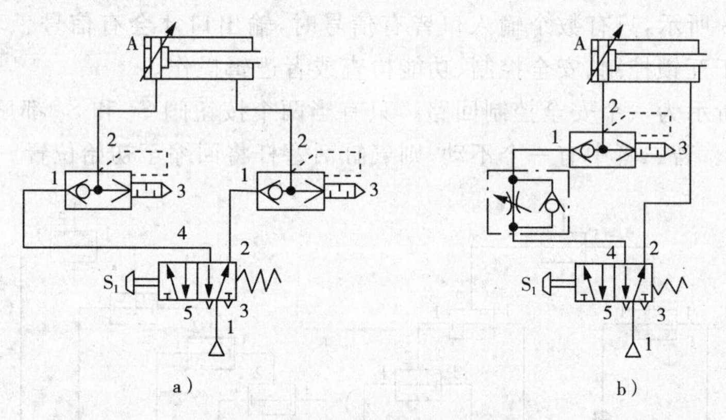

图 7-5　快速排气阀应用回路

三、工件及活塞杆伸出位置的控制以及与按钮协调

工件及活塞杆伸出位置的控制采用行程阀来调节控制。其在回路中的应用如图 7-6 所示。

如图 7-6 所示为行程阀控制的单往复回路。其功能是双作用气缸到达行程终点，自动后退。当按下阀 S_1 时，主控阀 V_1 换向，活塞前进；当活塞杆压下行程阀 a_1 时，产生另一信号，使主控阀 V_1 复位，活塞后退。但应注意：当一直按着 S_1 时，活塞杆即使伸出碰到 a_1，也无法后退。

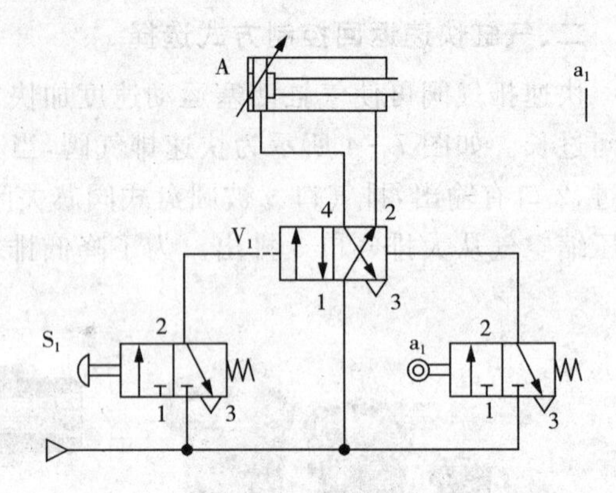

图 7-6　行程阀控制的单往复回路

折弯机要求工件未到达指定位置时，即使按下按钮气缸也不动，工作到位，行程开关和按钮必须同时存在才开始复位，从逻辑上说是“与”的关系，在此采用“与”门型梭阀来实现。

“与”门型梭阀又称双压阀，在气动逻辑回路中，它的作用相当于“与”门作用。如图 7-7 所示，该阀有两个输入口 1 和一个输出口 2。若只有一个输入口有气信号，则输出口 2 没有气信号输出，只有当双压阀的两个输入口均有气信号时，输出口 2 才有气信号输出。双压阀相当于两个输入元件串联。

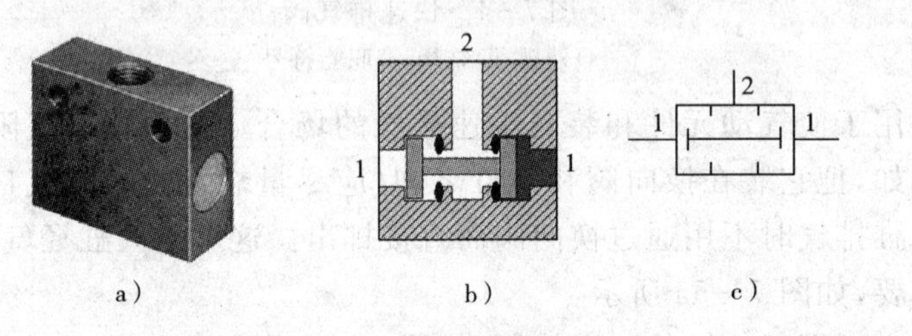

图 7-7　双压阀

a)外观；b)结构；c)职能符号

与“或”门型梭阀一样，双压阀在气动控制系统中也作为信号处理元件，数个双压阀的连接方式如图 7-8 所示，只有数个输入口皆有信号时，输出口才会有信号。双压阀的应用也很广泛，主要用于互锁控制、安全控制、功能检查或者逻辑操作。

如图 7-9 所示为一个安全控制回路。只有当两个按钮阀 S_1 和 S_2 都压下时，单作用气缸活塞杆才伸出。若二者中有一个不动，则气缸活塞杆将回缩至初始位置。

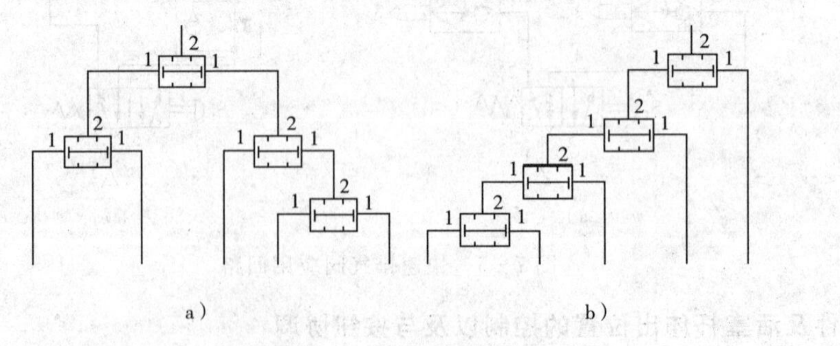

图 7-8　双压阀组合

a)双边串联法；b)单边串联法

四、折弯机气动控制回路图的绘制

1. 气动回路的符号表示法

气动系统回路图是以气动元件职能符号组合而成的，所以要对所有气动元件的功能、符号与特性熟悉和了解。以气动符号所绘制的回路图可分为定位和不定位两种表示法。

定位回路图是以系统中元件实际的安装位置绘制的，如图 7－10 所示。这种方法使工程技术人员容易看出阀的安装位置，便于维修和保养。

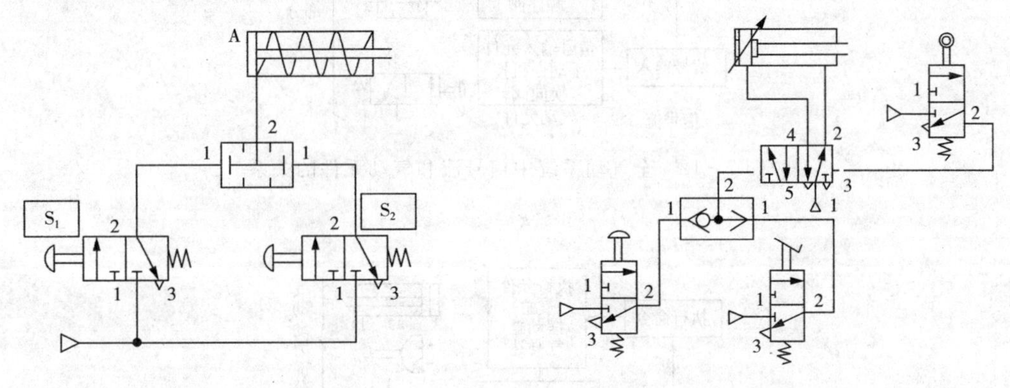

图 7－9 安全控制回路　　图 7－10 定位回路图

不定位回路图不是按元件的实际位置绘制的，而是根据信号流动方向，从下向上绘制的，各元件按其功能分类排列，顺序依次为气源系统、信号输入元件、信号处理元件、控制元件、执行元件，如图 7－11 所示。本章主要使用此种回路表示法。

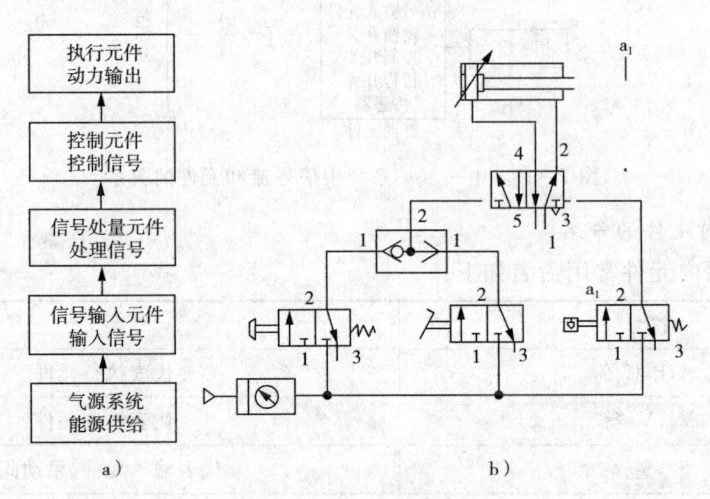

图 7－11 不定位回路图

a)气动元件信号流；b)示例

为分清气动元件与气动回路的对应关系，图 7－12 和图 7－13 分别给出全气动系统和电—气动系统的控制链中信号流和元件之间的对应关系。掌握这一点对于分析和设计气动程序控制系统非常重要。

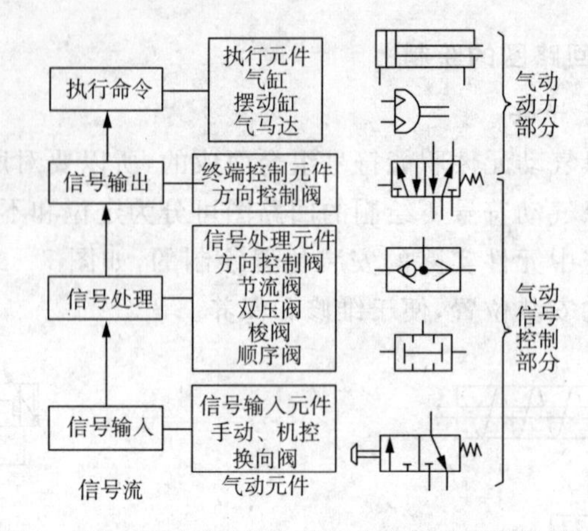

图 7-12　全气动系统中信号流和气动元件的关系

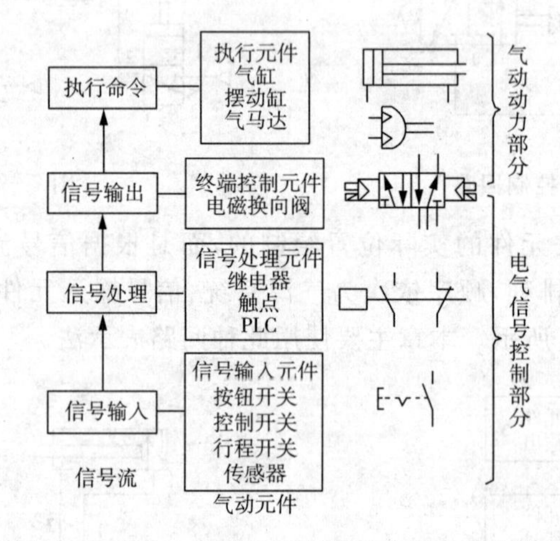

图 7-13　电—气动系统中信号流和元件的关系

2. 回路图内元件的命名

气动回路图内元件常用命名如下：

符号	含义
A,B,C 等	代表执行元件
V_1,V_2 等	代表控制元件
S_1,S_2 等	代表输入元件(手动阀)
Z_1,Z_2 等	代表能源供给(气源系统)
a_1,b_1,c_1 等	代表执行元件在伸出位置时的行程开关
a_0,b_0,c_0 等	代表执行元件在缩回位置时的行程开关

3. 各种元件的表示方法

在回路图中,阀和气缸尽可能水平放置。回路中的所有元件均以起始位置表示,否则另

加注释。阀的位置定义如下：

(1)正常位置

阀芯未操作时阀的位置为正常位置。

(2)起始位置

阀已安装在系统中，并已通气供压，阀芯所处的位置称为起始位置，应标明。如图7-14所示的滚轮杠杆阀(信号元件)，正常位置为关闭阀位，当在系统中被活塞杆的凸轮板压下时，其起始位置变成通路，应按图7-14b所示表示。

对于单向滚轮杠杆阀，因其只能在单方向发出控制信号，所以在回路图中必须以箭头表示出对元件发生作用的方向，逆向箭头表示无作用，如图7-15所示。

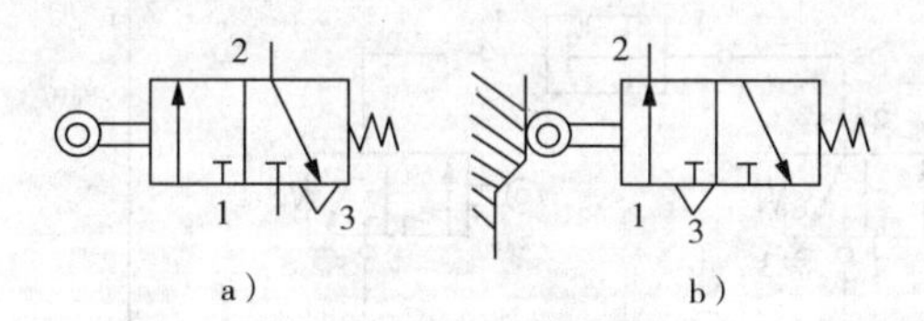

图7-14 起始位置表示

a)正常位置；b)起始位置

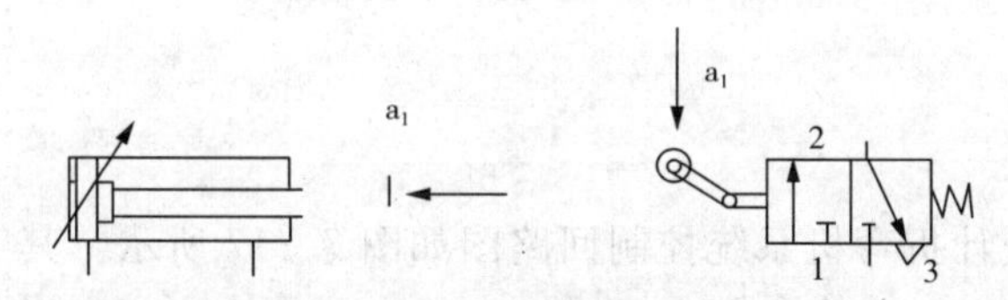

图7-15 单向滚轮杠杆阀表示

4. 管路的表示

在气动回路中，元件和元件之间的配管符号是有规定的。通常工作管路用实线表示，控制管路用虚线表示。而在复杂的气动回路中，为保持图面清晰，控制管路也可以用实线表示。管路尽可能画成直线以避免交叉。如图7-16所示为管路表示方法。

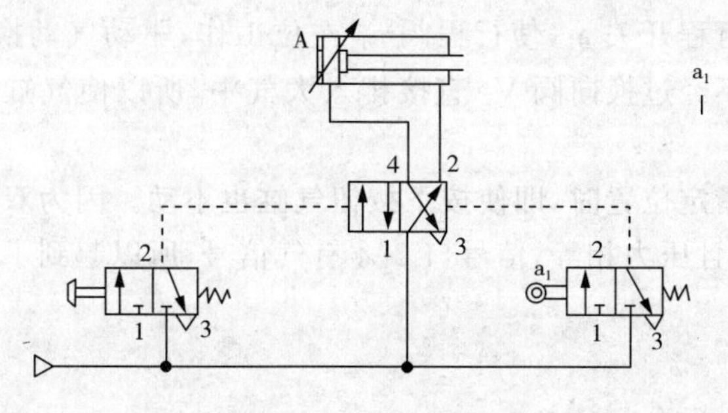

图7-16 管路表示方法

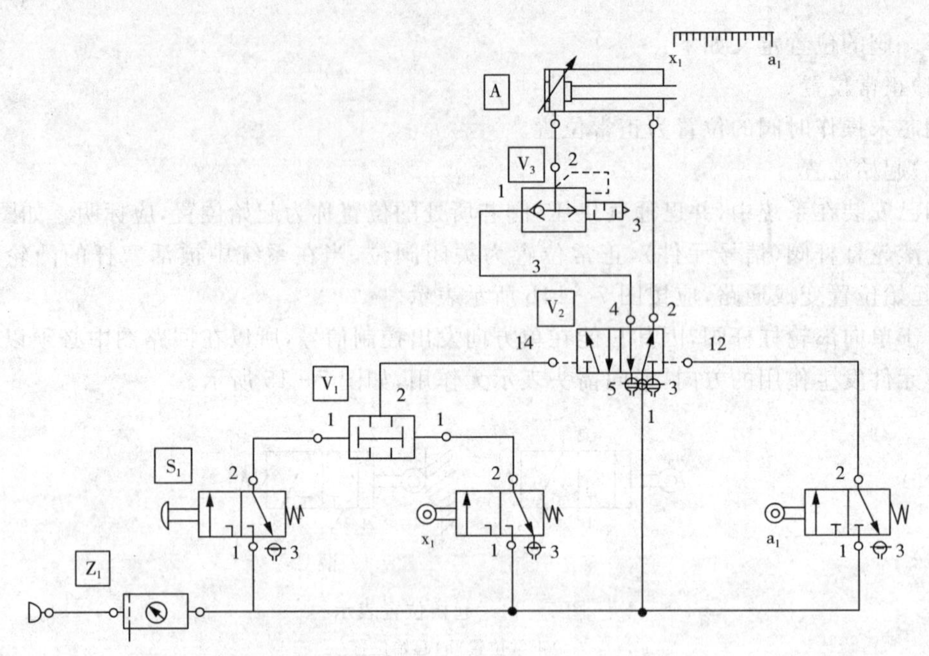

注：x_1 为传送带上钢板到位行程开关，并非 A 缸的

图 7－17　折弯机系统控制回路

任务实施

根据上述分析，设计折弯机系统控制回路图如图 7－17 所示。其工作流程如下：

1．工件到位

当工件到达规定位置时，行程开关 x_1 左位工作，信号口 2 有气信号。

2．开始折弯

工件到位后，按下启动按钮 S_1，双压阀信号口 2 有气信号，气动换向阀 V_2 左位工作并保持，气缸伸出将工件按设计要求折弯。

3．气缸返回

折弯完成后压下行程开关 a_1，使行程阀 a_1 左位工作，驱动气动换向阀 V_2 右位工作，由于快速排气阀使气体不经过换向阀 V_2 直接排入大气中，所以使气缸快速退回，完成一个工作循环。

如果工件未到达指定位置时，即使按下按钮气缸也不动。因为双压阀要求两个信号口 1 的气信号同时存在，并且压力相等，信号口 2 才有气信号，所以起到了安全作用的效果。

项目拓展

(1)如何实现气缸伸出速度可调节？

(2)折弯机如何实现自动循环？并实现手动与自动切换。

项目小结

(1)执行元件动作顺序的表示方法

在实际系统设计中,为了分析执行元件随着控制步骤或控制时间的变化规律,常作出系统的运动图来加以分析,以便清楚、直观地了解执行元件和控制元件之间的关系,有利于回路的设计。运动图包括位移—步骤图、位移—时间图,位移—步骤图表示执行元件的动作。

(2)系统控制回路图设计出来后,必须对回路图进行分析,检验回路图是否能够达到所规定的工作要求。通过分析可以看出,折弯系统控制回路图能够满足折弯机的工作要求。

具体操作步骤:

① 根据折弯机气动系统控制回路图,找出正确的元器件;

② 合理布局,在操作台上完成折弯机的控制系统回路的连接;

③ 检验连接的回路与分析的动作是否一致。

学习思考

7-1　试绘出用二位二通阀控制双作用缸的前进、后退的气动回路。

7-2　试绘出一气动回路。其条件是只有三个输入信号同时输入才可使气缸前进,当活塞伸到头自动后退。

7-3　参考图 7-7 所示的双压阀,若 1 口输入的空气压力分别为 6bar(0.6MPa)和 4bar(0.4MPa),则 2 口输出的空气压力是多少?

7-4　快速排气阀为什么能快速排气?在使用和安装快速排气阀时应注意什么问题?

评价标准

本项目的评价内容包括专业能力评价、方法能力评价及社会能力评价等,其中专业能力评价:20%、自评:20%、组内互评:20%、教师评定:30%、答辩:10%,总计为 100%,见表 7-1。

表 7-1　项目学习综合评价表

专业能力评价(权重 20%)

设计一气动回路,实现气缸慢速前进、快速后退并且到达终点自动回退(利用行程阀),其他条件不限。(20 分)

评定形式	权重	评定内容	评定标准	得分
自我评定	20%	① 学习工作态度(5 分)	积极(5 分);一般(3 分);不积极(0 分)	
		② 完成工作任务情况(5 分)	全部(5 分);一半(3 分);没有(0 分)	
		③ 出勤情况(5 分)	全勤(5 分);缺勤两次(3 分);缺勤 30%(0 分)	
		④ 独立工作情况(5 分)	强(5 分);一般(3 分);不强(0 分)	

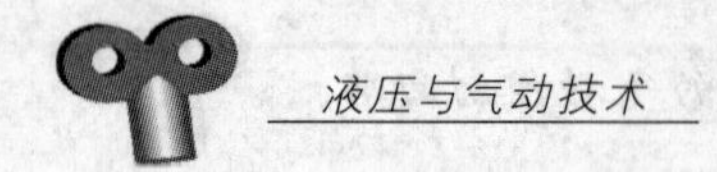

（续表）

评定形式	权重	评定内容	评定标准	得分
小组评定	20%	① 学习工作责任意识(5分)	强(5分);一般(3分);不强(0分)	
		② 收集材料、调研能力(5分)	强(5分);一般(3分);不强(1分)	
		③ 汇报、交流、沟通能力(5分)	强(5分);一般(3分);不强(1分)	
		④ 团队协作精神(5分)	强(5分);一般(3分);不强(1分)	
教师评定	30%	① 全组整体学习工作过程状态(5分)	积极(5分);一般(3分);较差(1分)	
		② 计划制定、执行情况(5分)	好(5分);一般(3分);较差(1分)	
		③ 任务完成情况(5分)	好(5分);一般(3分);较差(1分)	
		④ 项目学习、测试报告书(15分)	(15分)～(0分)	
答辩成绩	10%	答辩题目:		
成绩总分		分　指导老师(签字):	组长(签名):	

项目8　打标机的气动控制回路

学习目标

【能力目标】

(1)能够掌握气动程序控制系统的分析和设计；

(2)能够根据工作任务完成简单气动回路的设计并能正确连接；

(3)能够使各控制元件之间的信号按一定的规律连接起来,实现执行元件的动作；

(4)具有良好的行为习惯及团队协作能力。

【知识要求】

(1)熟悉行程程序控制回路的设计；

(2)掌握气动元件在基本回路中的功用及气动基本回路组成特点和功用；

(3)掌握串级法气动回路设计步骤。

【技能要求】

(1)能根据要求拟定其他方案,并进行比较；

(2)能分析常用气动元件的结构与功用,以及常见故障的诊断与排除。

任务介绍

打标机的示意图如图8-1所示。

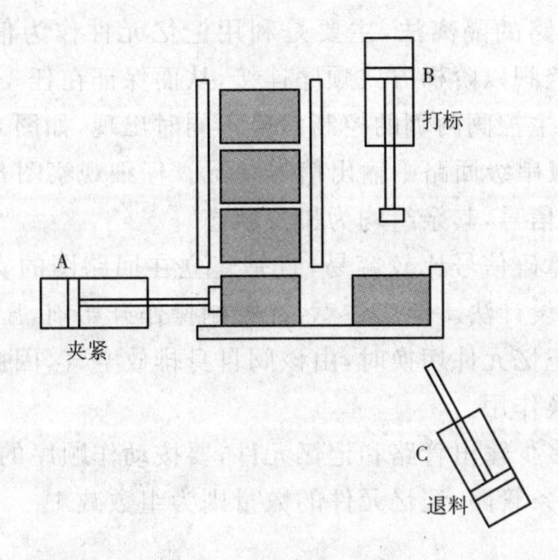

图8-1　打标机示意图

工件在料仓里靠重力落下，由 A 缸推向定位块并夹紧，接着 B 缸打印标志，然后由 C 缸将打印完的工件推出。

其动作顺序为 A+B+B−A−C+C−（“+”表示伸出，“−”表示收回），位移—步骤图如图 8-2 所示。

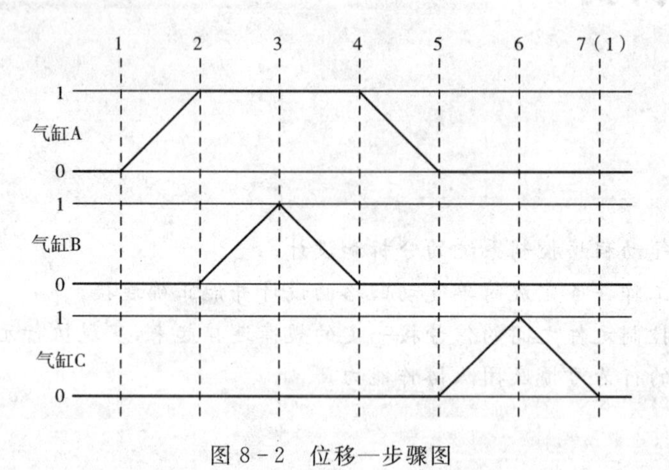

图 8-2　位移—步骤图

位移—步骤图描述了控制系统中执行元件的状态随控制步骤的变化规律。图中的横坐标表示步骤，纵坐标表示位移（气缸的动作）。

所需辅助状况如下：

(1)各动作必须自动进行，并可选择单一循环、连续循环，启动信号由启动按钮输入。

(2)料仓有一个限位开关监测，如仓内无工件，则系统必须停在起始位置并互锁，以防止再启动。

(3)操作紧急停止按钮后，所有气缸无论在什么位置，均立即回到起始位置，只有互锁去除后才可再操作。

相关知识

串级法是一种控制回路的隔离法，主要是利用记忆元件作为信号的转接作用，即利用 4/2双气控阀或 5/2 双气控阀以阶梯方式顺序连接，从而保证在任一时间只有一个组输出信号，其余组为排气状态，使主控阀两侧的控制信号不同时出现，如图 8-3 所示。

如图 8-4 所示为四级串级回路中输出信号状况。仔细观察图 8-4 中的 a、b、c、d 图，可发现每个图只有一组输出信号，其余组均为排气状态。

采用此种排列，消除障碍信号比较容易，且是建立在回路图的实际操作程序中的，是一种有规则可循的气动回路设计法。但应注意：在控制操作开始前，压缩空气通过串级中的所有阀。另外，当串级中的记忆元件切换时，由该阀自身排放空气，因此，只要有一个阀动作不良，就会出现不良开关转换作用。

在设计回路中，需要多少输出管路和记忆元件，要按动作顺序的分组（级）而定。如动作顺序分为四组则要输出四条管路，记忆元件的数量则为组数减 1。

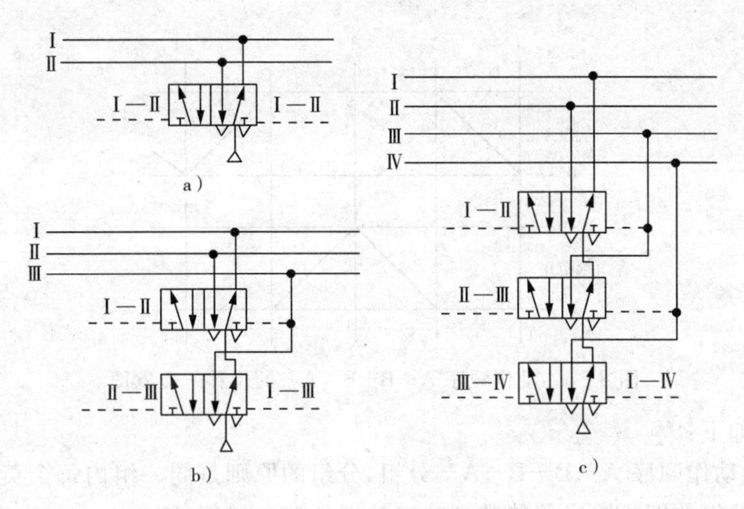

图 8 - 3　各级串级转换气路

a)二级串级转换气路；b)三级串级转换气路；c)四级串级转换气路

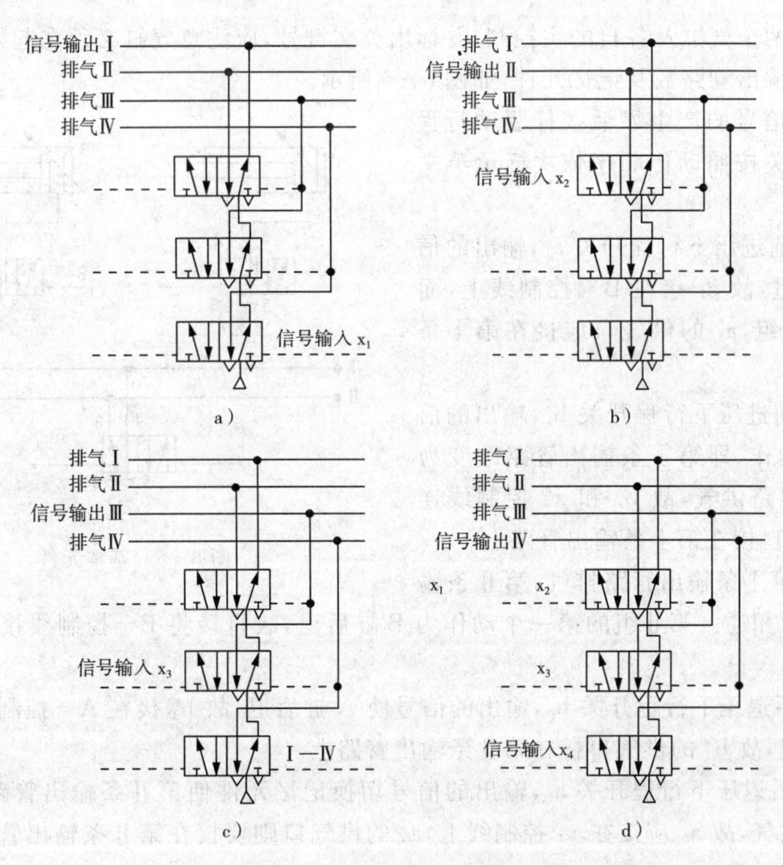

图 8 - 4　四级串级供气原理图

a)x_1 信号输入；b)x_2 信号输入；c)x_3 信号输入；d)x_4 信号输入

【例】　A、B 两气缸的位移—步骤图如图 8 - 5 所示，用串级法设计其气动回路图。

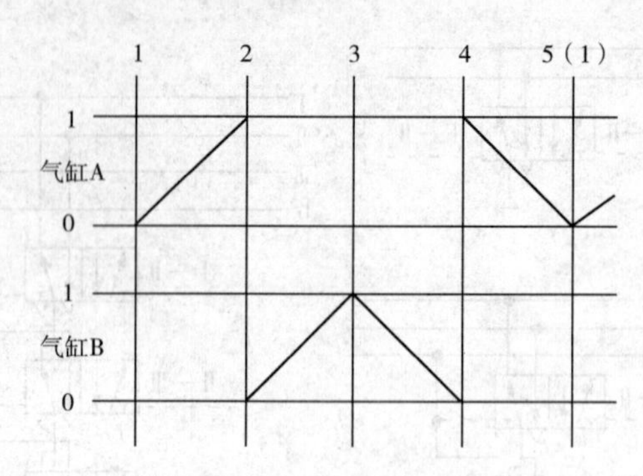

图 8-5 动作顺序 A+B+B-A-的位移—步骤图

设计步骤如下：

(1)按气缸动作顺序 A+B+B-A-分组，分组的原则是同一组内每个英文字母只能出现一次。分组的组数即是输出管路数。分组的组数越少越好，即

A+B+/B-A-

Ⅰ Ⅱ

(2)画出两个气缸及各自的主控阀，并标出英文符号，应注意气缸必须在起始位置。

(3)画出输出管路数及记忆元件，如图 8-6 所示。

(4)控制信号的产生靠活塞杆驱动行程开关，行程开关按照动作顺序依次标示英文字母。

① A 缸前进压下行程开关 a_1，输出的信号使 B 缸前进，故 a_1 接在 B+控制线上，而 A+属于第一组，a_1 的供气口应接在第Ⅰ条输出管路上。

② B 缸前进压下行程开关 b_1，输出的信号产生换组动作，即第Ⅰ条输出管路改变为第Ⅱ条输出管路供气，故 b_1 和 x2 控制线连接，b_1 的供气口接在第Ⅰ条输出管路上。

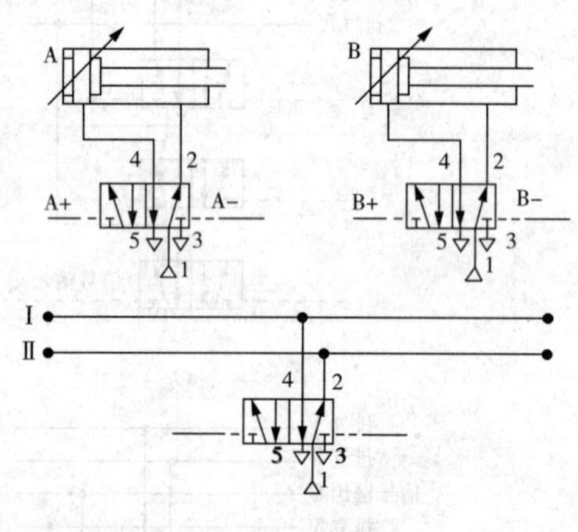

图 8-6 基本元件

③ 此时第Ⅰ条输出管路排气，第Ⅱ条输出管路和气源相通。第Ⅱ组的第一个动作为 B 缸后退，故直接将 B-控制线接到第Ⅱ条输出管路上。

④ B 缸后退压下行程开关 b_0，输出的信号使 A 缸后退，故 b_0 接在 A-控制线上。而 A-属于第二组，故 b_0 的供气口接在第Ⅱ条输出管路上。

⑤ A 缸后退压下行程开关 a_0，输出的信号切换记忆元件使第Ⅱ条输出管路排气，第Ⅰ条输出管路供气，故 a_0 应接在 x_1 控制线上，a_0 的供气口则要接在第Ⅱ条输出管路上。将以上控制顺序表示为：

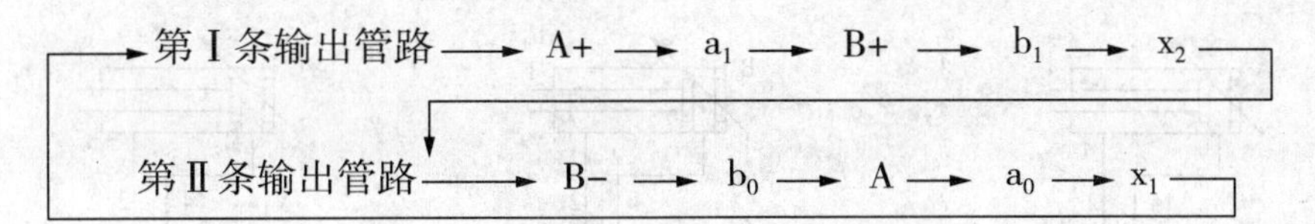

(5)按上述步骤画出气路图，并加入启动按钮 S_1，由动作顺序要求知，启动按钮 S_1 应接在 a_0 和第Ⅱ条输出管路之间，如图 8-7 所示。

(6)如有辅助情况，则在基本顺序完成之后再加入。

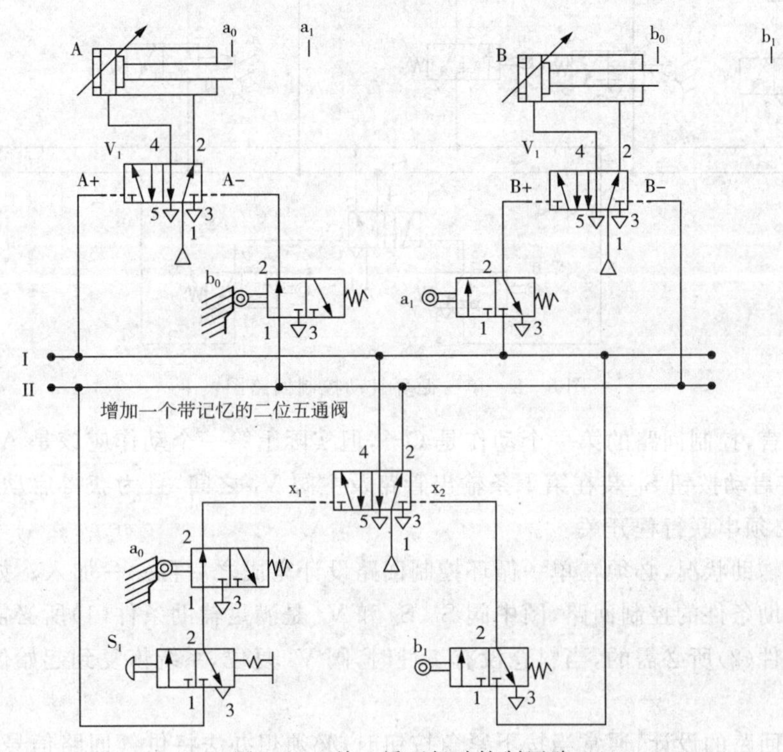

图 8-7 单一循环气动控制回路

任务实施

一、将顺序动作分组为

$$A+B+/B-A-C+/C-$$

Ⅰ Ⅱ Ⅰ

二、动作顺序分为两组，整个回路的控制顺序为

$1S_1$ → A+ → a_1 → B+ → b_1 → x_2 → 第Ⅱ条输出管路 → B-

b_0 → A- → a_0 → C+ → c_1 → x_1 → 第Ⅰ条输出管路 → C-

三、根据气动回路串级法的步骤，单一循环的气动控制回路设计如图 8-8 所示。

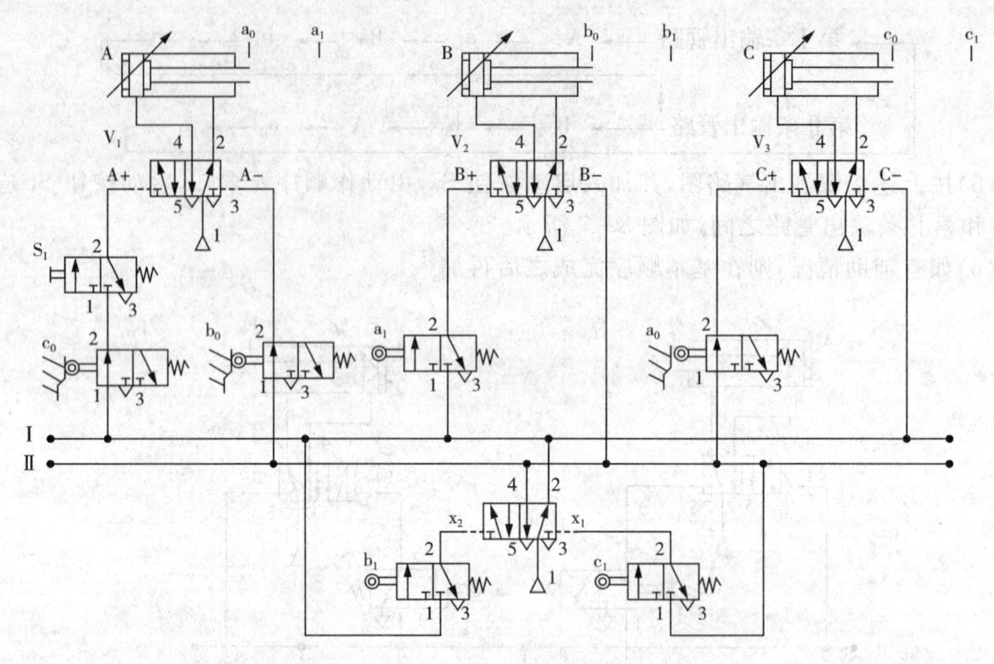

图 8-8 单一循环气动控制回路图

就分级而言，控制回路的第一个动作是 C-，但实际上第一个动作应该是 A+，由图 8-8 可知，必须将启动按钮 S_1 装在第Ⅰ条输出管路及主阀 V_1 之间，且为获得启动在连续循环中达到互锁，必须串联行程开关 c_0。

有关各种辅助状况，必须在单一循环控制回路设计完成之后再一一加入。如图 8-9 所示为加入了辅助条件的控制回路，图中阀 S_1、S_2 和 V_8 是满足辅助条件(1)所必需的。阀 V_7 是满足辅助条件(2)所必需的，当料仓没有工件时，阀 V_7 复位，系统恢复到起始位置，并切断启动信号。

关于急停回路的设计，通常当按下紧急按钮时，必须想办法将供气回路信号送到主控阀的后退控制口，同时保证另一控制口没有信号，并必须使记忆元件复位，以利于急停消除后的重新启动。由图 8-9 可知，EM 为急停按钮。按下 EM，气源信号经梭阀 V_1、V_2、V_3 使主控阀右端有控制信号，同时左端没有控制信号，且气源也经梭阀 V_{10} 使记忆元件 V_9 复位，三个气缸同时后退。图 8-9 中的阀 S_1 与电气回路上所用的带自锁开关和选择开关相似，这类阀操作不便。目前，在控制上一般采用弹簧复位的按钮开关作为信号元件。因此，对于气动控制系统而言，应按照实际需要在回路上加入辅助状况。先将辅助状况编成一个标准回路，然后作为相关回路的单元加入。如图 8-10 所示为这一种可能的回路，且信号输入采用弹簧复位的手动按钮。

有关急停回路也可以归纳成如图 8-11 所示的回路。其中 EM 为急停，REM 为急停解除。

在图 8-10 的辅助状况和图 8-11 所示的急停回路基础上，可将图 8-9 所示的气动控制回路修改成为如图 8-12 所示的气控回路图。在此图中，我们可以看出以下几个辅助状况：

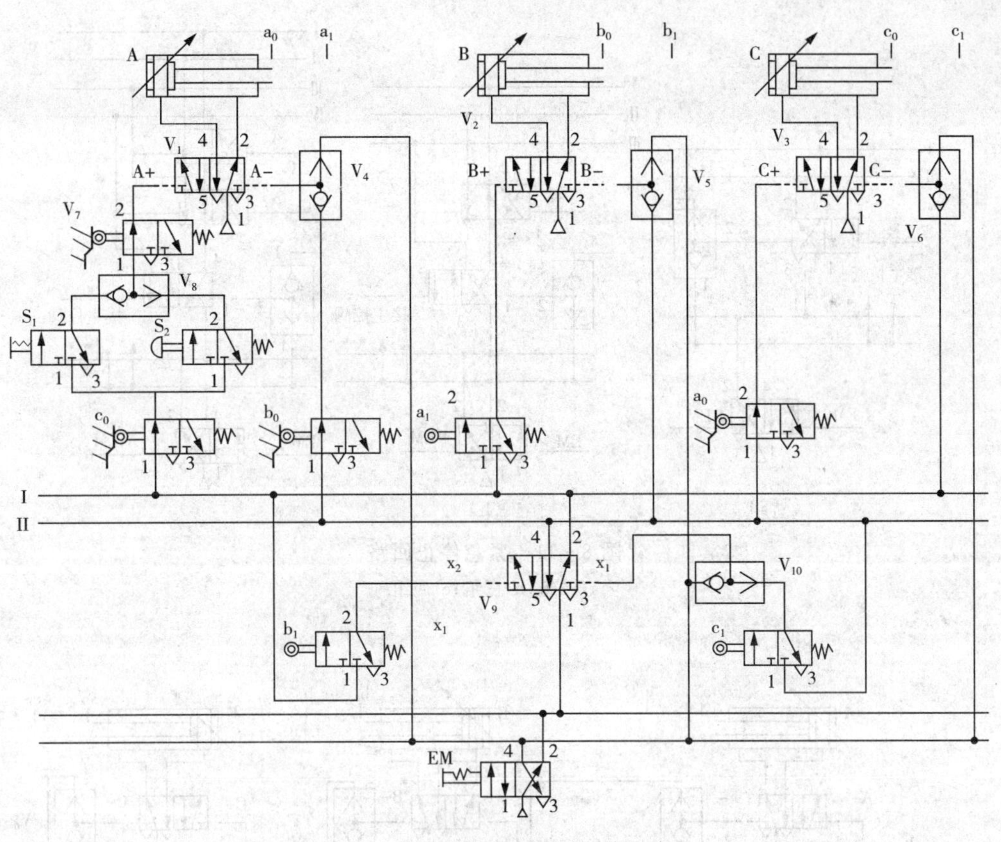

图 8－9 有辅助状况的控制回路

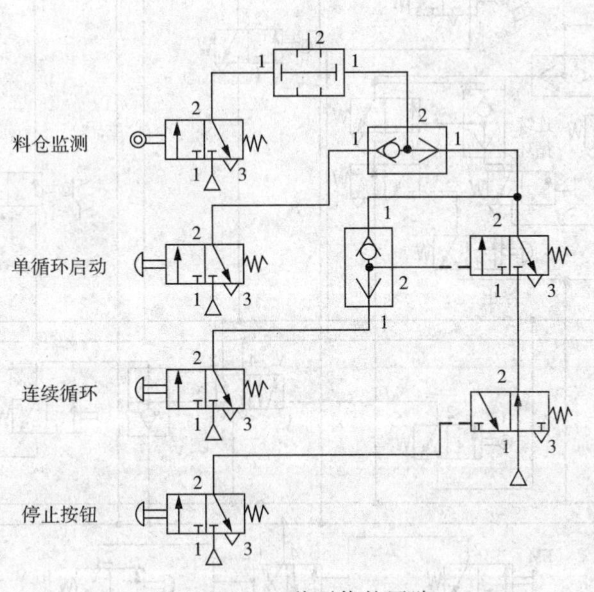

图 8－10 一种可能的回路

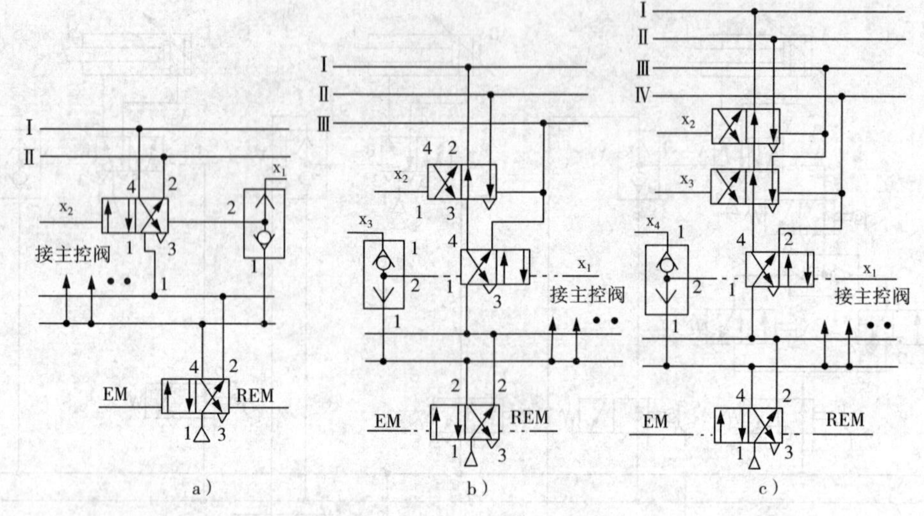

图 8-11 紧急停止回路

a)二组；b)三组；c)四组

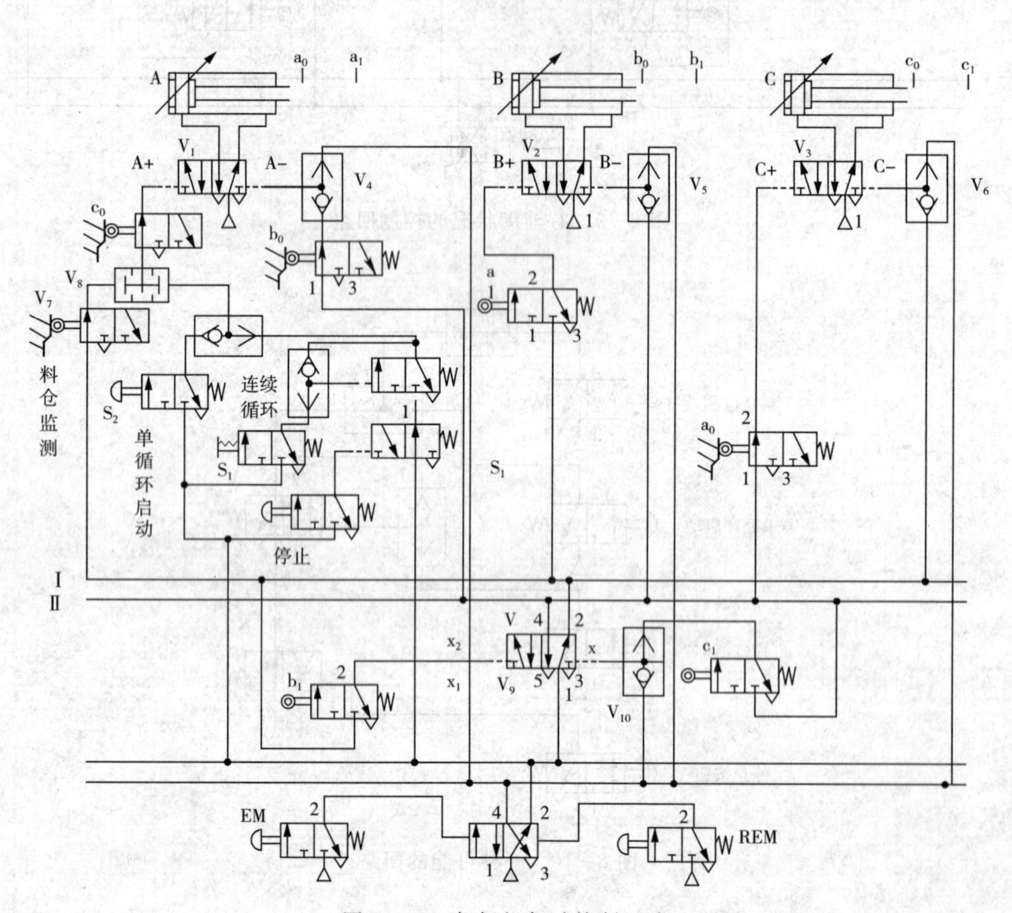

图 8-12 打标机气动控制回路

(1)按下单循环启动按钮时,系统完成一个工作循环,然后停在起始位置。

(2)按下连续循环按钮时,系统做自动连续操作,直到按下停止按钮才将循环切断。

(3)当料仓中没有工件时,料仓监测行程开关 V_7 复位,切断启动信号,无法使气缸启动或再次产生顺序动作。

(4)按下急停按钮 EM,所有缸在任何位置均立即退回起始位置。按下急停解除按钮 REM,整个系统方可重新启动。

项目拓展

气缸的动作顺序如下,试用串级法设计气动控制回路图,实现单一循环。

(1)A+B+C+A−A+B−;

(2)A+A−B+C+C−B−;

(3)A+D+B+A−D−C+B−C−。

项目小结

(1)串级法适用于较为复杂的动作顺序。

(2)串级法分组的原则是同一组内每个英文字母只能出现一次,分组的组数即是输出管路数,分组的组数越少越好。

(3)有关各种辅助状况,必须在单一循环控制回路设计完成之后再一一加入。

学习思考

8－1　分析图 8－13 回路气缸能否正常往返,如果不能,该如何修改?

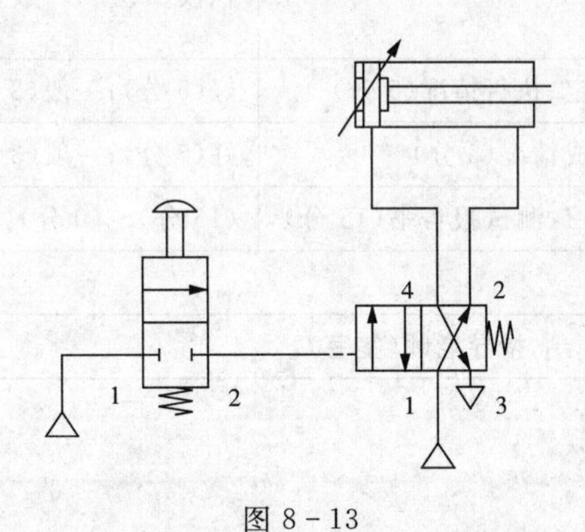

图 8－13

评价标准

本项目的评价内容包括专业能力评价、方法能力评价及社会能力评价等,其中专业能力评价:20%、自评:20%、组内互评:20%、教师评定:30%、答辩:10%,总计为 100%,见表 8－1。

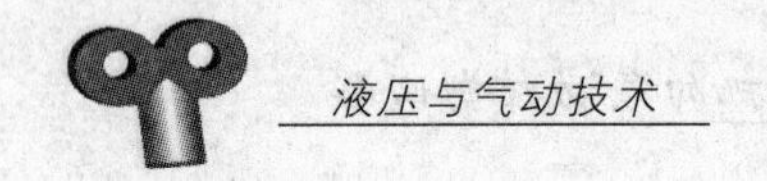

表 8-1 项目学习综合评价表

专业能力评价(权重 20%)

气缸的动作顺序如下,试用串级法设计气动控制回路图,

(1)A+B+C+A-A+B-;

(2)A+A-B+C+C-B-;

(3)A+D+B+A-D-C+B-C-。

其动作要求如下:

(1)连续循环;

(2)紧急停止回路。

评定形式	权重	评定内容	评定标准	得分
自我评定	20%	① 学习工作态度(5 分)	积极(5 分);一般(3 分);不积极(0 分)	
		② 完成工作任务情况(5 分)	全部(5 分);一半(3 分);没有(0 分)	
		③ 出勤情况(5 分)	全勤(5 分);缺勤两次(3 分);缺勤 30%(0 分)	
		④ 独立工作情况(5 分)	强(5 分);一般(3 分);不强(0 分)	
小组评定	20%	① 学习工作责任意识(5 分)	强(5 分);一般(3 分);不强(0 分)	
		② 收集材料、调研能力(5 分)	强(5 分);一般(3 分);不强(1 分)	
		③ 汇报、交流、沟通能力(5 分)	强(5 分);一般(3 分);不强(1 分)	
		④ 团队协作精神(5 分)	强(5 分);一般(3 分);不强(1 分)	
教师评定	30%	① 全组整体学习工作过程状态(5 分)	积极(5 分);一般(3 分);较差(1 分)	
		② 计划制定、执行情况(5 分)	好(5 分);一般(3 分);较差(1 分)	
		③ 任务完成情况(5 分)	好(5 分);一般(3 分);较差(1 分)	
		④ 项目学习、测试报告书(15 分)	(15 分)~(0 分)	
答辩成绩	10%	答辩题目:		
成绩总分	________分	指导老师(签字):	组长(签名):	

项目 9　机械手的气动控制回路

学习目标

【能力目标】

(1)能设计纯气动多缸顺序气动系统；

(2)能利用 $X-D$ 图分析障碍信号；

(3)能消除障碍信号；

(4)具有良好的行为习惯及团队协作能力。

【知识要求】

(1)熟悉气动系统基本回路的分类、典型控制系统的组成部分；

(2)掌握各种气动元件在各基本回路中的功用及气动基本回路组成特点和功用；

(3)掌握典型气动回路设计的方法。

【技能要求】

(1)能根据要求拟定其他方案，并进行比较；

(2)能装配机械手气动回路。

任务介绍

气动机械手具有结构简单、重量轻、动作迅速、不污染工作环境等优点，在要求工作环境洁净、工作负载较小的自动生产设备和生产线上应用广泛，能按照预定的控制程序动作。如图 9-1 所示为一种气动机械手的结构示意图，它由 A、B、C、D 四个气缸组成，能实现手指夹持松开、手臂伸缩、立柱升降、回转四组动作。

根据实际工作情况可更改工作流程，此例工作流程如图 9-2 所示。

该气动机械手有以下控制要求：

① 操作方式：具有单周期、不断循环两种操作方式；

② 回原位：当由于断电或其他原因导致机械手运行中途停止时，再次通电按下复位按钮，机械手即可返回到初始位置；

③ 单周期运行：当按下启动按钮时，机械手执行一个周期后停止在初始位置；

④ 不断循环运行：当按下启动按钮时，机械手周而复始执行各工步动作。

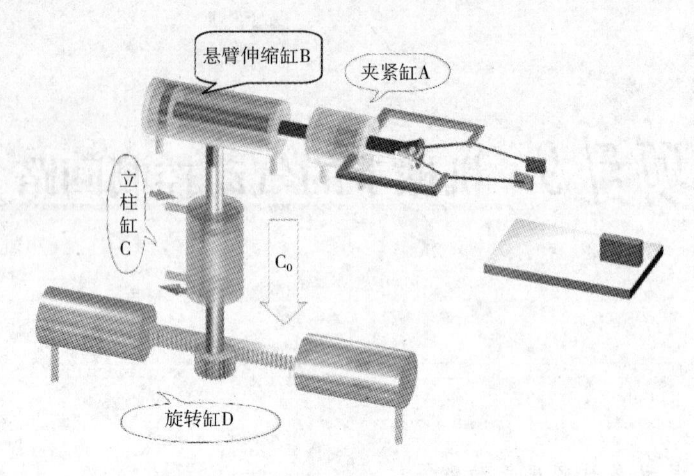

图 9-1　气动机械手结构示意图

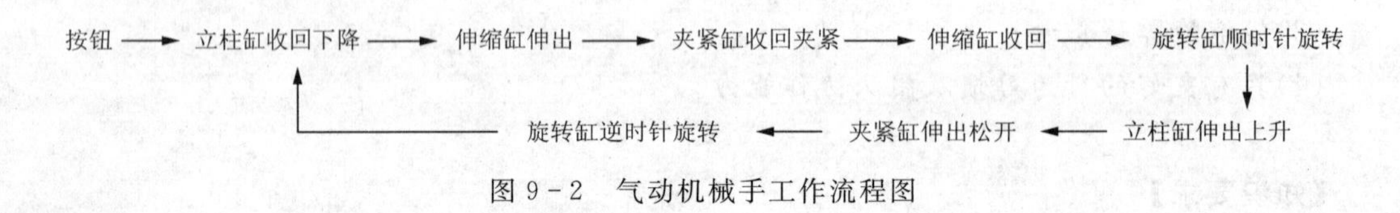

图 9-2　气动机械手工作流程图

相关知识

一、控制方式的选择

气动机械手可采用行程开关与电磁换向阀，利用电气控制方式，具有改变工作流程容易的优点。也可采用纯气动方式，用行程阀与气动换向阀来控制，无需电气回路。由于空气的可压缩性，可贮存能量，实现集中远程供气，为纯气动提供基础。另外，纯气动由于没有电气回路，比较安全，具有防火、防爆、防潮能力，可用于环境比较恶劣的场合。

若采用电气控制，与前面液压系统相似，这里不再赘述，在此采用纯气动控制方式。

二、换向阀选择

采用二位五通气动换向阀，无弹簧复位，具有记忆功能，如图 9-3，带手动功能，方便调试与复位。

三、行程信号选择

为排气方便，采用二位三通行程阀，如图 9-4 所示。

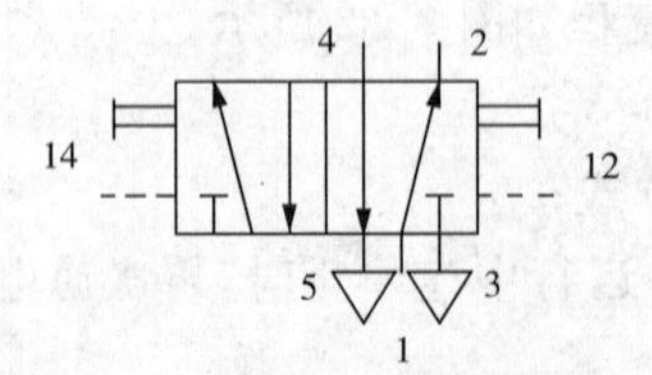

图 9-3　二位五通气动换向阀

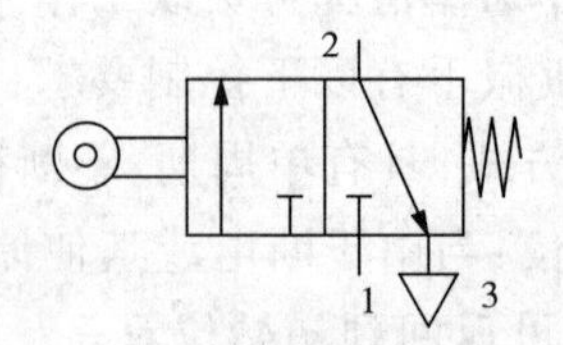

图 9-4　二位三通行程阀

采用自复位启动按钮，先设计单周期运行方式，其初步气动回路图布置如图 9-5 所示。

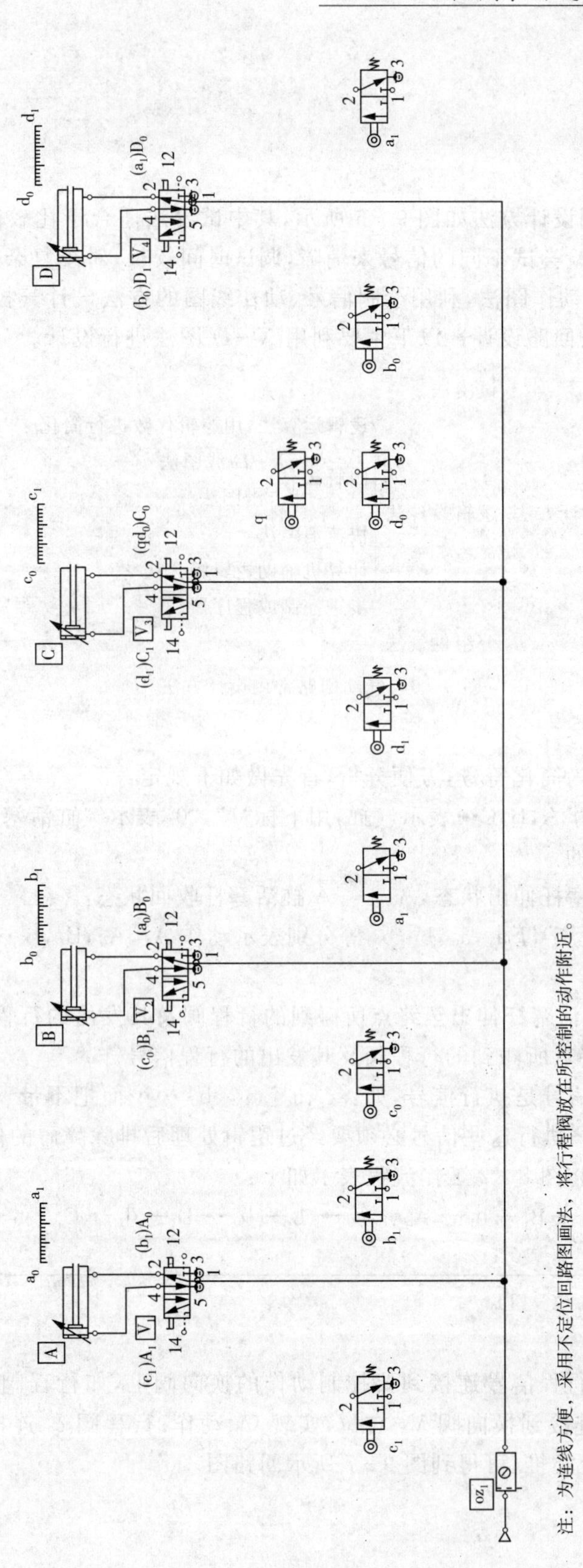

注：为连线方便，采用不定位回路图画法，将行程阀放在所控制的动作附近。

图9-5　气动机械手初步气动回路布置图

项目实施

一、气控回路设计

气动顺序回路常用设计方法如图 9－6 所示，其中试凑法适合于比较简单的回路，调试时若出现故障，利用经验尝试不同的信号来消障，调试时间较长，对于复杂系统不建议使用。$X-D$ 图法也称信号—动作图法，利用绘制信号、动作线图的方法设计气控回路。该方法直观、简便，适用于较复杂回路设计。以下主要利用 $X-D$ 图法进行设计。

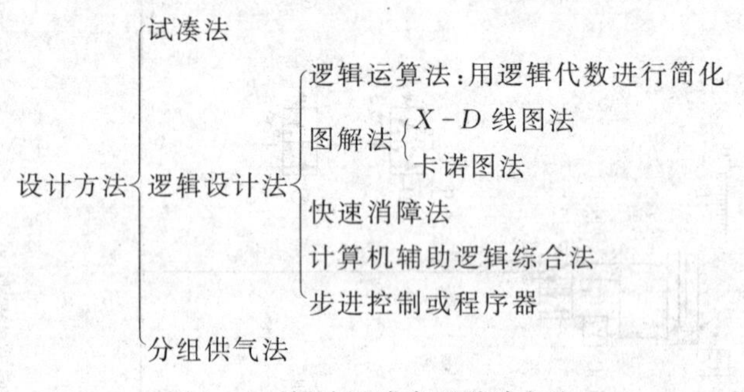

图 9－6　气动回路常用设计方法

1. 简化符号规定

不管用什么方法，为简化符号，方便分析，首先做如下规定：

① 用大写英文字母 A,B,C… 表示气缸，用下标“1”,“0”表示气缸活塞杆两种状态，也有采用“＋”,“－”来表示的。

如 A_1——A 缸活塞杆伸出状态，A_0——A 缸活塞杆收回状态。

② 用带下标的小写字母 a_1，a_0，b_1，b_0 等分别表示动作 A_1，A_0，B_1，B_0…… 相对应的行程阀及其输出信号。

如 a_1，b_1 表示气缸活塞杆伸出至终点所碰到的行程阀及其发出的行程信号，同理 a_0，b_0 表示气缸活塞杆回到终点所碰到的行程阀及其发出的行程信号。

③ 右上角带 * 的信号是执行信号，如：a_1^*、a_0^*、b_1^*、b_0^* …… 而把不带 * 的信号称为原始信号，如 a_1、a_0、$b_1 b_0$ …… 执行这些信号必须要经过逻辑处理后排除障碍的信号。

根据以上规定，可将图 8－2 工作流程表示如下：

$$-q\,d_0 \rightarrow C_0 - c_0 \rightarrow B_1 - b_1 \rightarrow A_0 - a_0 \rightarrow B_0 - b_0 \rightarrow D_1 - d_1 \rightarrow C_1 - c_1 \rightarrow A_1 - a_1 \rightarrow D_0$$

初始状态为：A_1、B_0、C_1、D_0。

2. 试凑法

根据工作流程，将行程信号连接到要控制动作的换向阀上，如行程阀 d_0 与手动开关 q 串连（d_0、q 相“与”）后连接到换向阀 V_3 右位，实现 C_0 动作；行程阀 c_0 连接到换向阀 V_2 左位，实现 B_1 动作。以此类推，可得到图 9－7 所示回路图。

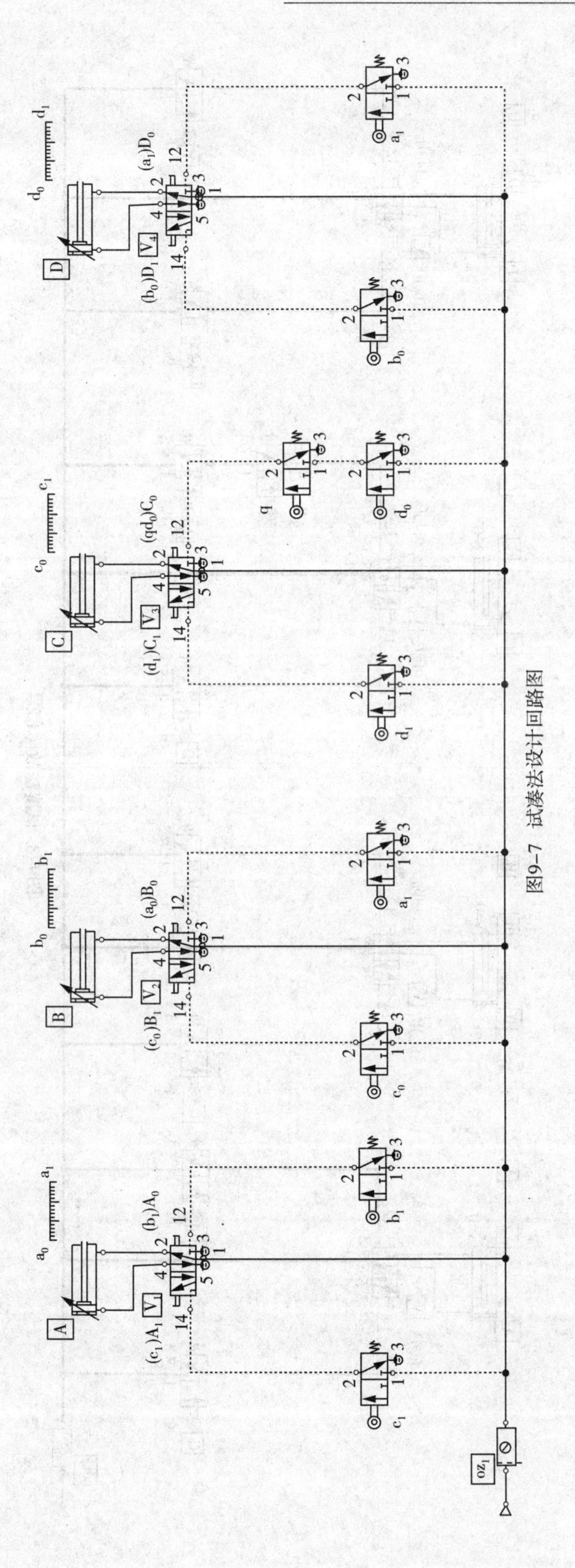

图9-7　试凑法设计回路图

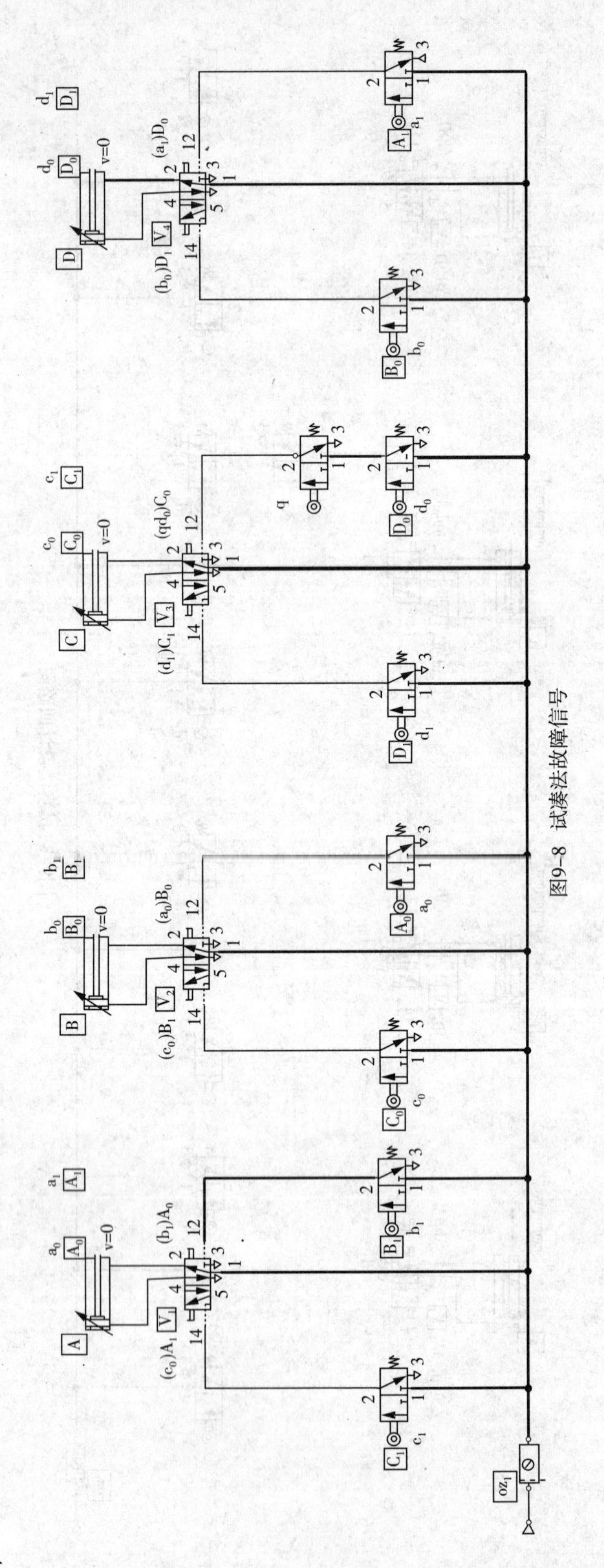

图9-8 试凑法故障信号

在软件上仿真可以看出，运行到 B_0 时出现问题，B 缸无法正常收回。因为此时虽然行程阀 a_0 有信号到换向阀 V_2 右位，但左位的 c_0 信号未消失，换向阀两端同时存在信号，其中 c_0 为障碍信号。这时需要尝试用其他信号来与 c_0 信号“与”以消除其障碍信号，下面用 *X-D* 图法进行分析。

3. *X-D* 图法

(1)写出工作程序

$$— q\ d_0 \rightarrow C_0 — c_0 \rightarrow B_1 — b_1 \rightarrow A_0 — a_0 \rightarrow B_0 — b_0 \rightarrow D_1 — d_1 \rightarrow C_1 — c_1 \rightarrow A_1 — a_1 \rightarrow D_0$$

(2)画信号动作图

① 画方格图：根据上面列出的工作程序，由左至右画方格，在方格的上方依次填上相应的动作状态 C_0、B_1……，在最右边留一栏作为执行信号表达式(真正控制气缸的信号)。最左边称为 X-D 组，纵栏由上至下填上控制动作状态及其控制信号。每一个 *X-D* 组包括上下两行，上行为行程控制信号行，如：$c_0(B_1)$表示控制 B_1 动作的信号是 c_0；下行为该信号控制的动作状态，完成后如图 9-9 所示。

顺序 信号动作	C_0	B_1	A_0	B_0	D_1	C_1	A_1	D_0	执行信号
$d_0(C_0)$ C_0									
$c_0(B_1)$ B_1									
$b_1(A_0)$ A_0									
$a_0(B_0)$ B_0									
$b_0(D_1)$ D_1									
$d_1(C_1)$ C_1									
$c_1(A_1)$ A_1									
$a_1(D_0)$ D_0									

图 9-9　画方格图

② 画动作线：用粗实线表示。

起点：该动作程序开始处，即同名同标开始时为起点。

终点：该动作状态变化开始处，即同名不同标开始时结束。

以 C_0 动作线为例。起点：C_0 格开始处，终点：C_1 格开始处。具体含义是：C_0 格开始处 C 缸开始收回，C_0 格表示 C 缸收回过程，C_0 格结束处，表示 C 缸收回结束，会压下行程阀产生 c_0 信号，后面一直到 C_1 开始处，表示 C 缸一直处于收回状态，C_1 开始处表示 C 缸开始伸出，即 C_0 状态结束。以此类推，完成后如图 9－10 所示。

顺序 信号动作	C_0	B_1	A_0	B_0	D_1	C_1	A_1	D_0	执行信号
d_0（C_0） C_0									
c_0（B_1） B_1									
b_1（A_0） A_0									
a_0（B_0） B_0									
b_0（D_1） D_1									
d_1（C_1） C_1									
c_1（A_1） A_1									
a_1（D_0） D_0									

图 9－10　画动作线

③ 画信号线：用细实线表示。

起点：与同一组中动作线起点相同，用“○”表示开始。

终点：与上一组中产生该信号动作线的终点相同，用“×”表示结束。

以 c_0 信号线为例。起点：同一组动作线 B_1 起点相同，因为 c_0 信号用于驱动 B_1 动作，起点一定相同。也可以这样理解：C_0 格结束处表示 C 缸收回结束，压下行程阀产生 c_0 信号，所以 c_0 信号从 C_0 格结束处开始。终点：与前一动作 C_0 的终点一致，因为 c_0 信号是由 C_0 动作产生的，并保持到该动作结束时结束。以此类推，完成后如图 9－11 所示。

(3)分析查找障碍信号

① 障碍信号表现形式

障碍信号：动作状态要改变，而控制信号不允许其改变，这种阻碍其动作改变的信号称为障碍信号。

在回路中具体表现为换向阀两端同时存在驱动信号，若先到信号影响后到信号，使换向阀无法换向，先到信号便是障碍信号。如前面采用试凑法设计的回路(如图 9－8)中，当运行到 B_0 时，此时虽然行程阀 a_0 有信号到换向阀 V_2 右位，但左位先到的 c_0 信号未消失，换向阀两端同时存在信号，c_0 为障碍信号。

在 X－D 图中表现为同组中信号线比动作线长，那么该信号作为驱动同组中的动作，在动作结束后仍然存在，必然会影响后面的动作改变，故为障碍信号。从图 9－12b 中可以看出，c_0 信号线比其驱动的 B_1 动作线长，当 a_0 信号到来时 c_0 信号仍然存在着，换向阀无法换向(如图 9－12a 所示)，B_0 无法动作。

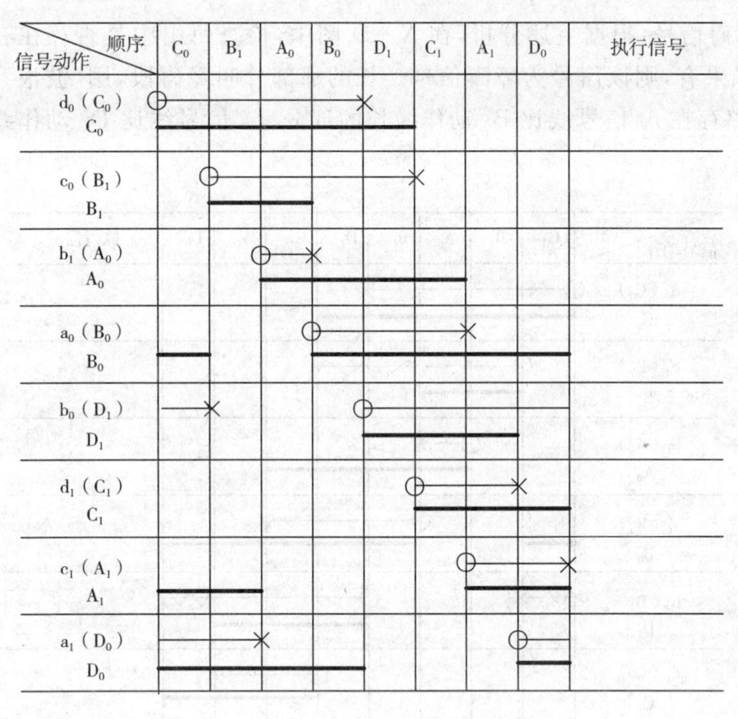

图 9－11　画信号线

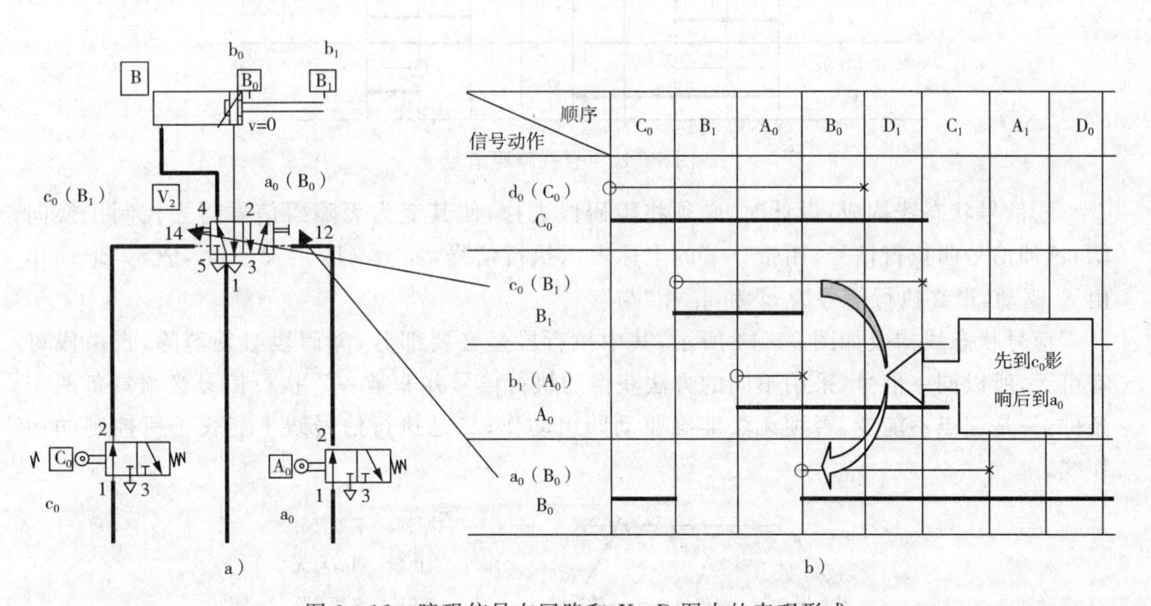

图 9－12　障碍信号在回路和 $X-D$ 图中的表现形式

在气动系统中，存在两种类型障碍信号：

Ⅰ型障碍信号——多缸单往返系统中产生的障碍信号；

Ⅱ型障碍信号——多缸多往返系统中产生的障碍信号。

此系统工作流程中各缸往返动作只出现一次，为单往返系统，只可能存在Ⅰ型障碍信号，后面主要查找并消除Ⅰ型障碍信号。

② 查找障碍信号:根据上述分析,在 $X-D$ 图中,检查每组中是否存在有信号线比动作线长的情况,如果有,则该信号为障碍信号。长的那部分叫障碍段,用“波浪”表示。如图 9-13 所示,该回路存在 c_0 信号线比 B_1 动作线长的部分、b_0 信号线比 D_1 动作线长的两段障碍段,必须消除。

顺序 信号动作	C_0	B_1	A_0	B_0	D_1	C_1	A_1	D_0	执行信号
$d_0(C_0)$ C_0									
$c_0(B_1)$ B_1									
$b_1(A_0)$ A_0									
$a_0(B_0)$ B_0									
$b_0(D_1)$ D_1									
$d_1(C_1)$ C_1									
$c_1(A_1)$ A_1									
$a_1(D_0)$ D_0									

图 9-13 查找障碍信号

③信号状态线构成:设计时,必须将障碍段去掉,使其变为无障碍信号再去控制主换向阀,这种信号叫执行信号,用带“ * ”的上标表示执行信号,如 $c_0^*(B_1)=c_0\cdot a_1$,表示 B_1 动作由 c_0 驱动,最终执行信号为 c_0 和 a_1 相“与”。

信号状态线构成如图 9-14 所示,其中执行段是必要部分,障碍段必须消除,自由段可有可无,所以同一信号,采用不同的方法获得的执行信号并非唯一。执行信号必须具备两个条件:一是起点不能变,否则无法准确驱动同组动作;二是执行信号线不能长于所控制的动作线。

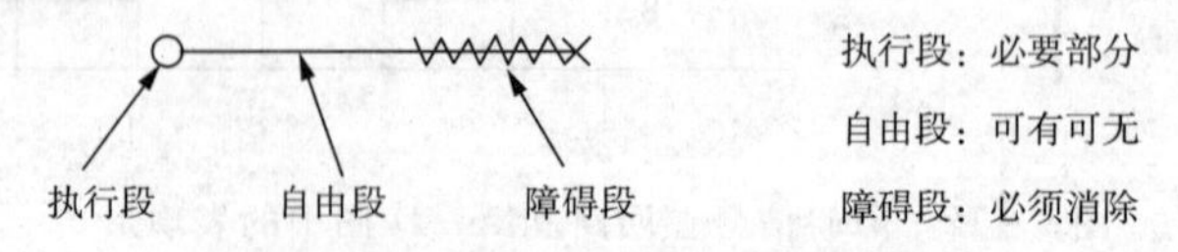

图 9-14 信号状态线构成示意图

(4)消除障碍信号

无障碍的信号,可直接用作执行信号,但控制第一个动作的执行信号一定要“与”上一个启动信号;有障碍信号必须消障后才能用作执行信号。

消除障碍信号实质就是缩短控制信号存在时间,使长信号变成短信号。排除障碍信号

的方法常见有脉冲信号法和逻辑回路法两种。

① 脉冲信号法:此法是将有障碍的原始信号变成脉冲信号。如图 9-15a 所示采用脉冲阀消除障碍,该方法可靠性较差且成本高。

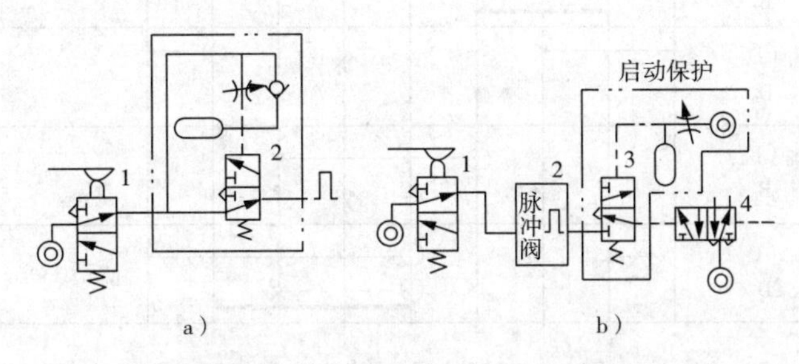

图 9-15　脉冲阀产生脉冲信号回路

a)用脉冲阀;b)带启动保护脉冲阀回路

采用脉冲阀的脉冲形成回路排除障碍,必须注意:

a. 把脉冲宽度事先调节好,使其脉冲宽度既能排除障碍又足以完成所需要的动作要求。

b. 当系统启动,气源接通时,行程阀可能被压下而发出不应有的假脉冲信号,会使系统产生误动作。为防止这一现象,在脉冲阀之后加了一个启动保护装置,如图 9-15b 所示。

② 逻辑回路法:通常采用逻辑"与"把长信号变成短信号,消除干扰段,保留执行段。如图 9-16 所示,为了排除某有障碍信号 m 的障碍段,需另外引入一个辅助信号 x 和 m 相"与"而得到无障碍信号 m^*,表达式为:

$$m^* = m \cdot x$$

式中:m——有障信号;

x——制约信号,用来排除障碍的辅助信号;

m^*——无障执行信号。

选择 x 信号的原则:信号 x 的起点应选在障碍信号 m 的前面,终点应选在 m 障碍信号的无障碍段。一般应尽量选用系统中某原始信号作为制约信号。

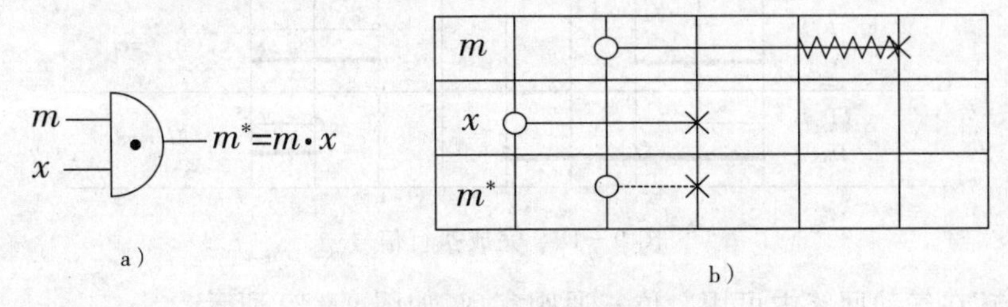

图 9-16　"与"消障示意图

a)"与"逻辑;b)$X-D$ 图中"与"示意图

如图 9-13 所查找的障碍信号,该系统只有 c_0 和 b_0 存在障碍信号段,必须消除。根据以上原则,在现有原始信号可以找到 a_1 和 c_0"与",可以消除 c_0 障碍信号段,a_0 和 b_0"与"可以消除 b_0 障碍信号段,得到执行信号 $c_0^*(B_1)=c_0 \cdot a_1$ 和 $b_0^*(D_1)=b_0 \cdot a_0$,结果如图 9-17 所示"⊙-----×"段。

信号动作 \ 顺序	C_0	B_1	A_0	B_0	D_1	C_1	A_1	D_0	执行信号
$c_0(B_1)$ B_1									$c_0^*(B_1)=c_0 \cdot a_1$
$a_1(D_0)$ D_0									
$a_0(B_0)$ B_0									
$b_0(D_1)$ D_1									$b_0^*(D_1)=b_0 \cdot a_0$

图 9－17　信号“与”消障示意图

其他无障碍的信号，可直接用作执行信号，最终得到各动作的执行信号，完成后如图 9－18 所示。

信号动作 \ 顺序	C_0	B_1	A_0	B_0	D_1	C_1	A_1	D_0	执行信号
$d_0(C_0)$ C_0									$d_0^*(C_0)=q \cdot d_0$
$c_0(B_1)$ B_1									$c_0^*(B_1)=c_0 \cdot a_1$
$b_1(A_0)$ A_0									$b_1^*(A_1)=b_1$
$a_0(B_0)$ B_0									$a_1^*(B_0)=a_0$
$b_0(D_1)$) D_1									$b_0^*(D_1)=b_0 \cdot a_0$
$d_1(C_1)$ C_1									$d_0^*(C_1)=d_1$
$c_1(A_1)$ A_1									$c_1^*(A_1)=c_1$
$a_1(D_0)$ D_0									$a_1^*(D_1)=a_1$

图 9－18　完成执行信号

信号“与”在气动回路中可用二位三通阀实现，如图 9－19 所示。

若在信号动作线上找不到原始信号直接可用来作制约信号时，可构造中间记忆元件排除障碍，即用中间记忆元件的输出信号作制约信号和有障碍的信号 m 相“与”，排除 m 中的障碍。表达式为：

$$m^* = m \cdot K_d^t$$

其中，t、d——分别为记忆元件 K 的两个控制信号。

当 t 有气时，K 有输出，而当 d 有气时，K 无输出。很明显，t 与 d 不能同时存在，只能一先一后存在，优先选择脉冲信号。

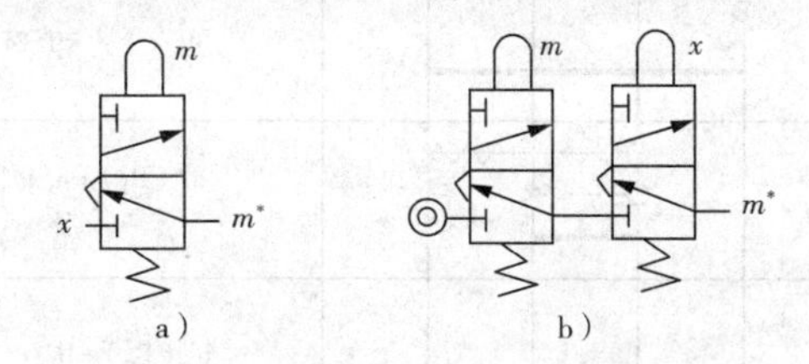

图 9 - 19　“与”气动回路图

构造 K 的原则：

t——使 K 阀“通”的信号，起点应选在 m 信号起点之前。

d——使 K 阀“断”的信号，起点应选在 m 信号起点之后到障碍信号之前。

t 与 d 不能同时存在，优先选择脉冲信号。

中间记忆元件常为双气控，常用二位三通阀或二位五通阀实现，如图 9 - 20 所示。

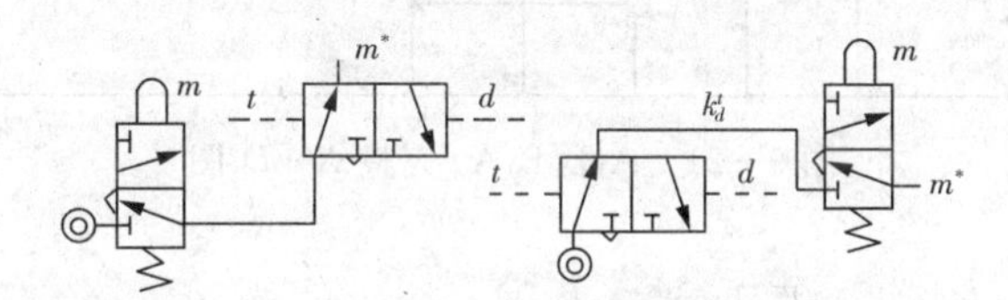

图 9 - 20　采用中间记忆元件的“与”消障回路图

以 $A_1B_1B_0A_0$ 顺序动作为例，说明如何构造中间记忆元件消除障碍信号。工作流程如下：

$$q \rightarrow \overset{1}{A_1} \xrightarrow{a_1} \overset{2}{B_1} \xrightarrow{b_1} \overset{3}{B_0} \xrightarrow{b_0} \overset{4}{A_0} \xrightarrow{a_0}$$

（步骤 2 下标注 A+；a_0 反馈回到 A_1）

根据上述步骤设计的 $X - D$ 图如图 9 - 21 所示。

(5)绘制气控回路图

① 不断循环和单一周期的实现：采用一个手动复位 q_1 和一个自动复位 q_2，连接到“或门”型梭阀两端，实现不断循环和单一周期两种操控方式，如图 9 - 22 所示。

② 连接控制信号：依次连接控制信号到换向阀两端，重点解决信号“与”的连接，必须保证“与”后有气源，其接线技巧如下：如果一个信号被用到两次以上（如 a_0、a_1），则要给独立气源，如果只用到一次（如 b_0、c_0），则可以从其他信号串接过来；如果多个信号均用到两次，只能给独立气源，又需要跟其他信号进行“与”时，用“与门型”梭阀。

接线完成后气动回路如图 9 - 23 所示。

③ 紧急复位控制：如图 9 - 24 所示，增加紧急复位控制功能，用一个二位四通手动阀 V_5 切换，紧急情况时按下 V_5 手动按钮，控制气路通过 4 个“或门型”梭阀 V_6、V_7、V_8、V_9 分别控制 A 缸伸出、B 缸收回、C 缸伸出、D 缸收回，回到初始状态：A_1、B_0、C_1、D_0。

信号动作 \ 顺序	A_1	B_1	B_0	A_0	执行信号
$a_0(A_1)$ A_1					$a_0^*(A_1)=q\cdot a_0$
$a_1(B_1)$ B_1					$a_1^*(B_1)=a_1 K^{a_0}_{b_1}$
$b_1(B_0)$ B_0					$b_1^*(B_0)=b_1$
$b_0(A_0)$ A_0					$b_0^*(A_0)=b_0 K^{b_1}_{a_0}$
$K^{a_0}_{b_1}$					
$K^{b_1}_{a_0}$					

图 9－21　$A_1B_1B_0A_0$ 完整 $X-D$ 图

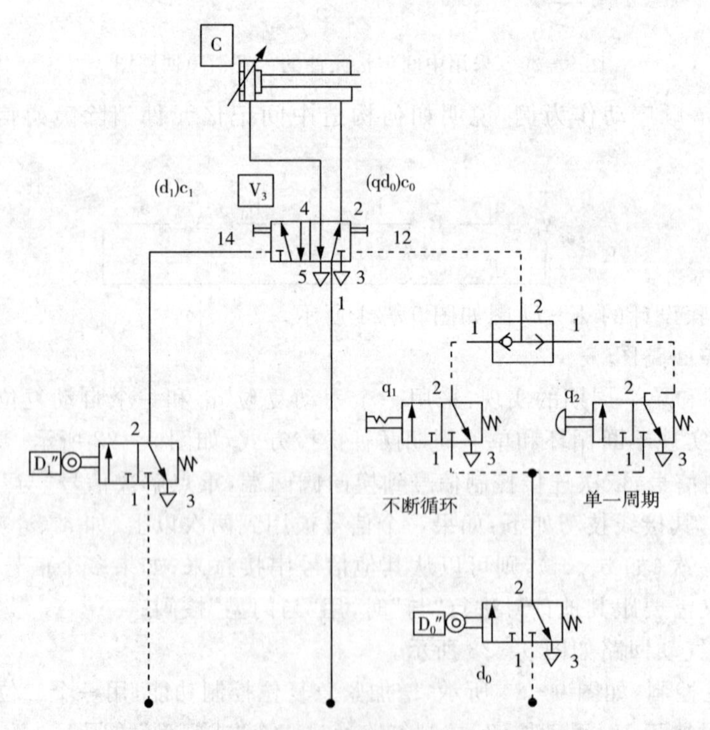

图 9－22　用“或门型”梭阀设计多种操控方式

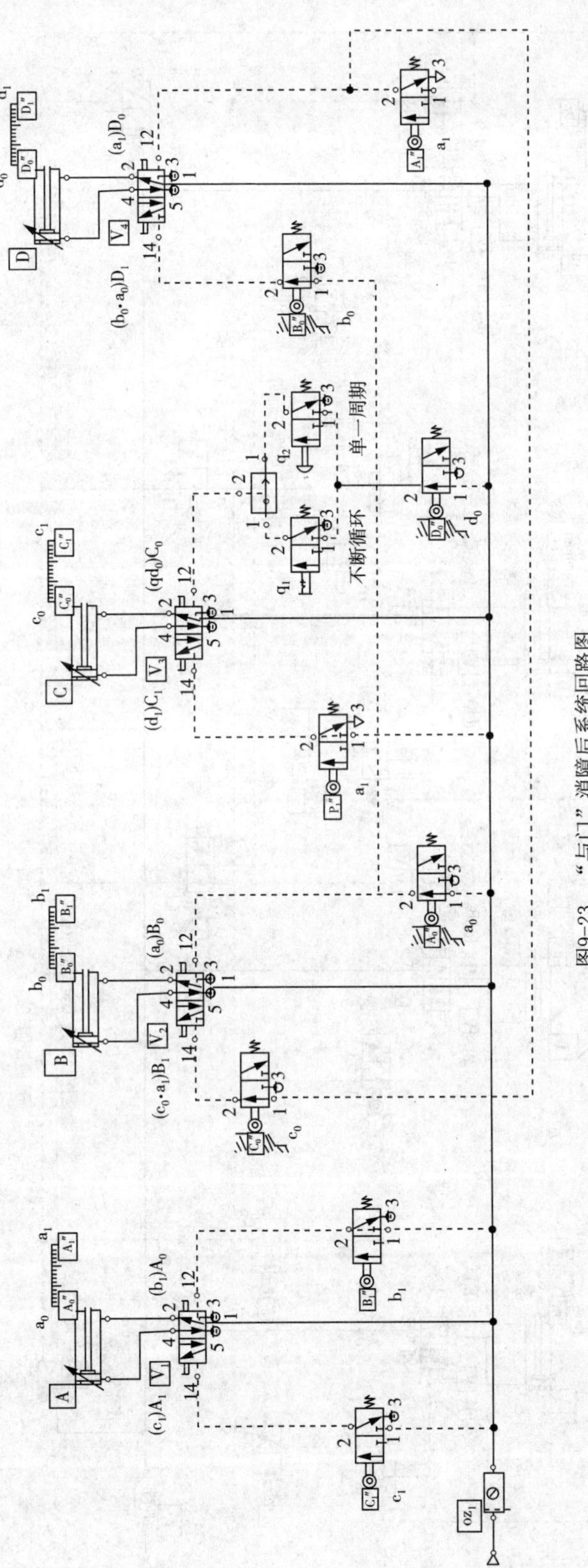

图9-23　“与门”消障后系统回路图

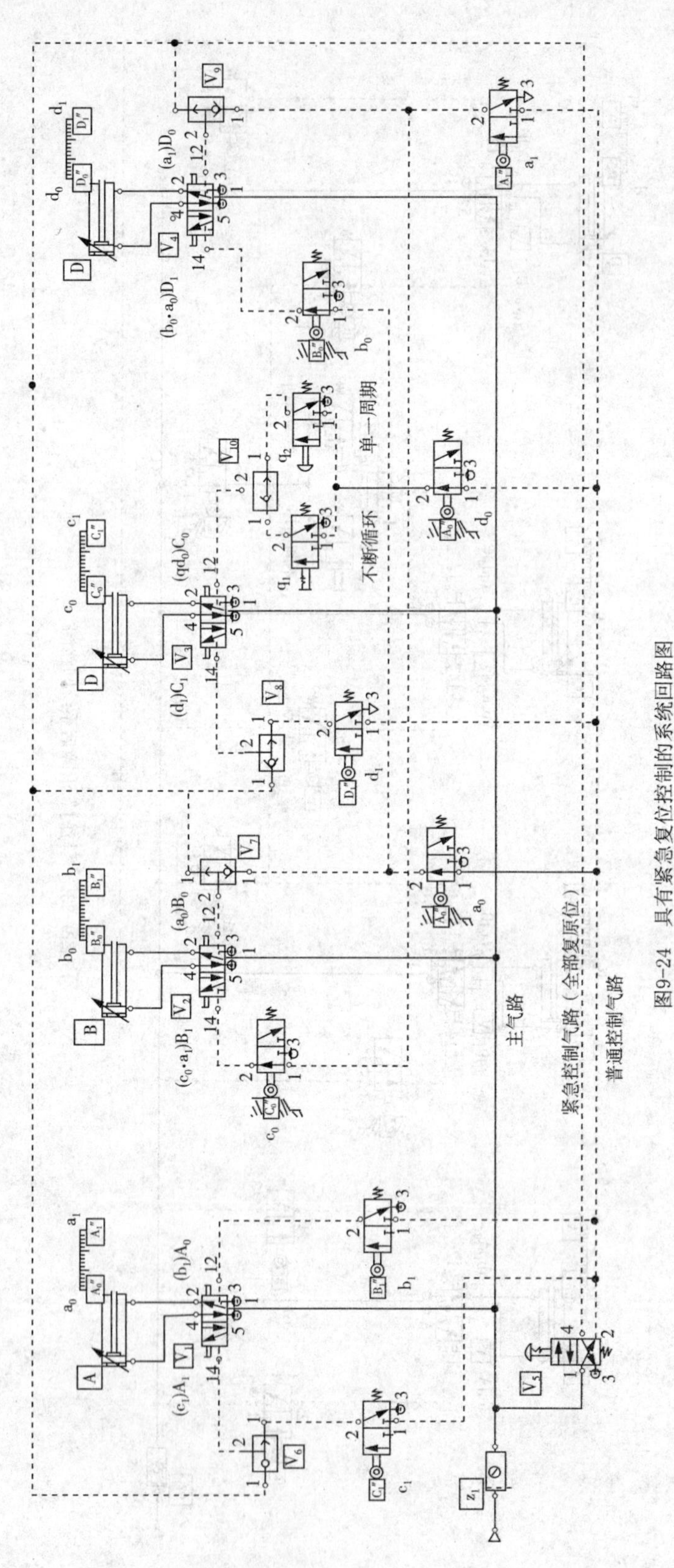

图9-24 具有紧急复位控制的系统回路图

二、工作流程分析

如图 9-24 所示，4 个缸初始状态：A_1、B_0、C_1、D_0，工作流程：

$$\text{—} q\ d_0 \rightarrow C_0 \text{—} c_0 \rightarrow B_1 \text{—} b_1 \rightarrow A_0 \text{—} a_0 \rightarrow B_0 \text{—} b_0 \rightarrow D_1 \text{—} d_1 \rightarrow C_1 \text{—} c_1 \rightarrow A_1 \text{—} a_1 \rightarrow D_0$$

(1)按下 q_1 启动按钮不断循环，气路经行程阀 d_0 和手动阀 q_1 进入换向阀 V_3 右端，C 缸收回，实现 C_0。

(2)当 C 缸活塞杆上挡块碰到行程阀 c_0 时，气路经行程阀 a_1 和 c_0 进入换向阀 V_2 左端，B 缸伸出，实现 B_1。

(3)当 B 缸活塞杆上挡块碰到行程阀 b_1 时，气路经行程阀 b_1 进入换向阀 V_1 右端，A 缸收回，实现 A_0。

(4)当 A 缸活塞杆上挡块碰到行程阀 a_0 时，气路经行程阀 a_0 进入换向阀 V_2 右端，B 缸收回，实现 B_0。

(5)当 B 缸活塞杆上挡块碰到行程阀 b_0 时，气路经行程阀 b_0 和 a_0 进入换向阀 V_4 左端，D 缸伸出，实现 D_1。

(6)当 D 缸活塞杆上挡块碰到行程阀 d_1 时，气路经行程阀 d_1 进入换向阀 V_3 左端，C 缸伸出，实现 C_1。

(7)当 C 缸活塞杆上挡块碰到行程阀 c_1 时，气路经行程阀 c_1 进入换向阀 V_1 左端，A 缸伸出，实现 A_1。

(8)当 A 缸活塞杆上挡块碰到行程阀 a_1 时，气路经行程阀 a_1 进入换向阀 V_4 右端，D 缸收回，实现 D_0。

(9)当 D 缸活塞杆上挡块碰到行程阀 d_0 时，气路经行程阀 d_0 和手动阀 q_1 进入换向阀 V_3 右端，C 缸收回，实现 C_0，开始新的周期。

项目拓展

(1)改变机械手动作顺序，用 *X-D* 图法设计其气动回路：① $A_1D_1B_1A_0D_0C_1B_0C_0$；② $D_1B_1C_0A_0C_1B_0D_0C_0A_1C_1$。

(2)若采用电磁换向阀控制，试设计其气动回路及电气控制回路。

项目小结

(1)采用纯气动多缸顺序系统设计步骤

① 写出工作程序；

② 画信号动作图；

③ 分析查找障碍信号；

④ 消除障碍信号；

⑤ 绘制气控回路图。

(2)障碍信号

在 X-D 图中表现为同组中信号线比动作线长，那么该信号作为驱动同组中的动作，在动作结束后仍然存在，必然会影响后面动作改变，故存在障碍信号。

(3)执行信号必须具备两个条件

① 起点不能变，否则无法准确驱动同组动作；

② 执行信号线不能长于所控制的动作线。

(4)常用消障有脉冲信号法和逻辑回路法两种

① 脉冲信号法：采用脉冲阀的脉冲形成回路排除障碍，必须注意把脉冲宽度事先调节好，使其脉冲宽度既能排除障碍又足以完成所需要的动作要求。该方法可靠性较差且成本高。

② 逻辑回路法：通常采用逻辑“与”把长信号变成短信号，消除干扰段，保留执行段。该方法可靠、成本低。

(5)“与”信号的选择

一般应尽量选用系统中某原始信号作为制约信号；若在信号动作线上找不到原始信号直接做制约信号时，可构造中间记忆元件排除障碍。

(6)为保证“与”后有气源，注意接线技巧

如果一个信号被用到两次以上，则要给独立气源；如果只用到一次，则可以从其他信号串接过来；如果多个信号均用到两次，只能给独立气源，又需要跟其他信号进行“与”时，用“与门型”梭阀。

学习思考

9－1　分别用逻辑图、信号图、气动回路表达“与”的关系。

9－2　障碍信号的实质是什么？

评价标准

本项目的评价内容包括专业能力评价、方法能力评价及社会能力评价等，其中专业能力评价：20％、自评：20％、组内互评：20％、教师评定：30％、答辩：10％，总计为100％，见表9－1。

表9－1　项目学习综合评价表

专业能力评价(权重20％)

气缸的动作顺序如下，若采用电磁换向阀控制，试设计其气动回路及电气控制回路。(20分)

(1)A＋B＋C＋A－A＋B－；

(2)A＋A－B＋C＋C－B－；

(3)A＋D＋B＋A－D－C＋B－C－。

评定形式	权重	评定内容	评定标准	得分
自我评定	20％	① 学习工作态度(5分)	积极(5分)；一般(3分)；不积极(0分)	
		② 完成工作任务情况(5分)	全部(5分)；一半(3分)；没有(0分)	
		③ 出勤情况(5分)	全勤(5分)；缺勤两次(3分)；缺勤30％(0分)	
		④ 独立工作情况(5分)	强(5分)；一般(3分)；不强(0分)	

（续表）

评定形式	权重	评定内容	评定标准	得分
小组评定	20%	① 学习工作责任意识(5 分)	强(5 分);一般(3 分);不强(0 分)	
		② 收集材料、调研能力(5 分)	强(5 分);一般(3 分);不强(1 分)	
		③ 汇报、交流、沟通能力(5 分)	强(5 分);一般(3 分);不强(1 分)	
		④ 团队协作精神(5 分)	强(5 分);一般(3 分);不强(1 分)	
教师评定	30%	① 全组整体学习工作过程状态(5 分)	积极(5 分);一般(3 分);较差(1 分)	
		② 计划制定、执行情况(5 分)	好(5 分);一般(3 分);较差(1 分)	
		③ 任务完成情况(5 分)	好(5 分);一般(3 分);较差(1 分)	
		④ 项目学习、测试报告书(15 分)	(15 分)～(0 分)	
答辩成绩	10%	答辩题目：		
成绩总分	________分	指导老师(签字)：	组长(签名)：	

第二部分

自主学习

第一章 液压传动基础

第一节　液压传动的优点和缺点

一、优点

(1)体积小,输出力大。液压传动一般使用的压力在7MPa左右,也可高达50MPa。而液压装置的体积比同样输出功率的电机及机械传动装置的体积小得多。

(2)不会有过载的危险。液压系统中装有溢流阀,当压力超过设定压力时,阀门开启,液压油经溢流阀流回油箱,此时液压油不处在密闭状态,故系统压力永远无法超过设定压力。

(3)输出力调整容易。液压装置的输出力调整非常简单,只要调整压力控制阀即可达到。

(4)速度调整容易。液压装置的速度调整非常简单,只要调整流量控制阀即可达到。

(5)易于自动化。液压设备配上电磁阀、电气元件、可编程控制器和计算机等,可装配成各式自动化机械。

二、缺点

(1)接管不良造成液压油外泄,它除了会污染工作场所外,还有引起火灾的危险。

(2)油温上升时,黏度降低;油温下降时,黏度升高。油的黏度发生变化时,流量也会跟着改变,造成速度不稳定。

(3)系统将马达的机械能转换成液体压力能,再把液体压力能转换成机械能来做功,能量经两次转换损失较大,能源使用效率比传统机械的低。

(4)液压系统大量使用各式控制阀、接头及管子,为了防止泄漏损耗,元件的加工精度要求较高。

第二节　液压油

一、液压油的用途

液压油起以下几种作用:

(1)传递运动与动力

将泵的机械能转换成液体的压力能并传至各处。由于油本身具有黏度,因此,在传递过程中会产生一定的动力损失。

(2)润滑

液压元件内各移动部位都可受到液压油充分润滑,从而降低元件磨损。

(3)密封

油本身的黏性对细小的间隙有密封的作用。

(4)冷却

系统损失的能量会变成热,被油带出。

二、液压油的种类

1. 矿物油系液压油

矿物油系液压油主要由石腊基(Paraffin base)的原油精制而成,再加抗氧化剂和防锈剂,为用途最广的一种。其缺点为耐火性差。

2. 耐火性液压油

耐火性液压油是专用于防止引起火灾危险的乳化型液压油,有水中油滴型(*O/W*)和油中水滴型(*W/O*)两种。水中油滴型(*O/W*)液压油的润滑性差,会侵蚀油封和金属;油中水滴型(*W/O*)液压油化学稳定性很差。

三、液压油的性质

液压油的主要性质如下。

1. 密度

矿物油系工业液压油比重 0.85～0.95,*W/O* 型比重 0.92～0.94,*O/W* 型比重 1.05～1.1。其比重越大,泵吸入性越差。

2. 闪火点

油温升高时,部分油会蒸发而与空气混合成油气,此油气所能点火的最低温度称为闪火点,如继续加热,则会连续燃烧,此温度称为燃烧点。

3. 黏度

流体流动时,沿其边界面会产生一种阻止其运动的流体摩擦作用,这种产生内摩擦力的性质称为黏性。液压油黏性对机械效率、磨损、压力损失、容积效率、漏油及泵的吸入性影响很大。

黏性可分为动力黏度和运动黏度两种。动力黏度表示如图 1-1 所示,其数学表达式如下

$$\tau=\mu\frac{\mathrm{d}u}{\mathrm{d}y} \tag{1-1}$$

式中:τ 表示剪应力($\mathrm{N/m^2}$);μ 表示动力黏度(Pa·s,也称为帕·秒)。

运动黏度表示为

$$\nu=\frac{\mu}{\rho} \tag{1-2}$$

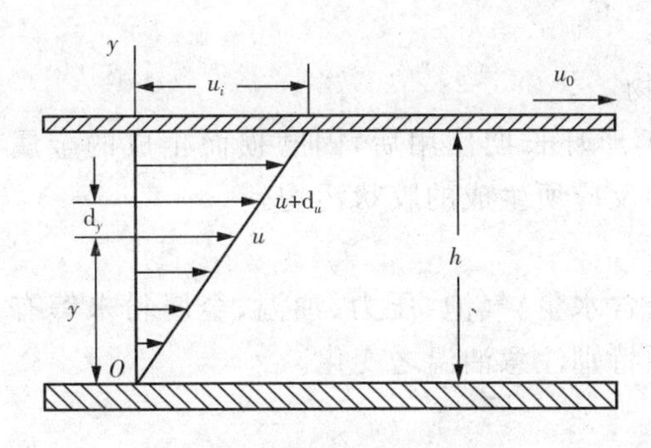

图 1-1　液体的黏性示意图

式中：ν 表示运动黏度(m^2/s)；ρ 表示密度(kg/m^2)。

黏度是液压油的性能指标。习惯上使用运动黏度标志液体的黏度，例如机械油的牌号就是用其在 40℃时的平均运动黏度(m^2/s)为其标号。

4. 压缩性

液压油在低、中压时可视为非压缩性液体，但在高压时压缩性就不可忽视了，纯油的可压缩性是钢的 100～150 倍。压缩性会降低运动的精度，增大压力损失而使油温上升，压力信号传递时，会有时间延迟、响应不良的现象。

液压油还有其他一些性质，如稳定性、抗泡沫性、抗乳化性、防锈性、润滑性以及相容性等。

四、液压油的选用

液压油有很多品种，可根据不同的使用场合选用合适的品种，在品种确定的情况下，最主要考虑的是油液的黏度，其选择主要考虑如下因素。

1. 液压系统的工作压力

工作压力较高的系统宜选用黏度较高的液压油，以减少泄漏；反之便选用黏度较低的油。例如，当压力 $p=7.0\sim20.0$MPa 时，宜选用 N46～N100 的液压油；当压力 $p<7.0$MPa 时，宜选用 N32～N68 的液压油。

2. 运动速度

执行机构运动速度较高时，为了减小液流的功率损失，宜选用黏度较低的液压油。

3. 液压泵的类型

在液压系统中，对液压泵的润滑要求苛刻，不同类型的泵对油的黏度有不同的要求，具体可参见有关资料。

五、液压油的污染与保养

液压油使用一段时间后会受到污染，常使阀内的阀芯卡死，并使油封加速磨损及液压缸内壁磨损。造成液压油污染的原因有如下三个方面。

1. 污染

液压油的污染一般可分为外部侵入的污物和外部生成的不纯物。

(1)外部侵入的污物

液压设备在加工和组装时残留的切屑、焊渣、铁锈等杂物混入所造成的污物，只有在组

装后立即清洗方可解决。

(2)外部生成的不纯物

泵、阀、执行元件、“O”形环长期使用后，因磨损而生成的金属粉末和橡胶碎片在高温、高压下和液压油发生化学反应所生成的胶状污物。

2. 恶化

液压油的恶化速度与含水量、气泡、压力、油温、金属粉末等有关，其中以温度影响为最大，故液压设备运转时，须特别注意油温之变化。

3. 泄漏

液压设备配管不良、油封破损是造成泄漏的主要原因。泄漏发生时，空气、水、尘埃便可轻易地侵入油中，故当泄漏发生时，必须立即加以排除。

液压油经长期使用，油质必会恶化，一般采用目视法判定油质是否恶化。当油的颜色混蚀并有异味时，须立即更换。液压油的保养方法有两种：一种是定期更换(5000～20000 小时)；另一种是使用过滤器定期过滤。

第三节　液压传动基本理论

一、液体流动中的压力和流量的损失

1. 压力损失

由于液体具有黏性，在管路中流动时又不可避免地存在着摩擦力，因此液体在流动过程中必然要损耗一部分能量。这部分能量损耗主要表现为压力损失。

压力损失有沿程损失和局部损失两种。沿程损失是当液体在直径不变的直管中流过一段距离时，因摩擦而产生的压力损失。局部损失是由于管子截面形状突然变化、液流方向改变或其他形式的液流阻力而引起的压力损失。总的压力损失等于沿程损失与局部损失之和。

由于零件结构不同(尺寸的偏差与表面粗糙度的不同)，因此，要准确地计算出总的压力损失的数值是比较困难的，但压力损失又是液压传动中一个必须考虑的因素，它关系到确定系统所需的供油压力和系统工作时的温升，所以，生产实践中也希望压力损失尽可能小些。

由于压力损失的必然存在性，因此，泵的额定压力要略大于系统工作时所需的最大工作压力。一般可将系统工作所需的最大工作压力乘以一个 1.3～1.5 的系数来估算。

2. 流量损失

在液压系统中，各液压元件都有相对运动的表面，如液压缸内表面和活塞外表面。因为要有相对运动，所以它们之间都有一定的间隙。如果间隙的一边为高压油，另一边为低压油，那么高压油就会经间隙流向低压区，从而造成泄漏。同时，由于液压元件密封不完善，因此，一部分油液也会向外部泄漏。这种泄漏会造成实际流量有所减少，这就是我们所说的流量损失。

流量损失影响运动速度，而泄漏又难以绝对避免，所以在液压系统中泵的额定流量要略大于系统工作时所需的最大流量。通常也可以用系统工作所需的最大流量乘以一个 1.1～

1.3 的系数来估算。

二、液压冲击和空穴现象

1. 液压冲击

在液压系统中，当油路突然关闭或换向时，会产生急剧的压力升高，这种现象称为液压冲击。

造成液压冲击的主要原因是：液压速度的急剧变化、高速运动工作部件的惯性力和某些液压元件的反应动作不够灵敏。

当导管内的油液以某一速度运动时，若在某一瞬间迅速截断油液流动的通道（如关闭阀门），则油液的流速将从某一数值突然降至零，此时油液流动的动能将转化为油液挤压能，从而使压力急剧升高，造成液压冲击。高速运动的工作部件的惯性力也会引起系统中的压力冲击。

产生液压冲击时，系统中的压力瞬间就要比正常压力大好几倍，特别是在压力高、流量大的情况下，极易引起系统的振动、噪音，甚至会导致导管或某些液压元件的损坏，这样既影响了系统的工作质量，又会缩短系统的使用寿命。还要注意的是由于压力冲击产生的高压力可能会使某些液压元件（如压力继电器）产生误动作而损坏设备。

避免液压冲击的主要办法是避免液流速度的急剧变化。延缓速度变化的时间，能有效地防止液压冲击，如将液动换向阀和电磁换向阀联用可减少液压冲击，这是因为液动换向阀能把换向时间控制得慢一些。

2. 空穴现象

在液流中当某点压力低于液体所在温度下的空气分离压力时，原来溶于液体中的气体会分离出来而产生气泡，这就叫空穴现象。当压力进一步减小直至低于液体的饱和蒸气压时，液体就会迅速汽化形成大量蒸气气泡，使空穴现象更为严重，从而使液流呈不连续状态。

如果液压系统中发生了空穴现象，液体中的气泡随着液流运动到压力较高的区域时，一方面，气泡在较高压力作用下将迅速破裂，从而引起局部液压冲击，造成噪音和振动；另一方面，由于气泡破坏了液流的连续性，降低了油管的通油能力，造成流量和压力的波动，使液压元件承受冲击载荷，因此影响了其使用寿命。同时，气泡中的氧也会腐蚀金属元件的表面，我们把这种因发生空穴现象而造成的腐蚀叫气蚀。

在液压传动装置中，气蚀现象可能发生在油泵、管路以及其他具有节流装置的地方，特别是油泵装置（这种现象最为常见）。

为了减少气蚀现象，应使液压系统内所有点的压力均高于液压油的空气分离压力。例如，应注意油泵的吸油高度不能太大，吸油管径不能太小（因为管径过小就会使流速过快，从而造成压力降得很低），油泵的转速不要太高，管路应密封良好，油管出口应没入油面以下等。总之，应避免流速的剧烈变化和外界空气的混入。

气蚀现象是液压系统产生各种故障的原因之一，特别在高速、高压的液压设备中更应注意这一点。

第二章 液压动力元件

第一节 液压泵的工作原理

如图 2-1 所示为液压泵的工作原理图。柱塞 2 装在缸体 3 内，并可作左右移动，在弹簧 4 的作用下，柱塞紧压在偏心轮 1 的外表面上。当电机带动偏心轮旋转时，偏心轮推动柱塞左右运动，使密封容积 a 的大小发生周期性的变化。当 a 由小变大时就形成部分真空，使油箱中的油液在大气压的作用下，经吸油管道顶开单向阀 6 进入油腔 A 实现吸油；反之，当 a 由大变小时，A 腔中吸满的油液将顶开单向阀 5 流入系统而实现压油。电机带动偏心轮不断旋转，液压泵就不断地吸油和压油。

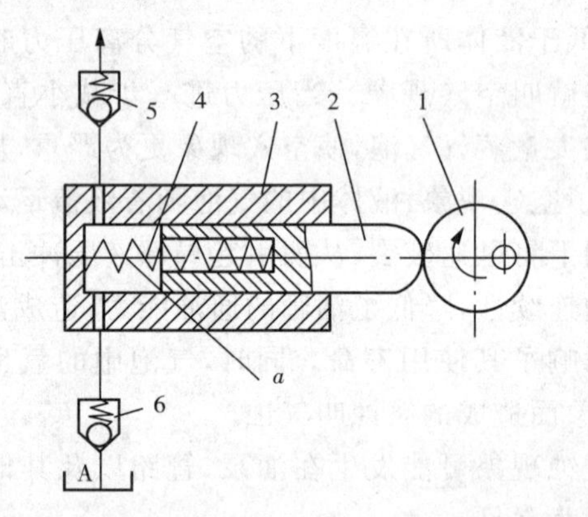

图 2-1　液压泵工作原理图

1—偏心轮；2—柱塞；3—缸体；4—弹簧；5、6—单向阀

由于这种泵是依靠泵的密封工作腔的容积变化来实现吸油和压油的，因而称之为容积式泵。容积式泵的流量大小取决于密封工作腔容积变化的大小和次数。若不计泄漏，则流量与压力无关。

液压泵的分类方式很多，它可按压力的大小分为低压泵、中压泵和高压泵；也可按流量是否可调节分为定量泵和变量泵；还可按泵的结构分为齿轮泵、叶片泵和柱塞泵，其中，齿轮泵和叶片泵多用于中、低压系统，柱塞泵多用于高压系统。

第二节　液压泵的结构

一、齿轮泵

齿轮泵是液压泵中结构最简单的一种，且价格便宜，故在一般机械上被广泛使用。齿轮泵是定量泵，可分为外啮合齿轮泵和内啮合齿轮泵两种。

1. 外啮合齿轮泵

外啮合齿轮泵的构造和工作原理如图 2-2 所示。它由装在壳体内的一对齿轮所组成，齿轮两侧由端盖罩住，壳体、端盖和齿轮的各个齿间槽组成了许多密封工作腔。当齿轮按图 2-2 所示方向旋转时，右侧吸油腔由于相互啮合的齿轮逐渐脱开，密封工作容积逐渐增大，形成部分真空，因此油箱中的油液在外界大气压的作用下，经吸油管进入吸油腔，将齿间槽充满，并随着齿轮旋转，把油液带到左侧的压油腔内。在压油区的一侧，由于齿轮在这里逐渐进入啮合，密封工作腔容积不断减小，油液便被挤出去，从压油腔输送到压油管路中去。这里的啮合点处的齿面接触线一直起着隔离高、低压腔的作用。

外啮合齿轮运转时泄漏途径有两个：一为齿顶与齿轮壳内壁的间隙，二为齿端面与侧板之间的间隙。当压力增加时，前者不会改变，但后者挠度大增，此为外啮合齿轮泵泄漏最主要的原因，故不适合用作高压泵。

为解决外啮合齿轮泵的内泄漏问题，提高其压力，人们已逐步开发出固定侧板式齿轮泵，其最高压力长期均为 7～10MPa，可动侧板式齿轮泵在高压时侧板被往内推，以减少高压时的内漏，其最高压力可达 14～17MPa。

液压油在渐开线齿轮泵运转过程中，因齿轮相交处的封闭体积随时间而改变，常有一部分液压油被封闭在齿间，如图 2-3 所示，我们称之为困油现象。因为液压油不可压缩而使外接齿轮泵在运转过程中产生极大的振动和噪音，所以必须在侧板上开设卸荷槽，以防止振动和噪音的发生。

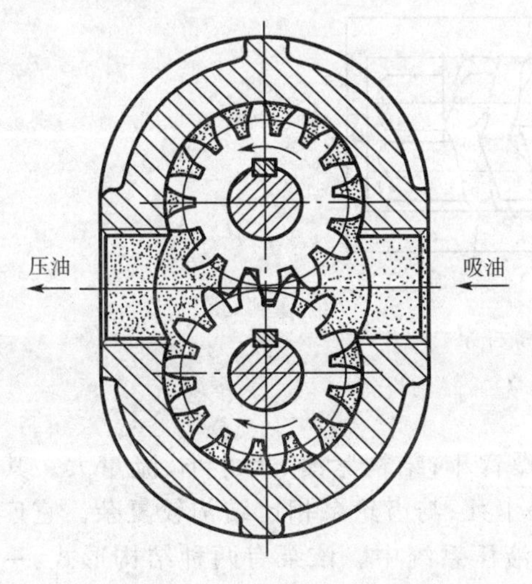

图 2-2　外啮合齿轮泵工作原理

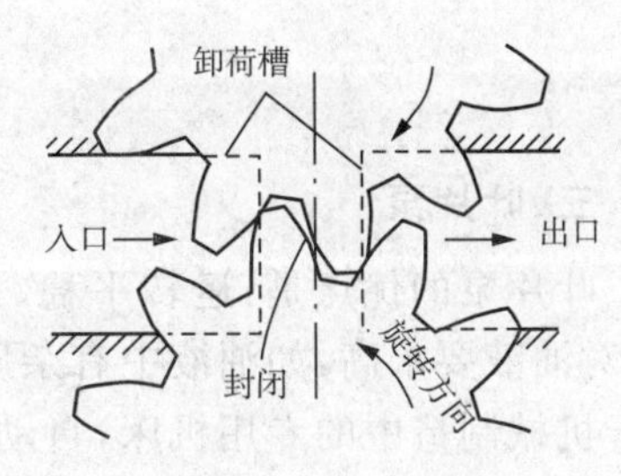

图 2-3　困油现象

2. 内啮合齿轮泵

图 2-4a 所示为有隔板的内啮合齿轮泵，图 2-4b 所示为摆动式内啮合齿轮泵，它们共同的特点是：内齿轮、外齿轮转向相同，齿面间相对速度小，运转时噪音小；齿数相异，绝对不会发生困油现象。因为外齿轮的齿端必须始终与内齿轮的齿面紧贴，以防内漏，所以内啮合齿轮泵不适用于较高压力的场合。

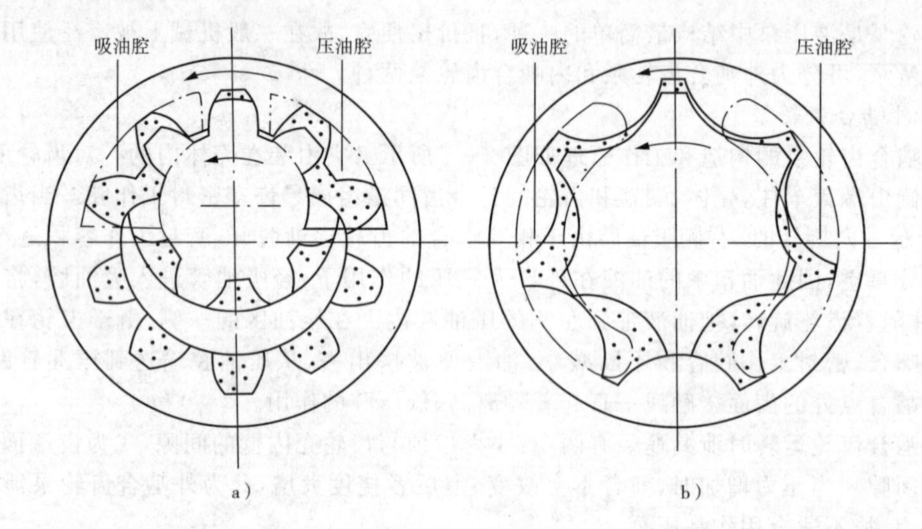

图 2-4　内啮合齿轮泵

a)有隔板的内啮合齿轮泵；b)摆动式内啮合齿轮泵

二、螺杆泵

如图 2-5 所示为螺杆泵。它的液压油沿螺旋方向前进，转轴径向负载各处均相等，脉动少，运动时噪音低；可高速运转，适合作大容量泵；但压缩量小，不适合高压的场合。一般用作燃油、润滑油泵，而不用作液压泵。

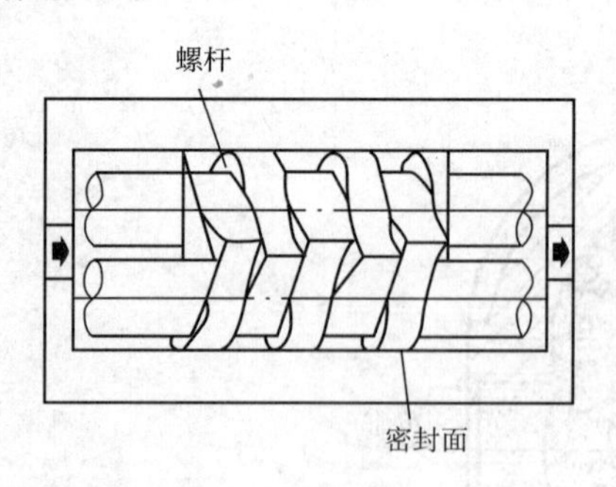

图 2-5　螺杆泵

三、叶片泵

叶片泵的优点是：运转平稳、压力脉动小，噪音小；结构紧凑、尺寸小、流量大。其缺点是：对油液要求高，如油液中有杂质，则叶片容易卡死；与齿轮泵相比结构较复杂。它广泛应用于机械制造中的专用机床，自动线等中、低压液压系统中。该泵有两种结构形式：一种是单作用叶片泵，另一种是双作用叶片泵。

1. 单作用叶片泵

单作用叶片泵的工作原理如图 2-6 所示，单作用叶片泵由转子 1、定子 2、叶片 3 和端盖等组成。定子具有圆柱形内表面，定子和转子间有偏心距 e。叶片装在转子槽中，并可在槽内滑动，当转子回转时，由于离心力的作用，使叶片紧靠在定子内壁，这样，在定子、转子、叶片和两侧配油盘间就形成了若干个密封的工作空间。当转子按逆时针方向回转时，在图 2-6 的右部，叶片逐渐伸出，叶片间的空间逐渐增大，从吸油口吸油，这是吸油腔。在图 2-6 的左部，叶片被定子内壁逐渐压进槽内，工作空间逐渐缩小，将油液从压油口压出，这就是压油腔。在吸油腔和压油腔之间有一段封油区，把吸油腔和压油腔隔开。这种叶片泵每转一周，每个工作腔就完成一次吸油和压油，因此称之为单作用叶片泵。转子不停地旋转，泵就不断地吸油和排油。

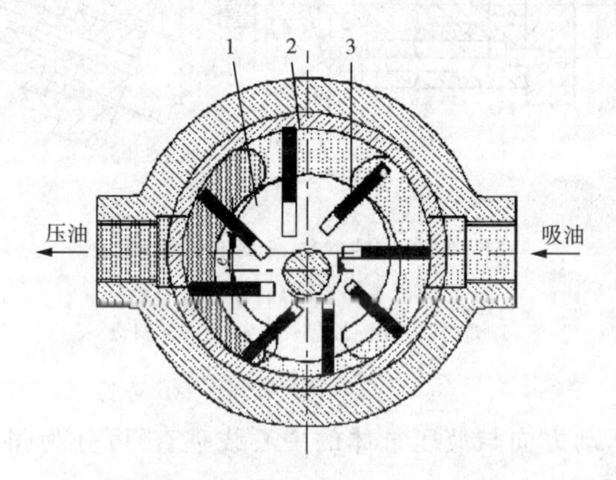

图 2-6　单作用叶片泵工作原理

1—转子；2—定子；3—叶片

改变转子与定子的偏心量，即可改变泵的流量。偏心量越大，流量越大。若调成几乎是同心的，则流量接近于零。因此单作用叶片泵大多为变量泵。

另外还有一种限压式变量泵，当负荷小时，泵输出流量大，负载可快速移动；当负荷增加时，泵输出流量变少，输出压力增加，负载速度降低。如此可减少能量消耗，避免油温上升。

2. 双作用叶片泵

双作用叶片泵的工作原理如图 2-7 所示，定子内表面近似椭圆，转子和定子同心安装，有两个吸油区和两个压油区对称布置。转子每转一周，完成两次吸油和压油。双作用叶片泵大多是定量泵。

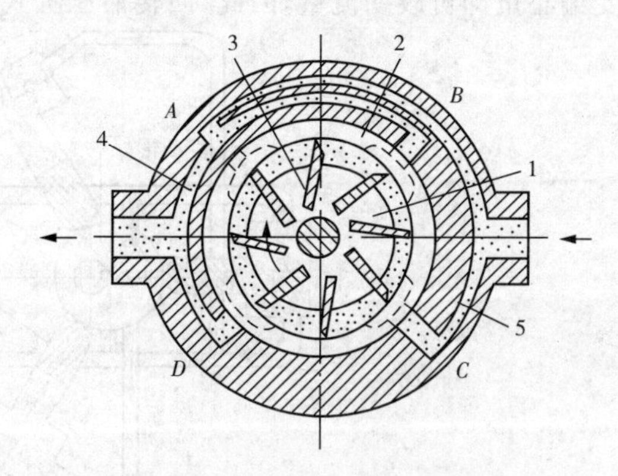

图 2-7　双作用叶片泵工作原理

1—转子；2—定子；3—叶片；4—油液

四、柱塞泵

柱塞泵工作原理是通过柱塞在液压缸内做往复运动来实现吸油和压油。和叶片泵相比，齿轮泵能以最小的尺寸和最小的重量供给最大的动力，为一种高效率的泵，但制造成本相对较高，该泵用于高压、大流量、大功率的场合。它可分为轴向式和径向式两种。

1. 轴向柱塞泵

轴向柱塞泵的工作原理如图 2-8 所示。轴向柱塞泵可分为直轴式（如图 2-8a 所示）和斜轴式（如图 2-8b 所示）两种。这两种泵都是变量泵，通过调节斜盘倾角 γ，即可改变泵的输出流量。

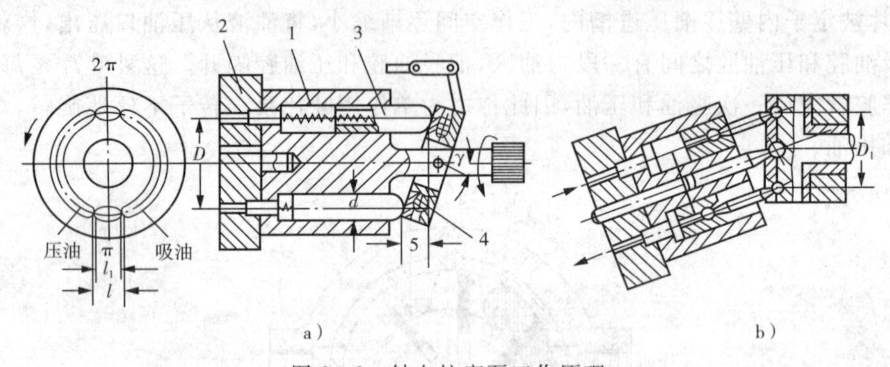

图 2-8 轴向柱塞泵工作原理

a）直轴式；b）斜轴式

1—缸体；2—配油盘；3—柱塞；4—斜盘

2. 径向柱塞泵

径向柱塞泵（柱塞运动方向与液压缸体的中心线垂直）可分为固定液压缸式和回转液压缸式两种。

如图 2-9 所示为固定液压缸式柱塞泵，它利用偏心轮的旋转，可使活塞产生往复行程，以进行泵的吸、压作用。偏心轮的偏心量固定，所以固定液压缸式径向柱塞泵一般为定量泵，最高输出压力可达 21MPa 以上。如图 2-10 所示为回转液压缸式柱塞泵，其活塞安装在压缸体上，压缸体的中心和转子的中心有一偏心量 e，压缸体和轴一同旋转。分配轴固定，上有四条油路，其中两条油路成一组，分别充当压油的进出通道，并和盖板的进出油口相通。改变偏心量即可改变流量，因此，回转液压缸式柱塞泵为一种变量泵。

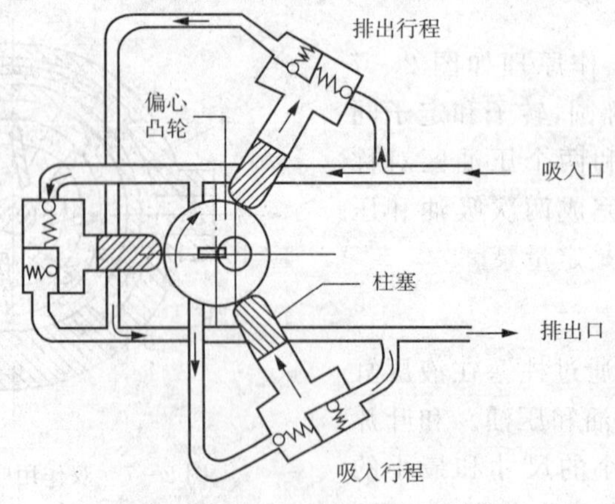

图 2-9 固定液压缸式径向柱塞泵

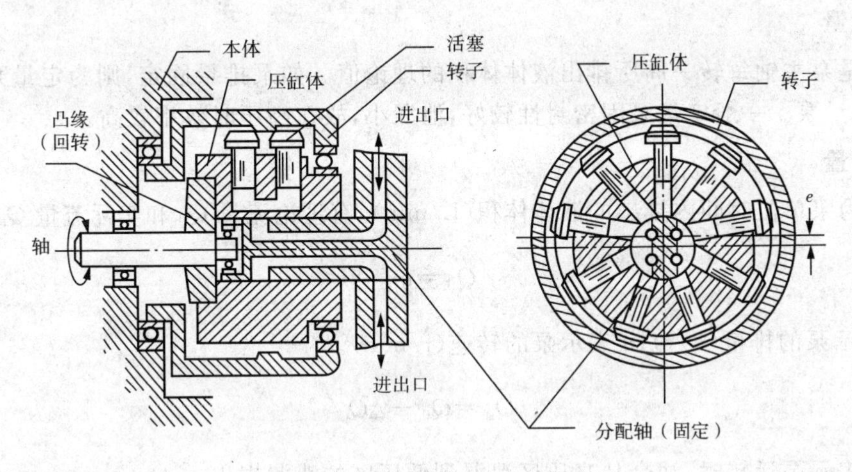

图 2-10　回转液压缸式径向柱塞泵

五、液压泵的职能符号

液压泵的职能符号如图 2-11 所示。

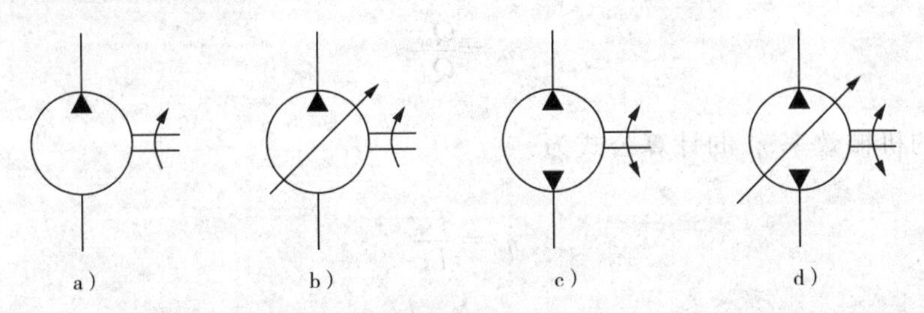

图 2-11　液压泵的职能符号

a)单向定量液压泵；b)单向变量液压泵；c)双向定量液压泵；d)双向变量液压泵

第三节　液压泵的主要性能和参数

一、压力

1. 工作压力

液压泵实际工作时的输出压力称为液压泵的工作压力。工作压力取决于外负载的大小和排油管路上的压力损失，而与液压泵的流量无关。

2. 额定压力

液压泵在正常工作条件下，按试验标准规定连续运转的最高压力称为液压泵的额定压力。

3. 最高允许压力

在超过额定压力的条件下，根据试验标准规定，允许液压泵短暂运行的最高压力值称为液压泵的最高允许压力，超过此压力，泵的泄漏会迅速增加。

二、排量

排量是泵主轴每转一周所排出液体体积的理论值。如泵排量固定，则为定量泵；排量可变，则为变量泵。一般定量泵因密封性较好，泄漏小，故在高压时效率较高。

三、流量

流量为泵单位时间内排出的液体体积(L/min)，有理论流量 Q_{th} 和实际流量 Q_{ac} 两种。

$$Q_{th}=qn \tag{2-1}$$

式中：q 表示泵的排量(L/r)；n 表示泵的转速(r/min)。

$$Q_{ac}=Q_{th}-\Delta Q \tag{2-2}$$

式中：ΔQ 表示泵运转时，油会从高压区泄漏到低压区的泄漏损失。

四、容积效率和机械效率

液压泵的容积效率 η_V 的计算公式为

$$\eta_v=\frac{Q_{ac}}{Q_{th}} \tag{2-3}$$

液压泵的机械效率 η_m 的计算公式为

$$\eta_m=\frac{T_{th}}{T_{ac}} \tag{2-4}$$

式中：T_{th} 表示泵的理论输入扭矩；T_{ac} 表示泵的实际输入扭矩。

五、泵的总效率和功率

泵的总效率 η 的计算公式为

$$\eta=\eta_m\eta_V=\frac{P_{ac}}{P_m} \tag{2-5}$$

式中：P_{ac} 表示泵实际输出功率；P_m 表示电动机输出功率。

泵的功率 P_{ac} 的计算公式为

$$P_{ac}=\frac{pQ_{ac}}{60} \tag{2-6}$$

式中：P 表示泵输出的工作压力(MPa)；Q_{ac} 表示泵的实际输出流量(L/min)，$1L=10^3cm^3$。

【例 2-1】 某液压系统，泵的排量 $Q=10mL/r$，电机转速 $n=1200r/min$，泵的输出压力 $p=5MPa$，泵容积效率 $\eta_V=0.92$，总效率 $\eta=0.84$，求

(1)泵的理论流量；

(2)泵的实际流量；

(3)泵的输出功率；

(4)驱动电机功率。

解　(1)泵的理论流量为

$Q_{th}=Q\cdot n\cdot 10^{-3}=10\times 1200\times 10^{-3}=12(L/min)$；

(2)泵的实际流量为

$Q_{ac}=Q_{th}\cdot \eta_V=12\times 0.92=11.04(L/min)$；

(3)泵的输出功率为

$P_{ac}=\frac{pQ}{60}=\frac{15\times 11.04}{60}=0.9(kW)$；

(4)驱动电机功率为

$P_m=\frac{P_{ac}}{\eta}=\frac{0.9}{0.84}=1.07(kW)$。

第四节　液压泵与电动机参数的选用

一、液压泵大小的选用

液压泵的选择通常先根据液压泵的性能要求来选定液压泵的型式，再根据液压泵所应保证的压力和流量来确定它的具体规格。

液压泵的工作压力是根据执行元件的最大工作压力来决定的，考虑到各种压力损失，泵的最大工作压力 $p_{泵}$ 可按下式确定

$$p_{泵}\geqslant k_{压}\times p_{缸}$$

式中：$p_{泵}$ 表示液压泵所需要提供的压力(Pa)；$k_{压}$ 表示系统中压力损失系数，一般取 1.3～1.5；$p_{缸}$ 表示液压缸中所需的最大工作压力(Pa)。

液压泵的输出流量取决于系统所需最大流量及泄漏量，即

$$Q_{泵}\geqslant k_{流}\times Q_{缸}$$

式中：$Q_{泵}$ 表示液压泵所需输出的流量(m^3/min)；$k_{流}$ 表示系统的泄漏系数，一般取 1.1～1.3；$Q_{缸}$ 表示液压缸所需提供的最大流量(m^3/min)。

若为多液压缸同时动作，$Q_{缸}$ 应为同时动作的几个液压缸所需的最大流量之和。

在 $p_{泵}$、$Q_{泵}$ 求出以后，就可具体选择液压泵的规格，选择时应使实际选用泵的额定压力大于所求出的 $p_{泵}$ 值，通常可放大 25%。泵的额定流量一般选择略大于或等于所求出的 $Q_{缸}$ 值即可。

二、电动机参数的选择

液压泵是由电动机驱动的，可根据液压泵的功率计算出电动机所需要的功率，再考虑液压泵的转速，然后从样本中合理地选定标准的电动机。

驱动液压泵所需的电动机功率可按下式确定

$$P_{\mathrm{M}}=\frac{p_{泵}\times Q_{泵}}{60\eta}(\mathrm{kW}) \tag{2-7}$$

式中：P_{M}表示电动机所需的功率(kW)；$p_{泵}$表示泵所需的最大工作压力(Pa)；$Q_{泵}$表示泵所需输出的最大流量($\mathrm{m^3/min}$)；η表示泵的总效率。

通常，齿轮泵总效率为0.6～0.7；叶片泵总效率为0.6～0.75；柱塞泵总效率为0.8～0.85。

第三章 液压执行元件及辅助元件

第一节 液压缸

一、液压缸分类

液压缸可分为单作用式液压缸和双作用式液压缸两类。单作用式液压缸又可分为无弹簧式、附弹簧式、柱塞式三种，如图 3-1 所示。双作用式液压缸又可分为单杆形、双杆形两种，如图 3-2 所示。

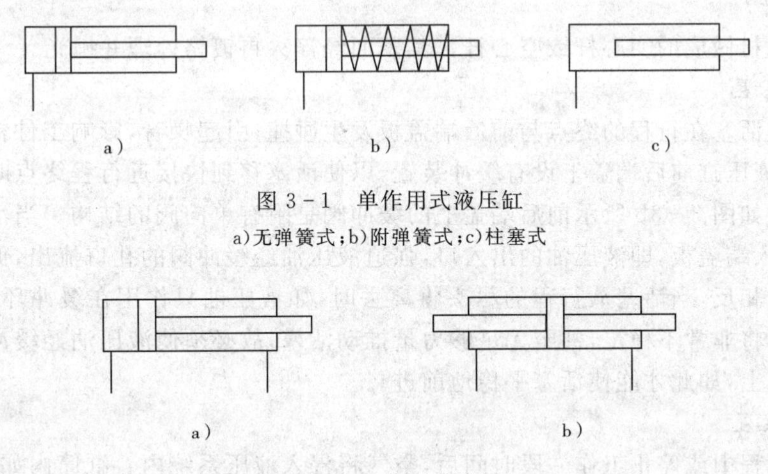

图 3-1 单作用式液压缸

a)无弹簧式；b)附弹簧式；c)柱塞式

图 3-2 双作用式液压缸

a)单杆式；b)双杆式

二、液压缸结构

如图 3-3 所示为液压缸，它由缸筒、盖板、活塞、活塞杆、缓冲装置、放气装置和密封装置等组成。选用液压缸时，首先应考虑活塞杆的长度(由行程决定)，再根据回路的最高压力选用适合的液压缸。

1. 缸筒

缸筒主要由钢材制成。缸筒内要经过精细加工，表面粗糙度 $R_a < 0.08\mu m$，以减少密封件的摩擦。

2. 盖板

通常它由钢材制成，有前端盖和后端盖之分，它们分别安装在缸筒的前后两端。盖板和

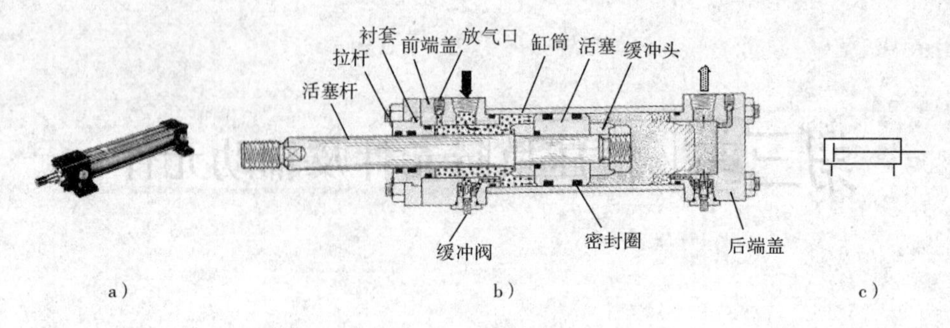

图 3-3 液压缸结构

a)外观;b)结构;c)职能符号

缸筒的连接方法有焊接、拉杆、法兰、螺纹连接等。

3. 活塞

活塞的材料通常是钢或铸铁,有时也采用铝合金。活塞和缸筒内壁间需要密封,采用的密封件有“O”形环、“V”形油封、“U”形油封、“X”形油封和活塞环等。而活塞应有一定的导向长度,一般取活塞长度为缸筒内径的0.6～1.0倍。

4. 活塞杆

它是由钢材做成的实心杆或空心杆。其表面经淬火再镀铬处理并抛光。

5. 缓冲装置

为了防止活塞在行程的终点与前后端盖板发生碰撞,引起噪音,影响工件精度或使液压缸损坏,常在液压缸前后端盖上设有缓冲装置,以使活塞移到快接近行程终点时速度减慢下来直至停止。如图 3-3b 所示前后端盖上的缓冲阀是附有单向阀的结构。当活塞接近端盖时,缓冲环插入端盖板,即液压油的出入口,强迫液压油经缓冲阀的孔口流出,促使活塞的速度缓慢下来。相反,当活塞从行程的尽头将离去时,如液压油只作用在缓冲环上,活塞要移动的那一瞬间将非常不稳定,甚至无足够力量推动活塞,故必须使液压油经缓冲阀内的单向阀作用在活塞上,如此才能使活塞平稳地前进。

6. 放气装置

在安装过程中或停止工作一段时间后,空气将侵入液压系统内。缸筒内如存留空气,将使液压缸在低速时产生爬行、颤抖等现象,换向时易引起冲击,因此在液压缸上设计有能及时排除缸内留存气体的结构。一般双作用式液压缸不设专门的放气孔,而是将液压油出入口布置在前、后盖板的最高处。大型双作用式液压缸则必须在前、后端盖板设放气栓塞。对于单作用式液压缸,液压油出入口一般设在缸筒底部,放气栓塞一般设在缸筒的最高处。

7. 密封装置

液压缸的密封装置用以防止油液的泄漏。液压缸的密封主要是指活塞、活塞杆处的动密封和缸盖等处的静密封。常采用“O”形密封圈和“Y”形密封圈。

三、液压缸的参数计算

液压缸的工作原理如图 3-4 所示。液压缸缸体是固定的,液压油从 A 口进入作用在活塞上,产生一推力 F,通过活塞杆以克服负荷 W,活塞以速度 v 向前推进,同时将活塞杆侧内的液压油通过 B 口流回油箱。相反,若高压油从 B 口进入,则活塞后退。

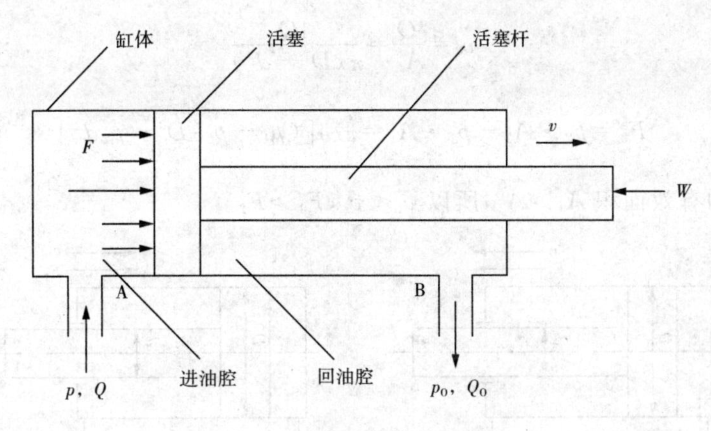

图 3-4　液压缸的工作原理

1. 速度和流量

若忽略泄漏，则液压缸的速度和流量关系如下

$$Q=Av \tag{3-1}$$

$$v=Q/A \tag{3-2}$$

式中：Q 表示液压缸的输入流量（m^3/s 或 L/min，其中 $1L=1\times10^{-3}m^3$）；A 表示液压缸活塞上有效工作面积；v 表示活塞移动速度。

通常，活塞上工作有效面积是固定的，由式(3-2)可知，活塞的速度取决于输入液压缸的流量，又由上述理论可知，速度和负载无关。

2. 推力和压力

推力 F 是压力为 p 的液压油作用在有效工作面积为 A 的活塞上，以平衡负载 W。若液压缸回油接油箱，则 $p_0=0$，故有

$$F=W=p\cdot A(\mathrm{N}) \tag{3-3}$$

式中：p 表示液压缸的工作压力(MPa)；A 表示液压缸活塞上有效工作面积(mm^2)。

推力 F 可看成是液压缸的理论推力，因为活塞的有效面积固定，故压力取决于总负载。

如图 3-5a 所示，当油液从液压缸左腔（无杆腔）进入时，活塞前进速度 v_1 和产生的推力 F_1 为

$$v_1=\frac{Q}{A_1}=\frac{4Q}{\pi D^2} \tag{3-4}$$

$$F_1=p_1\cdot A_1-p_2\cdot A_2=\pi/4[(p_1-p_2)D^2+p_2d^2] \tag{3-5}$$

如图 3-5b 所示，当油液从液压缸右腔（有杆腔）进入时，活塞后退的速度 v_2 和产生的推力 F_2 为

$$v_2=\frac{Q}{A_2}=\frac{4Q}{\pi(D^2-d^2)} \tag{3-6}$$

$$F_2=p_2\cdot A_2-p_1\cdot A_1=\pi/4[(p_1-p_2)D^2-p_2d^2] \tag{3-7}$$

因为活塞的有效面积 $A_1>A_2$,所以 $v_1<v_2$,$F_1>F_2$。

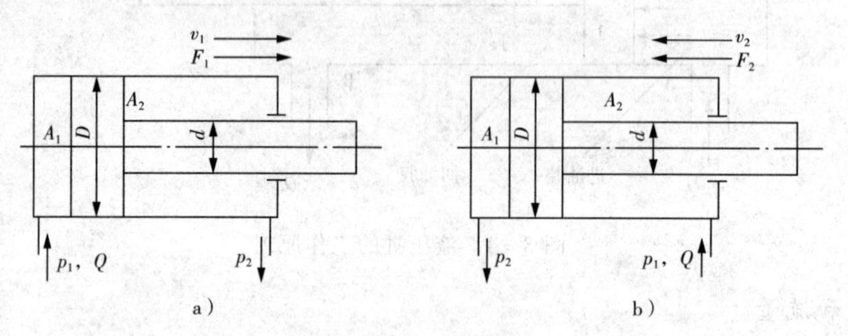

图 3-5　单杆活塞缸

如图 3-6 所示为单杆活塞的另一种连接方式。它把右腔的回油管道和左腔的进油管道接通。这种连接方式称为差动连接。活塞前进的速度 v 及推力 F 为

$$v_3=\frac{Q+Q'}{A_1}=\frac{Q+\frac{\pi}{4}(D^2-d^2)v_3}{\frac{\pi}{4}D^2} \tag{3-8}$$

则有

$$v_3=\frac{4Q}{\pi d^2} \tag{3-9}$$

$$F_3=p(A_1-A_2)=p\frac{\pi d^2}{4}$$

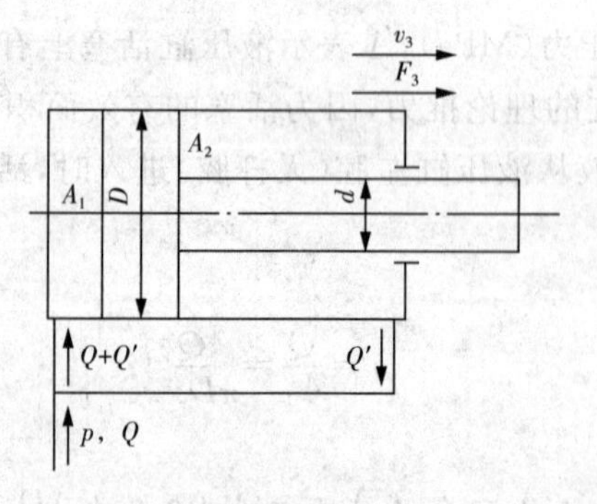

图 3-6　差动缸

显然,差动连接时活塞运动速度较快,产生的推力较小。所以,差动连接常用于空载快进场合。

第二节　液压马达

一、液压马达分类及特点

液压马达按其结构类型来分，可以分为齿轮式、叶片式、柱塞式等形式；按液压马达的额定转速分，可分为高速和低速两大类：额定转速高于500r/min的属于高速液压马达，额定转速低于500r/min的属于低速液压马达。高速液压马达的基本形式有齿轮式、螺杆式、叶片式和轴向柱塞式等。高速液压马达的主要特点是转速高，转动惯量小，便于启动和制动等。

通常高速液压马达输出转矩不大(仅几十牛·米到几百牛·米)，所以又称为高速小转矩马达。低速液压马达的基本形式是径向柱塞式，低速液压马达的主要特点是排量大，体积大，转速低(几转甚至零点几转每分钟)，输出转矩大(可达几千牛·米到几万牛·米)，所以又称为低速大转矩液压马达。

二、液压马达职能符号

液压马达职能符号如图3-7所示。

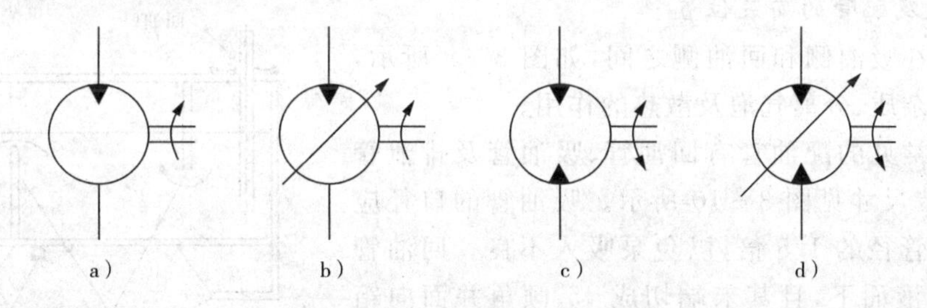

图3-7　液压马达的职能符号

a)单向定量液压马达；b)单向变量液压马达；c)双向定量液压马达；d)双向变量液压马达

第三节　液压辅助元件

一、油箱

油箱的主要功能是储存油液，此外，还有散热(以控制油温)、阻止杂质进入、沉淀油中杂质、分离气泡等功能。

油箱容量如果太小，就会使油温上升。油箱容量一般设计为泵每分钟流量的2～4倍，或所有管路及元件均充满油，且油面高出过滤器50～100mm，而液面高度只占油箱高度的80%时的油箱容积。

1. 油箱形式

油箱可分为开式和闭式两种，开式油箱中油的油液面和大气相通，而闭式油箱中的油液面和大气隔绝。液压系统中大多数采用开式油箱。

2. 油箱结构

开式油箱大部分是由钢板焊接而成的，如图 3-8 所示为工业上使用的典型焊接式油箱。

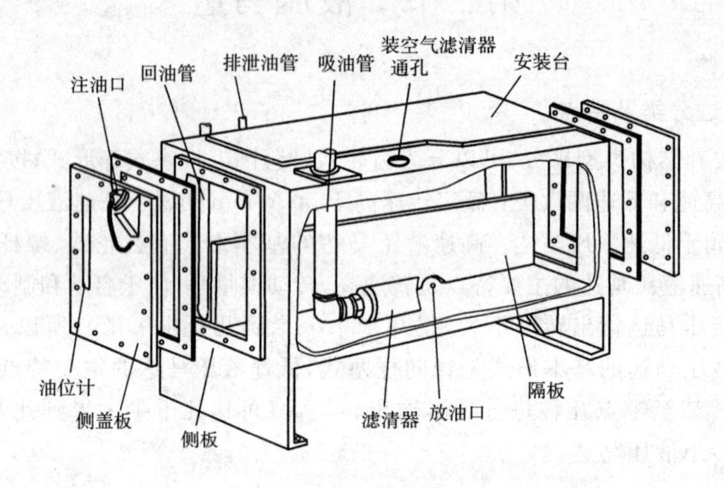

图 3-8 焊接式油箱

3. 隔板及配管的安装位置

隔板装在吸油侧和回油侧之间，如图 3-9 所示，以起到沉淀杂质、分离气泡及散热的作用。

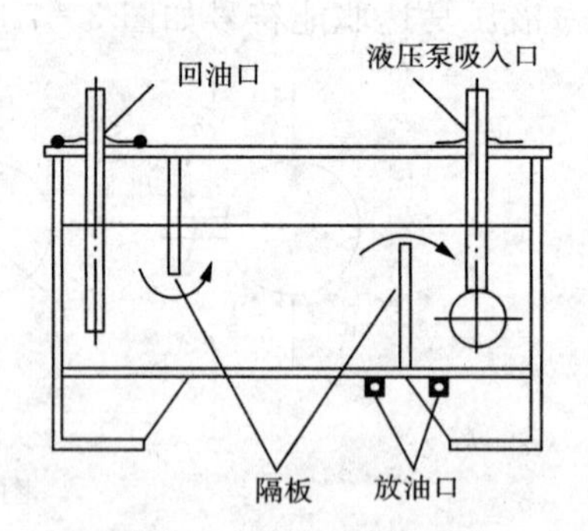

图 3-9 隔板的位置

油箱中常见的配油管有回油管、吸油管及排泄管等，有关安装尺寸见图 3-10 所示。吸油管的口径应为其余供油管径的 1.5 倍，以免泵吸入不良。回油管末端要浸在液面下，且其末端切成 45°倾角并面向箱壁，以使回油冲击箱壁而形成回流，这样有利于冷却油温、沉淀杂质。

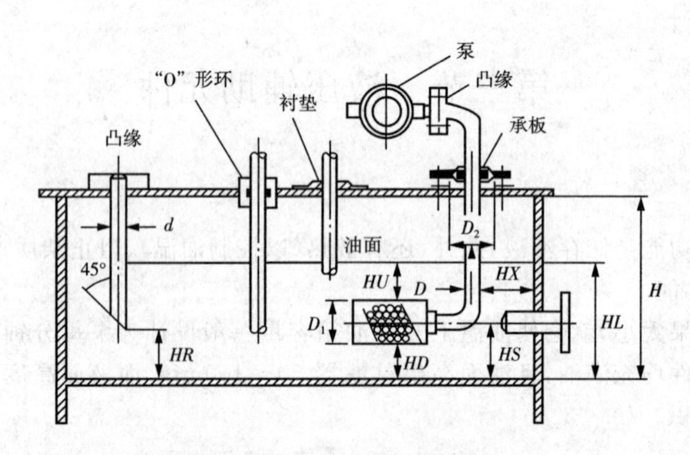

图 3-10 配管的安装及尺寸

系统中排泄管应尽量单独接入油箱。各类控制阀的排泄管端部应在液面以上，以免产

生背压；泵和马达的外泄油管其端部应在液面之下，以免吸入空气。

二、滤油器

1. 滤油器的结构

滤油器一般由滤芯（或滤网）和壳体构成。其通流面积由滤芯上无数个微小间隙或小孔构成。当混入油中的污物（杂质）大于微小间隙或小孔时，杂质被阻隔而滤清出来。若滤芯使用磁性材料时，则可吸附油中能被磁化的铁粉杂质。

滤油器可以安装在油泵的吸油管路上或某些重要零件之前，也可安装在回油管路上。

滤油器可分成液压管路中使用的和油箱中使用的两种。油箱内部使用的滤油器亦称为滤清器和粗滤器，是用来过滤掉一些太大的、容易造成泵损坏的杂质（在 0.1mm^3 以上）的，图 3－11 为壳装滤清器，装在泵和油箱吸油管途中。如图 3－12 所示为无外壳滤清器，安装在油箱内，拆装不方便，但价格便宜。

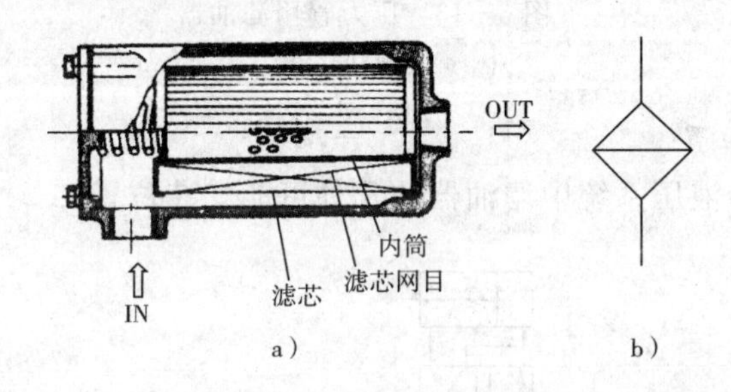

图 3－11 壳装滤清器

a）结构；b）职能符号

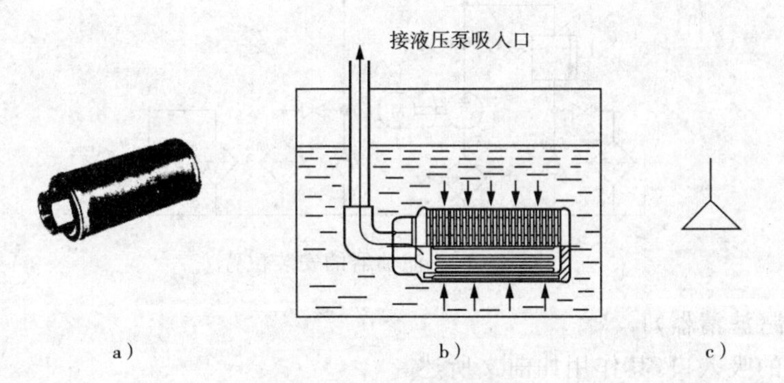

图 3－12 无外壳滤清器

a）外观；b）结构；c）职能符号

管用滤油器有压力管用滤油器及回油管用滤油器。如图 3－13 所示为压力管用滤油器，因要受压力管路中的高压力，所以耐压问题必须考虑；回油管用滤油器是装在回油管路上的，压力低，只需注意冲击压力的发生即可。就价格而言，压力管用滤油器较回油管用滤油器贵出许多。

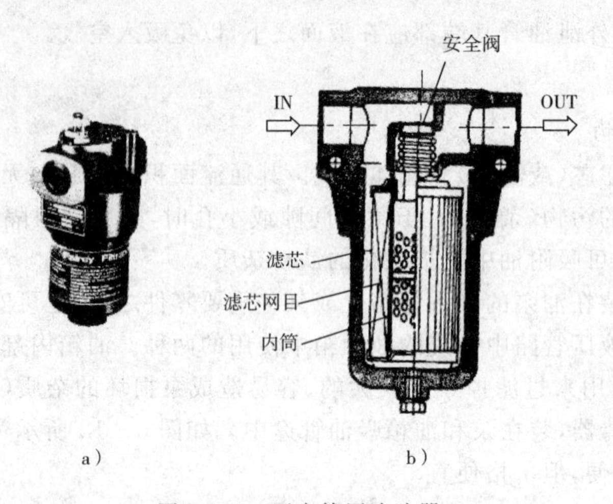

图 3-13　压力管用滤油器

a)外观;b)结构

2. 滤油器的安装位置

如图 3-14 所示为液压系统中滤油器的几种可能安装位置。

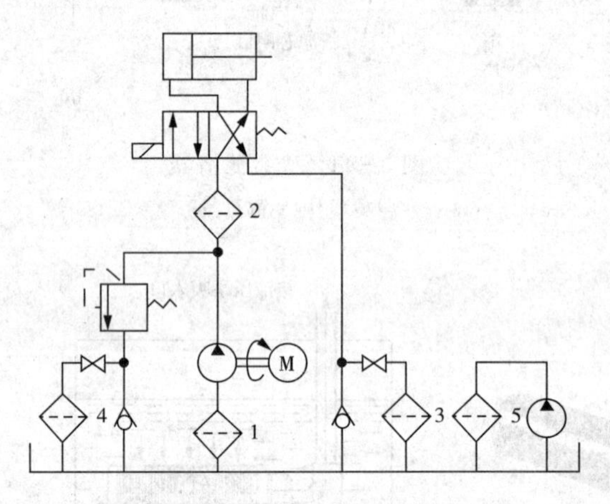

图 3-14　滤油器的安装位置

(1)滤油器(滤清器)1

安装在泵的吸入口,其作用如前文所述。

(2)滤油器 2

安装在泵的出口,属于压力管用滤油器,用来保护泵以外的其他元件。一般装在溢流阀下游的管路上或和安全阀并联,以防止滤油器被堵塞时泵形成过载。

(3)滤油器 3

安装在回油管路上,属于回油管用滤油器,此滤油器的壳体耐压性可较低。

(4)滤油器 4

安装在溢流阀的回油管上,因其只通泵部分的流量,故滤油器容量可较小。如滤油器 2、3 的容量相同,则通过流速降低,过滤效果会更好。

(5)滤油器5

为独立的过滤系统,其作用是不断净化系统中的液压油,常用在大型的液压系统里。

三、空气滤清器

为防止灰尘进入油箱,通常在油箱的上方通气孔装有空气滤清器。有的油箱利用此通气孔当注油口,如图3-15所示为带注油口的空气滤清器。空气滤清器的容量必须能使当液压系统达到最大负荷状态时,仍能保持大气压力的程度。

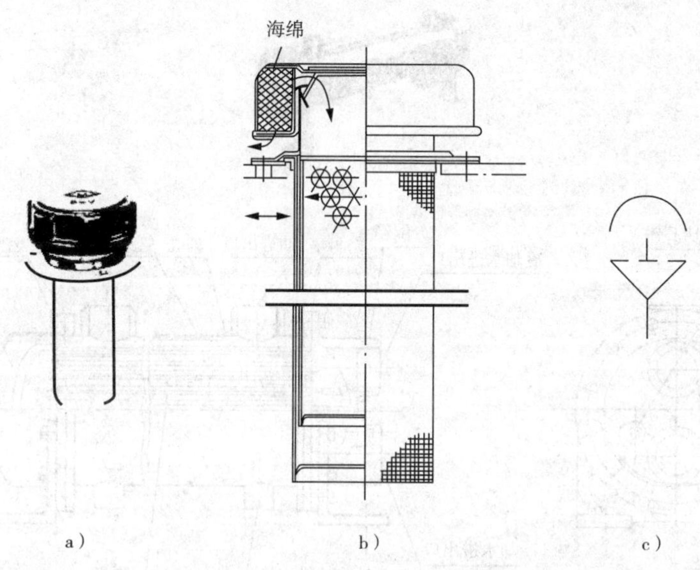

图3-15 带注油口的空气滤清器

a)外观;b)结构;c)职能符号

四、油冷却器

液压油的工作温度以40℃~60℃为宜,最高不得大于60℃,最低不得低于15℃,液压系统在运转时难免会有能量损失,其损失大部分变成了热量。热量一小部分由元件或管路等表面散掉了,另外大部分被液压油带回油箱而促使油温上升。油温如果超过60℃,将加速液压油的恶化,促使系统性能下降。如果油箱的表面散热量能够和所产生的热量相平衡,那么油温就不会过高,否则必须加油冷却器来抑制油温的上升。

一般说来,由于油箱散热面积不够,必须采用油冷却器来抑制油温有如下三个原因:

(1)因机械整体的体积和空间使油箱的大小受到限制。

(2)因经济原因,需要限制油箱的大小等。

(3)要把液压油的温度控制得更低。

油冷却器可分成水冷式和气冷式两大类。

1. 水冷式油冷却器

水冷式油冷却器通常采用壳管式油冷却器。它是由一束小管子(冷却管)装置在一个外壳里所构成的。

壳管式油冷却器有多种形式,但一般都采用直管形油冷却器,如图3-16所示。其构造是把直管冷却管装在一外壳内,两端再用可移动的端盖(管帽)封闭,金属隔板装置在内,使液压油产生垂直于冷却管流动以加强热的传导。

冷却管通常由小直径管子组成($\phi1/4''\sim\phi1''$)。材料可用铝、钢、不锈钢等无缝钢管,但为增加传热效果,一般采用铜管,并在铜管上滚牙以增加散热面积。冷却管的安装分为固定式安装和可移动式安装两种。可移动式冷却器可由外壳中抽出来清洗或修理,固定式冷却器被固定在内不能取出。冷却器的外壳是由 $2''\sim30''$开口的管子构成的,材料可用铝、铜或不锈钢管等。

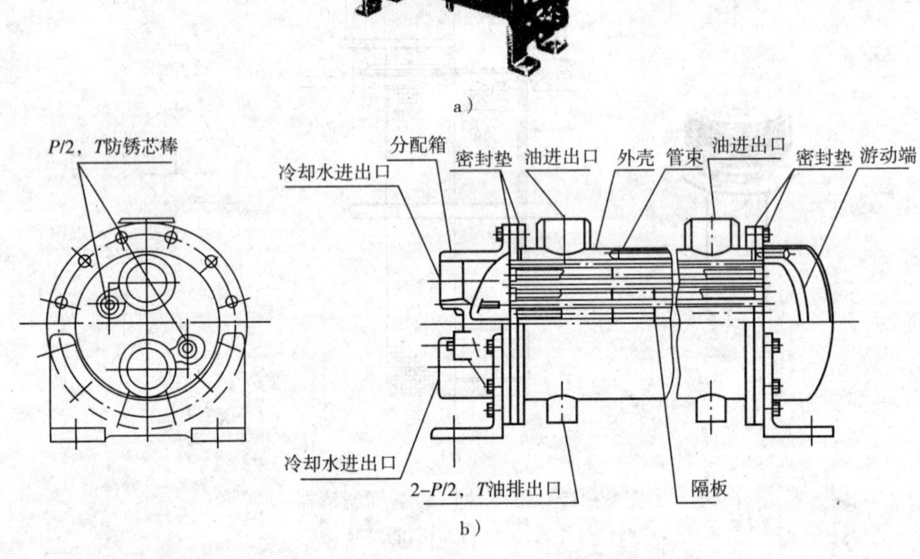

图 3-16 水冷式直管型油冷却器

a)外观;b)结构

2. 气冷式油冷却器

气冷式冷却器的构造如图 3-17 所示,由风扇和许多带散热片的管子所构成。油在冷却管中流动,风扇使空气穿过管子和散热片表面,以冷却液压油。其冷却效率较水冷低,但如果在冷却水不易取得或水冷式油冷却器不易安装的场所,有时还必须采用气冷式,尤其以行走机械的液压系统使用较多。

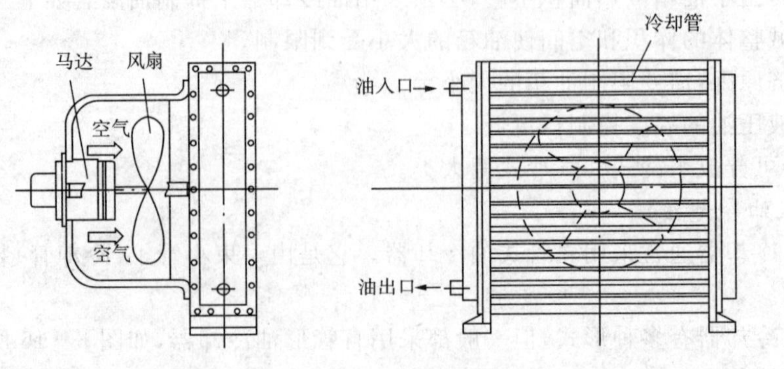

图 3-17 气冷式油冷却器

3. 油冷却器安装的场所

油冷却器安装在热发生体附近，且液压油流经油冷却器时，压力不得大于1MPa。有时必须用安全阀来保护，以使它免于高压的冲击而造成损坏。一般将油冷却器安装在如下一些场所：

(1)热发生源

如溢流阀附近，如图 3-18 所示。

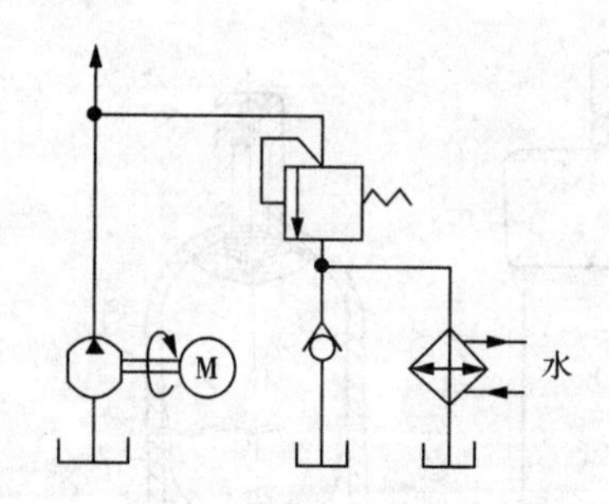

图 3-18 冷却溢流阀流出来的油的回路

(2)配管的回油侧

因为配管的摩擦阻抗产生热以及外来的辐射热，常把油冷却器装在配管的回油侧，如图 3-19 所示。图中切断阀为保养用，方便油冷却器拆装。单向阀在防止油冷却器受各自机器的冲击力的破坏以及在大流量时，仅让需要流量通过油冷却器。

(3)使用独立的冷却系统

当液压装置很大且运转的压力很高时，使用独立的冷却系统，如图 3-20 所示。

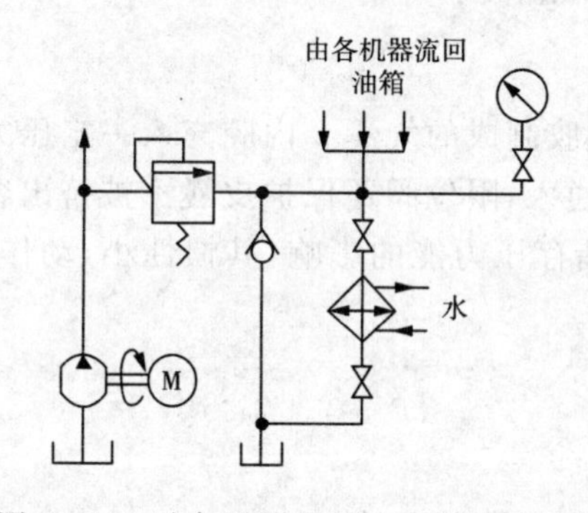

图 3-19 冷却溢流阀流出来的油的回路

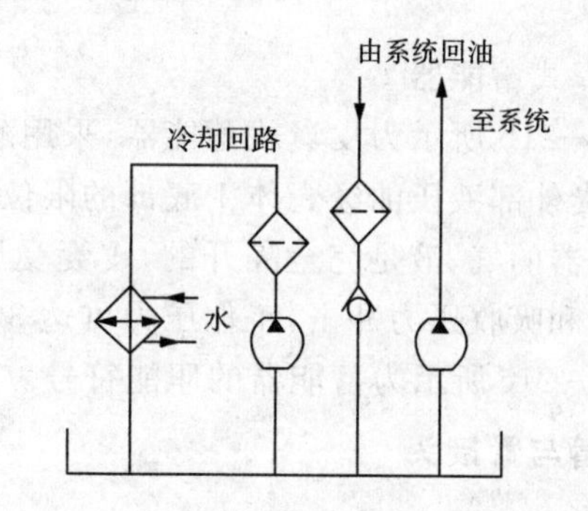

图 3-20 独立冷却回路

五、蓄能器

1. 蓄能器功用

蓄能器是液压系统中一种储存油液压力能的装置，其主要功用如下：

(1)作辅助动力源。

(2)保压和补充泄漏。

(3)吸收压力冲击和消除压力脉动。

2. 蓄能器的分类和选用

蓄能器有弹簧式、重锤式和充气式三类。常用的是充气式，它利用气体的压缩和膨胀储存、释放压力能。在蓄能器中,气体和油液被隔开。而根据隔离的方式不同,充气式又分为活塞式、皮囊式和气瓶式等三种。下面主要介绍常用的活塞式和皮囊式两种蓄能器。

(1)活塞式蓄能器

如图 3-21a 所示为活塞式蓄能器,用缸筒 2 内浮动的活塞 1 将气体与油液隔开,气体(一般为惰性气体氮气)经充气阀 3 进入上腔,活塞 1 的凹部面向充气阀,以增加气室的容积,蓄能器的下腔油口 a 充液压油。

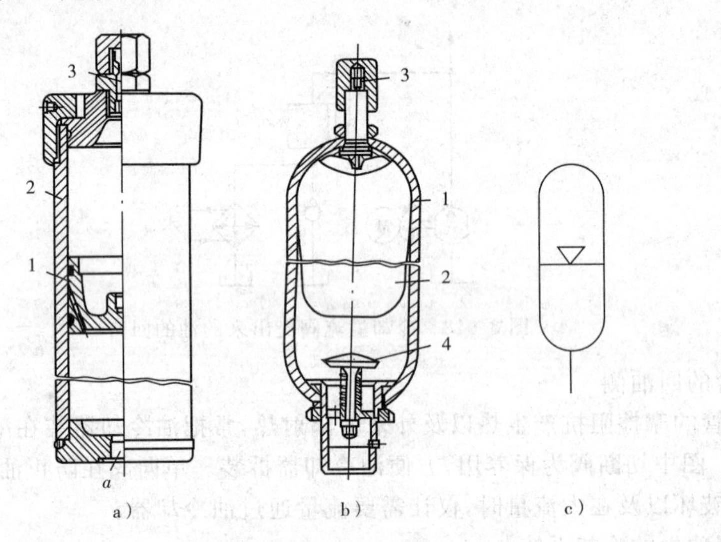

图 3-21　充气式蓄能器

a)活塞式;b)皮囊式;c)职能符号

(2)皮囊式蓄能器

如图 3-21b 所示为皮囊式蓄能器,采用耐油橡胶制成的气囊 2 内腔充入一定压力的惰性气体,气囊外部液压油经壳体 1 底部的限位阀 4 通入,限位阀还保护皮囊不被挤出容器之外。此蓄能器的气、液是完全隔开的,皮囊受压缩储存压力能的影响,其惯性小,动作灵敏,适用于储能和吸收压力冲击,工作压力可达 32MPa。

如图 3-21c 所示为蓄能器的职能符号。

六、油管与管接头

1. 油管

油管材料可用金属或橡胶,选用时由耐压、装配的难度来决定。吸油管路和回油管路一般用低压的有缝钢管,也可使用橡胶和塑料软管,但当控制油路中流量小时,多用小铜管,考虑配管和工艺方便,在中、低压油路中也常使用铜管,高压油路一般使用冷拔无缝钢管,必要时也采用价格较贵的高压软管。高压软管是由橡胶中间加一层或几层钢丝编织网制成的。高压软管比硬管安装方便,且可以吸收振动。

管路内径的选择主要考虑降低流动时的压力损失。对于高压管路,通常流速在 3~4m/s 范围内,对于吸油管路,考虑泵的吸入和防止气穴,通常流速在 0.6~1.5 m/s 范围内。

在装配液压系统时,油管的弯曲半径不能太小,一般应为管道半径的 3~5 倍。应尽量避免小于 90°的弯管,平行或交叉的油管之间应有适当的间隔,并用管夹固定,以防振动和

碰撞。

2. 管接头

管接头有焊接接头、卡套式接头、扩口接头、扣压式接头、快速接头等几种形式，如图 3-22 至图 3-26 所示。一般由具体使用需要来决定采用何种连接方式。

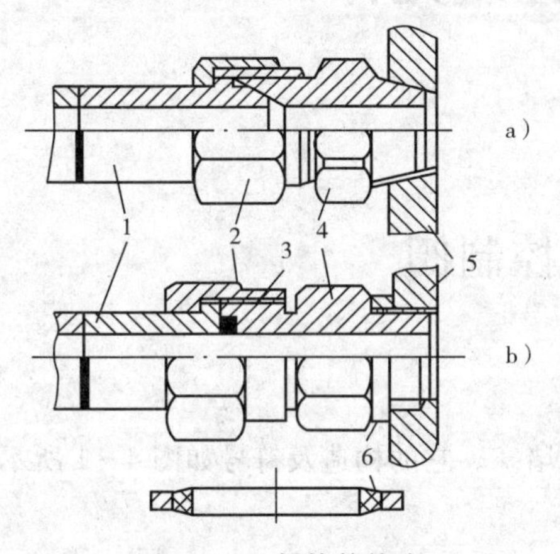

图 3-22　焊接管接头

1—接管；2—螺母；3—密封圈；4—接头体；5—车体；6—密封圈

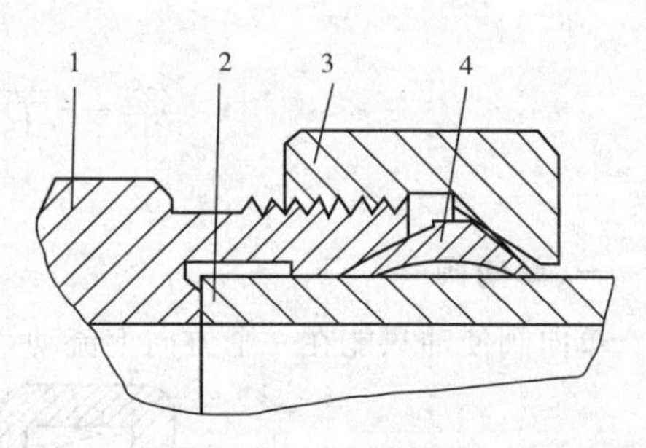

图 3-23　卡套管接头

1—接头体；2—管路；3—螺母；4—卡套

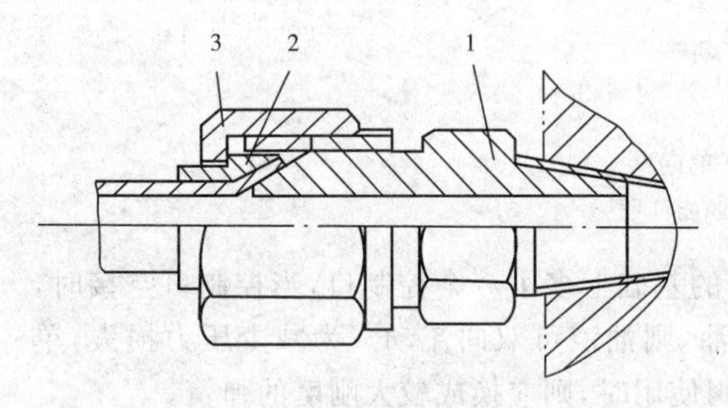

图 3-24　扩口管接头

1—接头体；2—管套；3—螺母

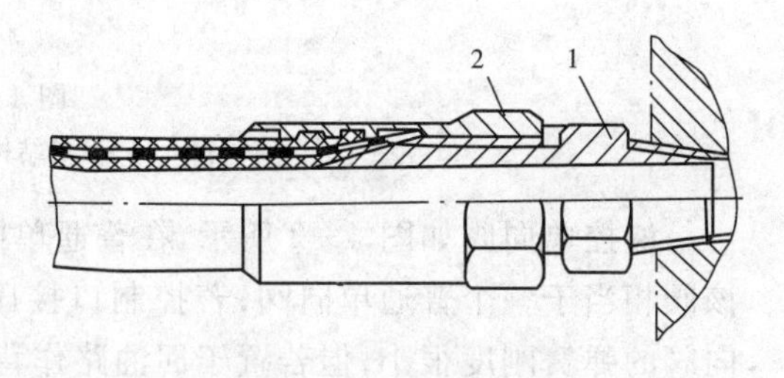

图 3-25　扣压式管接头

1—芯管；2—接头外套

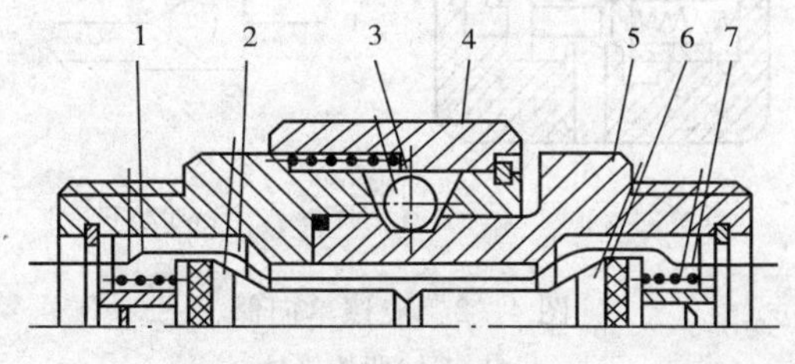

图 3-26　快速接头

1、7—弹簧；2、6—阀芯；3—钢球；4—外套；5—接头体

第四章 液压控制元件

第一节 方向控制阀

一、单向阀

单向阀使油只能在一个方向上流动，其反方向被堵塞。它的构造及符号如图 4－1 所示。

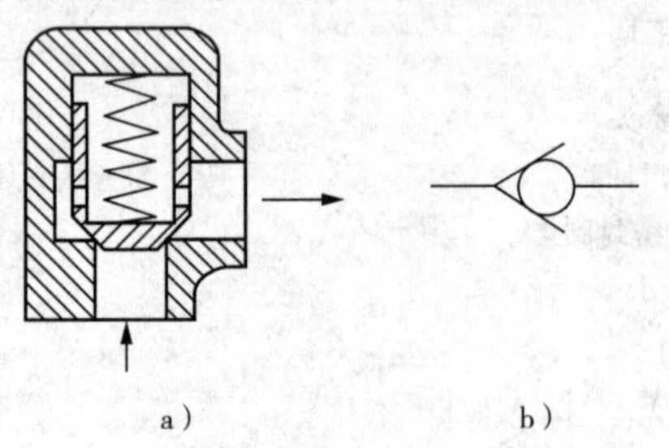

图 4－1 单向阀

a)结构;b)职能符号

液控单向阀如图 4－2 所示，在普通单向阀的基础上多了一个控制口，当控制口空接时，该阀相当于一个普通单向阀；若控制口接压力油，则油液可双向流动。为减少压力损失，单向阀的弹簧刚度很小，但若置于回油路作背压阀使用时，则应换成较大刚度的弹簧。

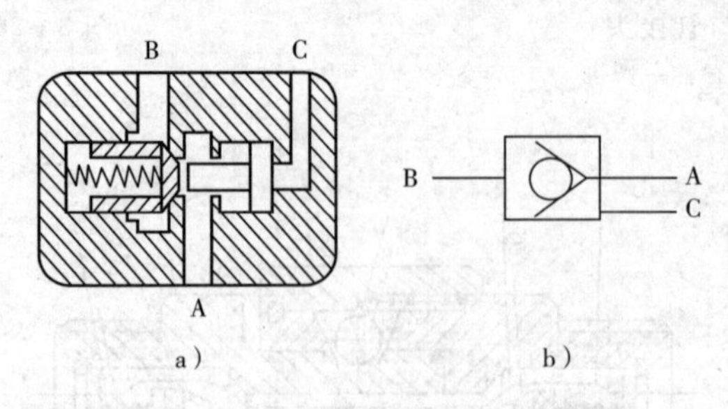

图 4－2 液控单向阀

a)结构;b)职能符号

二、换向阀

换向阀是利用阀芯对阀体的相对位置改变来控制油路接通、关断或改变油液流动方向的。一般按下述方法分类。

1. 按接口数及切换位置数分类

所谓接口，是指阀上各种接油管的进、出口。进油口通常标为P，回油口标为R或T，出油口则以A、B来表示。阀内阀芯可移动的位置数称为切换位置数，通常我们将接口称为“通”，将阀芯的位置称为“位”。例如，图4-3所示的手动换向阀有3个切换位置、4个接口，我们称该阀为三位四通换向阀。该阀的3个工作位置与阀芯在阀体中的对应位置如图4-4所示，各种“位”和“通”的换向阀符号见图4-5所示。

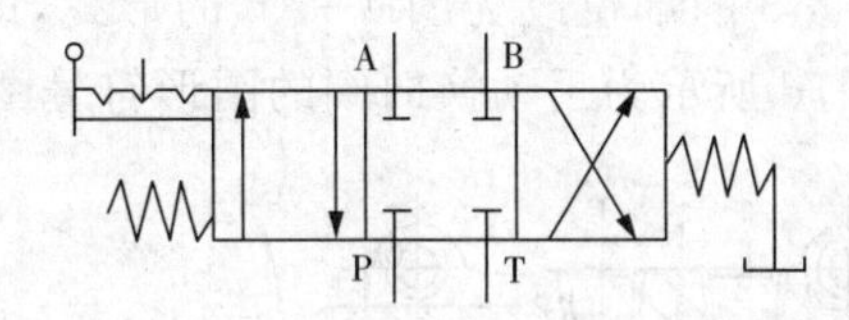

图4-3 手动三位四通换向阀

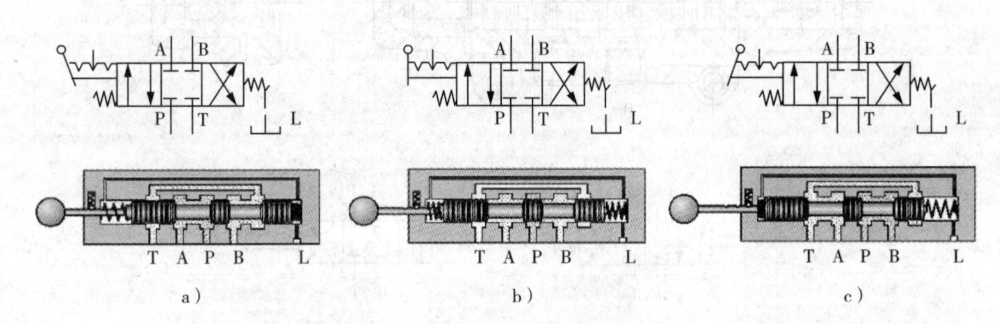

图4-4 换向阀动作原理说明

a)手柄左扳，阀左位工作；b)松开手柄，阀中位工作；c)手柄右扳，阀右位工作

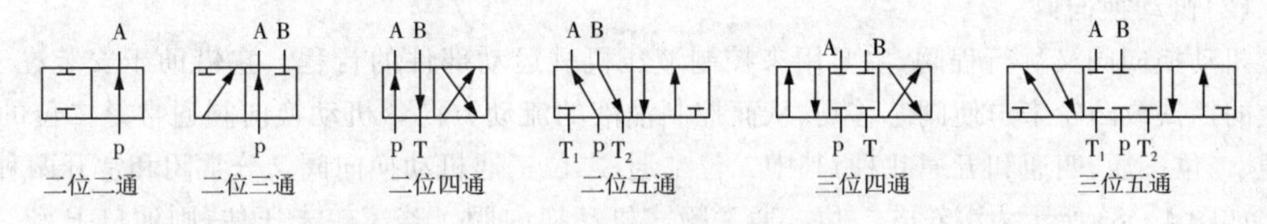

图4-5 换向阀的“位”和“通”的符号

2. 按操作方式分类

推动阀内阀芯移动的方法有手动、脚动、机械动、液压动、电磁动等，如图4-6所示。阀上如装有弹簧，则当外加压力消失时，阀芯会回到原位。

图4-6 换向阀操纵方式符号

3. 换向阀结构

在液压传动系统中广泛采用的是滑阀式换向阀，在这里主要介绍这种换向阀的几种结构。

(1)手动换向阀

手动换向阀是利用手动杠杆改变阀芯位置来实现换向的,如图 4-7 所示为手动换向阀的图形符号。

图 4-7a 为自动复位式手动换向阀,手柄左扳则阀芯右移,阀的油口 P 和 A 通,B 和 T 通;手柄右扳则阀芯左移,阀的油口 P 和 B 通,A 和 T 通;放开手柄,阀芯 2 在弹簧 3 的作用下自动回复中位(4 个油口互不相通)。

如果将该阀阀芯右端弹簧 3 的部位改为图 4-7b 的形式,即成为可在三个位置定位的手动换向阀,图 4-7c、图 4-7d 所示为手动换向阀的图形符号图。

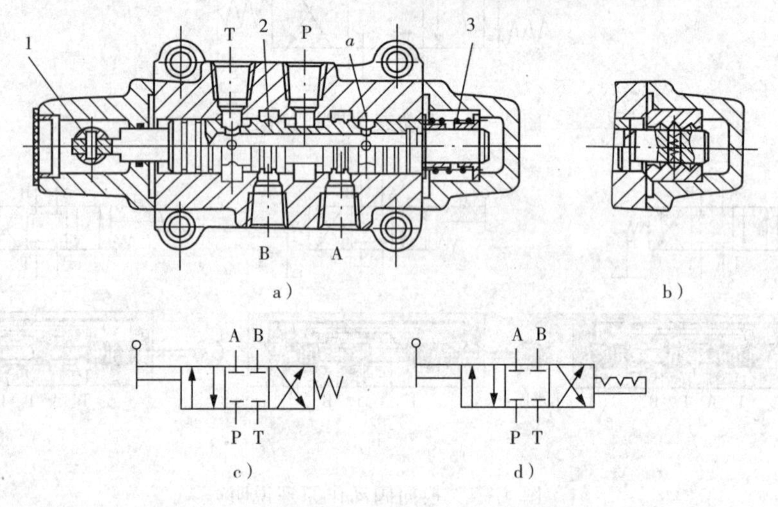

图 4-7　手动换向阀

(2)机动换向阀

机动换向阀又称行程阀,主要用来控制液压机械运动部件的行程。它借助于安装在工作台上的挡铁或凸轮来迫使阀芯移动,从而控制油液的流动方向。机动换向阀通常是二位的,有二通、二位三通、四通和五通几种,其中二位二通、二位三通机动换向阀又分常闭和常开两种。

如图 4-8a 所示为滚轮式二位二通常闭式机动换向阀。若滚轮未压住,则油口 P 和 A 不通;当挡铁或凸轮压住滚轮时,阀芯右移,则油口 P 和 A 接通。如图 4-8b 所示为其职能符号。

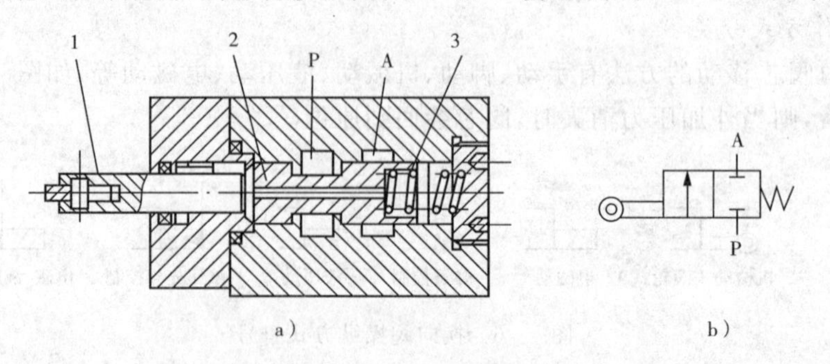

图 4-8　机动换向阀

a)结构;b)职能符号

1—滚轮;2—阀芯;3—弹簧

(3)电磁换向阀

电磁换向阀是利用电磁铁的通、断电而直接推动阀芯来控制油口的连通状态的。如图4－9所示为三位五通电磁换向阀。当左边电磁铁通电，右边电磁铁断电时，阀油口的连接状态为P和A通，B和T_2通，T_1堵死；当右边电磁铁通电，左边电磁铁断电时，P和B通，A和T_1通，T_2堵死；当左右电磁铁全断电时，5个油口全部堵死。

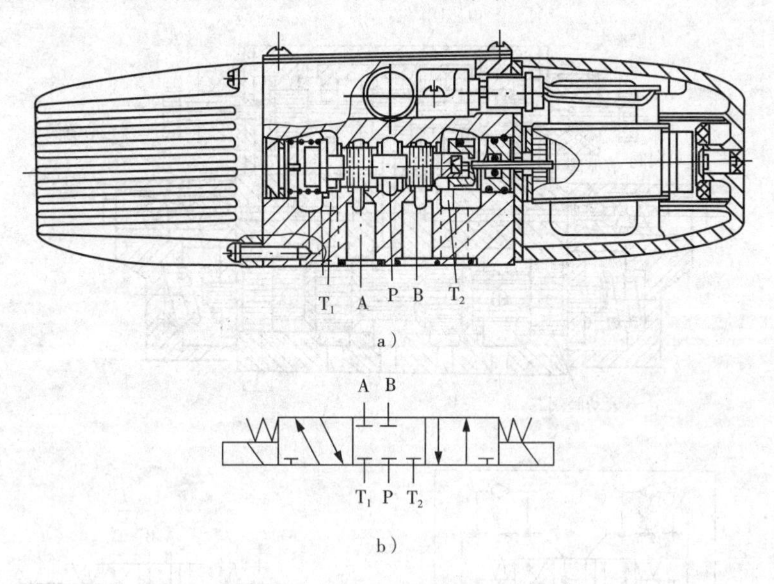

图4－9　三位五通电磁阀

a)结构；b)职能符号

(4)液动换向阀

图4－10所示为三位四通液动换向阀，当K_1通压力油，K_2回油时，P与A接通，B与T接通；当K_2通压力油，K_1回油时，P与B接通，A与T接通；当K_1、K_2都未通压力油时，P、T、A、B四个油口全部堵死。

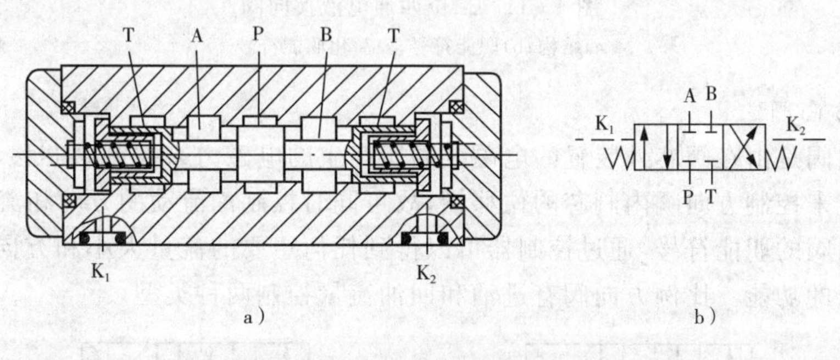

图4－10　三位四通液动换向阀

a)结构；b)职能符号

(5)电液换向阀

电液换向阀是由电磁换向阀和液动换向阀组合而成的。电磁换向阀起先导作用，它可以改变和控制液流的方向，从而改变液动换向阀的位置。由于操纵液动换向阀的液压推力可以很大，因此主阀可以做得很大，允许有较大的流量通过。这样用较小的电磁铁就能控制较大的液流了，如图 4－11 所示为三位四通电液换向阀。

该阀的工作状态(不考虑内部结构)和普通电磁阀一样，但工作位置的变换速度可通过阀上的节流阀调节。

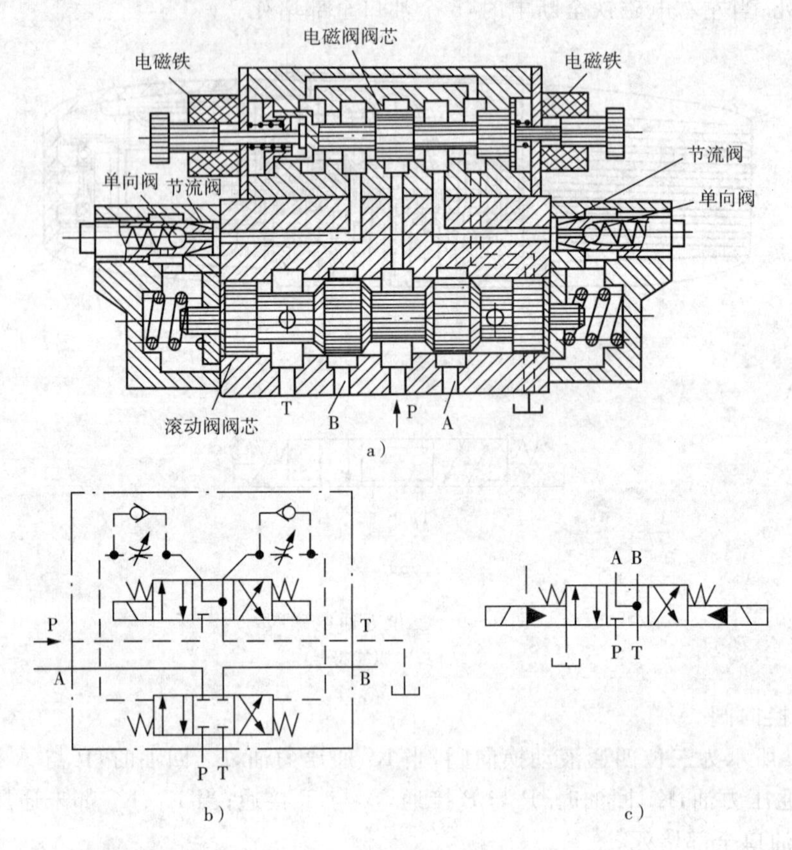

图 4－11　二位四通电液换向阀

a)结构；b)职能符号；c)简化职能符号

4. 比例方向阀

比例方向阀是由在阀芯外装置的电磁线圈所产生的电磁力来控制阀芯移动的。它依靠控制线圈电流来控制方向阀内阀芯的位移量，故可同时控制油流动的方向和流量。图 4－12 为比例式方向阀的职能符号，通过控制器可以得到任何想要的流量大小和方向，同时也有压力及温度补偿的功能。比例方向阀有进油和回油流量控制两种类型。

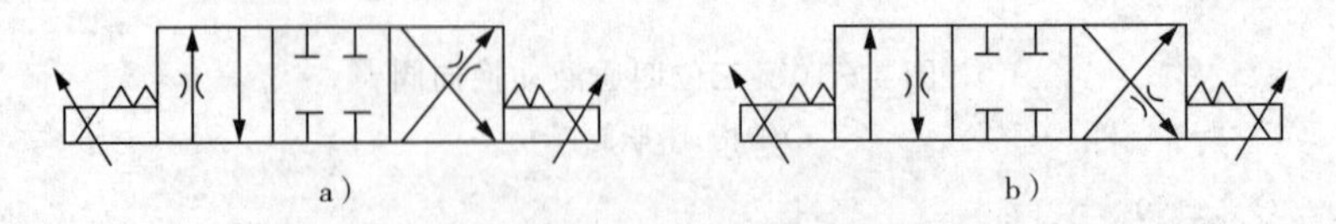

图 4－12　比例式方向阀

a)进口节流；b)出口节流

5．中位机能

当液压缸或液压马达需在任何位置均可停止时，要使用三位阀（即除前进端与后退端外，还有第三个位置），此阀双边皆装弹簧，如无外来的推力，阀芯将停在中间位置，称此位置为中间位置，简称中位。换向阀中间位置各接口的连通方式称为中位机能。各种中位机能见表4－1。

换向阀不同的中位机能可以满足液压系统的不同要求，由表4－1可以看出中位机能是通过改变阀芯的形状和尺寸得到的。

表4－1　三位换向阀的中位机能

中位机能型式	中间位置时的滑阀状态	中间位置的符号	
		三位四通	三位五通
O	T(T_1)　A　P　B　T(T_2)	A B / P T	A B / T_1 P T_2
H	T(T_1)　A　P　B　T(T_2)	A B / P T	A B / T_1 P T_2
Y	T(T_1)　A　P　B　T(T_2)	A B / P T	A B / T_1 P T_2
J	T(T_1)　A　P　B　T(T_2)	A B / P T	A B / T_1 P T_2
C	T(T_1)　A　P　B　T(T_2)	A B / P T	A B / T_1 P T_2
P	T(T_1)　A　P　B　T(T_2)	A B / P T	A B / T_1 P T_2

（续表）

中位机能型式	中间位置时的滑阀状态	中间位置的符号	
		三位四通	三位五通
K	$T(T_1)$ A P B $T(T_2)$	A B P T	A B T_1 P T_2
X	$T(T_1)$ A P B $T(T_2)$	A B P T	A B T_1 P T_2
M	$T(T_1)$ A P B $T(T_2)$	A B P T	A B T_1 P T_2
U	$T(T_1)$ A P B $T(T_2)$	A B P T	A B T_1 P T_2

在分析和选择三位换向阀的中位机能时，通常考虑以下几点：

(1)系统保压

中位为“O”型，如图 4－13 所示，P 口被堵塞时，油需从溢流阀流回油箱，从而增加了功率消耗。但是液压泵能用于多缸系统。

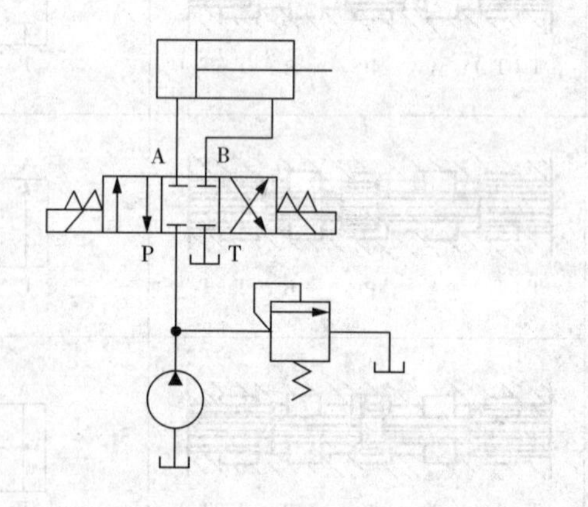

图 4－13　换向阀中位为“O”型

(2)系统卸荷

中位为"M"型,如图 4-14 所示,当方向阀于中位时,因 P、T 口相通,泵输出的油液不经溢流阀即可流回油箱。由于泵直接接油箱,因此泵的输出压力近似为零,也称泵卸荷,系统即可减少功率损失。

(3)液压缸快进

中位为"P"型,如图 4-15 所示,当换向阀于中位时,因 P、A、B 口相通,故可用作差动回路。

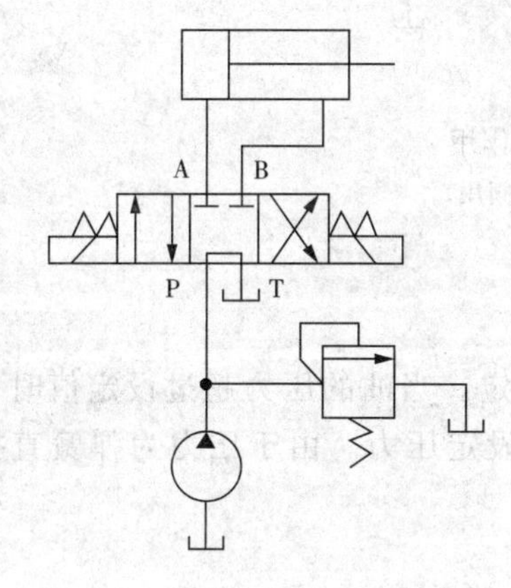

图 4-14　换向阀中位为"M"型

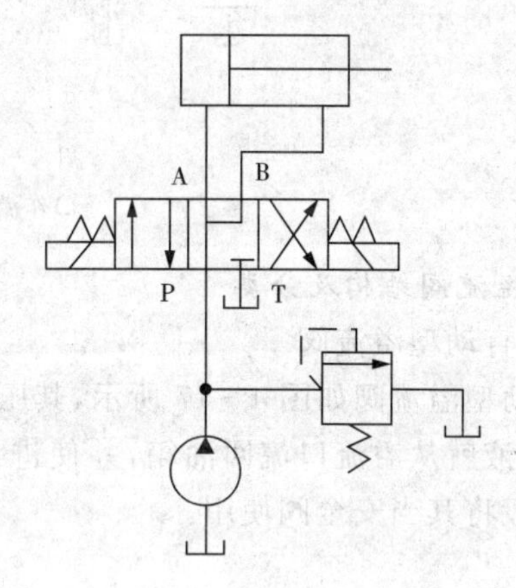

图 4-15　换向阀中位为"P"型

第二节　压力控制阀及其应用

一、溢流阀及其应用

当液压执行元件不动时,泵排出的油因无处可去而形成一个密闭系统。理论上液压油的压力将一直增至无限大。实际上压力将增至液压元件破裂为止;或电机为维持定转速运转,输出电流将无限增大至电机烧掉为止。前者使液压系统破坏,液压油四溅;后者会引起火灾。因此,要绝对避免或防止上述现象发生的方法就是在执行元件不动时,给系统提供一条旁路使液压油能经此路回到油箱,它就是"溢流阀"。

1. 溢流阀用途

溢流阀的主要用途有如下两个:

(1)作溢流阀用

在定量泵的液压系统中,如图 4-16a 所示,常利用流量控制阀调节进入液压缸的流量,多余的压力油可经溢流阀流回油箱,这样可使泵的工作压力保持定值。

(2)作安全阀用

如图 4-16b 所示液压系统,在正常工作状态下,溢流阀是关闭的,只有在系统压力大于其调整压力时,溢流阀才被打开,液油溢流。溢流阀对系统起过载保护作用。

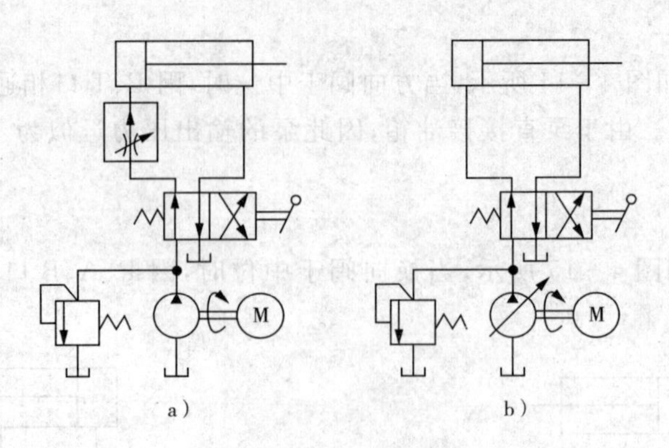

图 4-16　溢流阀的作用

a)作溢流阀;b)作安全阀用

2. 溢流阀结构及分类

(1)直动型溢流阀

直动型溢流阀如图 4-17 所示,其压力由弹簧设定。当油的压力超过设定值时,提动头上移,油液就从溢流口流回油箱,并使进油压力等于设定压力。由于压力为弹簧直接设定,因此一般将其当安全阀使用。

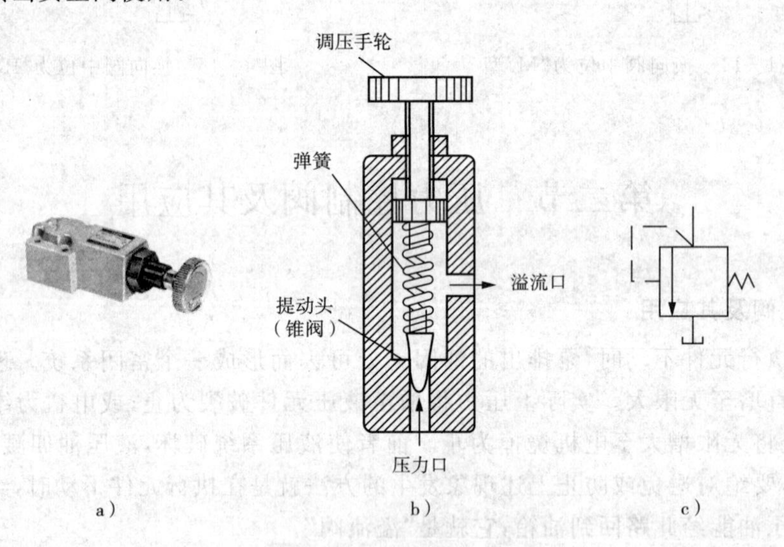

图 4-17　直动型溢流阀

a)外观;b)结构;c)职能符号

(2)先导型溢流阀

先导型溢流阀如图 4-18 所示,主要由主阀和先导阀两部分组成。其主要特点是利用主阀,使平衡活塞上、下两腔油液压力差和弹簧力相平衡。

从压力口进来的压力油作用在平衡活塞环部下方的面积上,同时还通过阻尼孔作用在平衡活塞环部的上方和引导阀内的提动头的截面积上。当压力较低时,作用在提动头上的压力不足以克服调压弹簧力,提动头处于关闭状态,此时没有压力油通过平衡活塞上的阻尼孔流动,故平衡活塞上、下两腔压力相等,平衡活塞在弹簧力的作用下轻轻地顶在阀座上,压

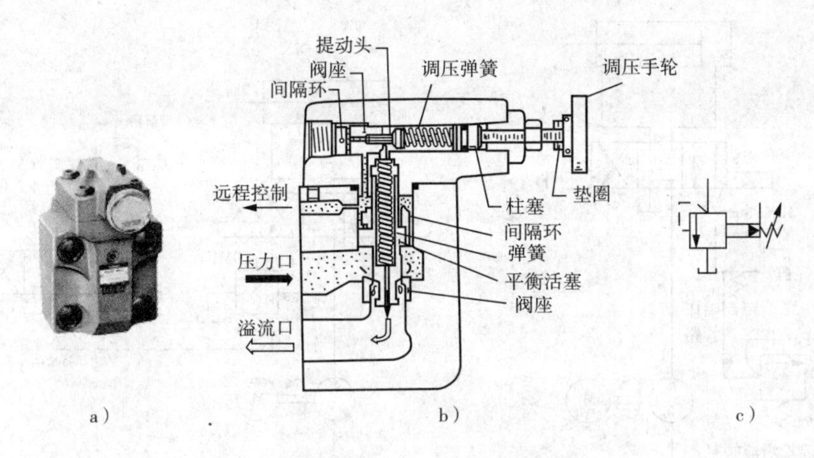

图 4-18　先导型溢流阀

a)外观；b)内部结构；c)职能符号

力口和溢流口不通。一般，安装在平衡活塞内的弹簧刚度很小。

如果压力口压力升高，则当作用在提动头上的油液压力超过弹簧力时，提动头打开，压力油经平衡活塞上的阻尼孔、提动头开口、平衡活塞轴心的油路及溢流口流回油箱。由于压力油通过阻尼孔时会产生压力降，因此平衡活塞的上腔油压力小于下腔油压力。当通过提动头的流量达到一定大小时，平衡活塞上、下两腔的油压力差将形成向上的液压力超过弹簧的预紧力和平衡活塞的摩擦阻力及平衡活塞自重等力的总和，平衡活塞上移，使压力口和溢流口相通，大量压力油便由溢流口流回油箱。当平衡活塞上、下两腔压力差形成向上的油液压力和弹簧压力、摩擦力、平衡活塞自重处于平衡状态时，平衡活塞上升距离保持一定开度。平衡活塞上升距离的大小根据溢流的多少来自动调节，而上升距离的大小又决定于平衡活塞上、下两腔所形成的压差。当流经平衡活塞上阻尼孔的流量增加时，平衡活塞上、下两侧的压差增加，平衡活塞上升距离增加，反之则减小；又因为弹簧的刚度很小，使平衡活塞上移所需压差变化很小，所以通过提动头的流量变化也不大，因此提动头的开口变化很小，提动头开启的压力可以说是不变的，亦即当先导阀的弹簧一经设定后，提动头被打开时平衡活塞上腔的压力基本保持不变。

3. 溢流阀的应用

溢流阀除了如图 4-16a 所示在回路中起调压作用、如图 4-16b 所示作安全阀用外，还有下列用途。

(1)远程压力控制回路

从较远距离的地方来控制泵工作压力的回路，图 4-19 所示为用溢流阀作遥控的回路，其回路压力调定是由遥控溢流阀所控制的，回路压力维持在 3MPa。遥控溢流阀的调定压力一定要低于主溢流阀调定压力，否则等于将主溢流阀引压口堵塞。

(2)多级压力切换回路

如图 4-20 所示为多级压力切换回路，利用电磁换向阀可调出三种回路压力，注意最大压力一定要在主溢流阀上设定。

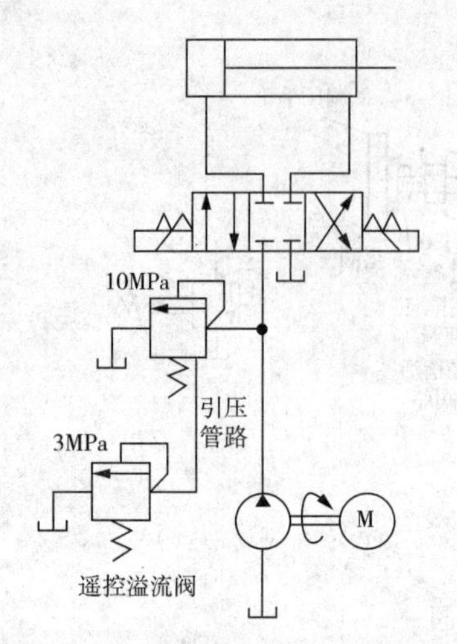

图 4-19 用溢流阀作遥控的回路

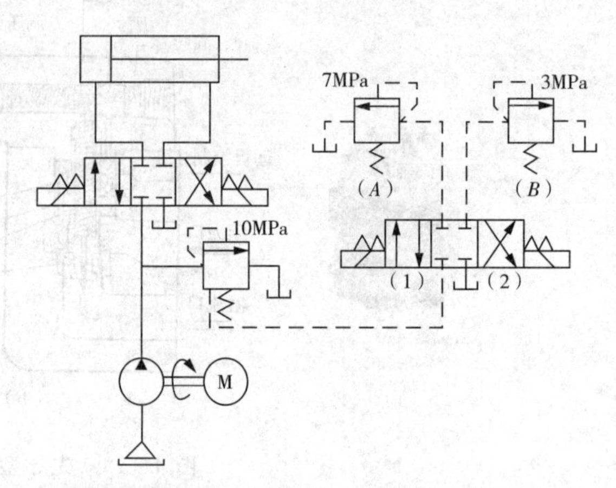

图 4-20 三级压力调压回路

二、减压阀及其应用

当回路内有两个以上液压缸，且其中之一需要较低的工作压力，同时其他的液压缸仍需高压运作时，就得用减压阀提供一个比系统压力低的压力给低压缸。

1. 减压阀结构及工作原理

减压阀有直动型和先导型两种。如图 4-21 所示为先导型减压阀，由主阀和先导阀组成，先导阀负责调定压力，主阀负责减压作用。

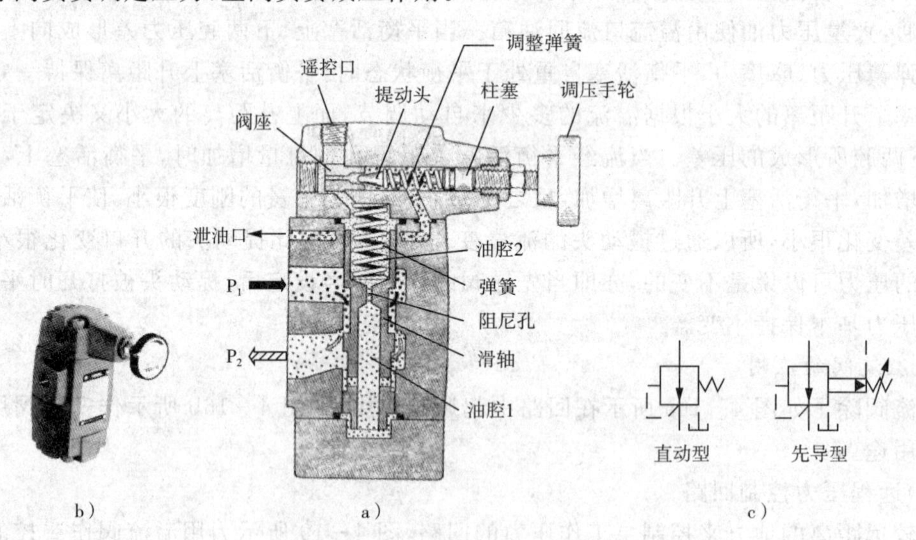

图 4-21 先导型减压阀

a)外观；b)结构；c)职能符号

压力油由 P_1 流入，经主阀和阀体所形成的减压缝隙从 P_2 流出，故出口压力小于进口压力。出口压力经油腔 1、阻尼管、油腔 2 作用在先导阀的提动头上。当负载较小，出口压力低于先导阀的调定压力时，先导阀的提动头关闭，油腔 1、油腔 2 的压力均等于出口压力，主阀的滑轴在油腔 2 里面的一根刚性很小的弹簧作用下处于最低位置，主阀滑轴凸肩和阀体所

构成的阀口全部打开，减压阀无减压作用。

当负载增加，出口压力 P_2 上升到超过先导阀弹簧所调定的压力时，提动头打开，压力油经排泄口流回油箱。由于有油液流过阻尼管，油腔 1 的压力 P_2 大于油腔 2 的压力 P_3，当此压力差所产生的作用力大于主阀滑轴弹簧的预压力时，滑轴上升，减小了减压阀阀口的开度，使 P_2 下降，直到 P_2 与 P_3 之差和滑轴作用面积的乘积同滑轴上的弹簧力相等时，主阀滑轴进入平衡状态，此时减压阀保持一定的开度，出口压力 P_2 保持在定值。

如果外界干扰使进口压力 P_1 上升，则出口压力 P_2 也跟着上升，从而使滑轴上升，此时出口压力 P_2 又降低，而在新的位置取得平衡，但出口压力始终保持为定值。

又当出口压力 P_2 降到调定压力以下时，提动头关闭，则作用在滑轴内的弹簧力使滑轴向下移动，减压阀口全打开，减压阀不起减压作用。

注意：

减压阀在持续做减压作用时，会有一部分油(约 1 L/min)经泄油口流回油箱而损失泵的一部分输出流量，故在一个系统中，如使用数个减压阀，则必须考虑到泵输出流量的损失问题。

三、顺序阀及其应用

1. 顺序阀的结构及动作原理

顺序阀是使用在一个液压泵供给两个以上液压缸且依一定顺序动作的场合的一种压力阀。

顺序阀的构造及其工作原理类似溢流阀，有直动式和先导式两种，目前较常用直动式。顺序阀与溢流阀不同的是：出口直接接执行元件，另外有专门的泄油口。

2. 顺序阀的应用

(1)用于顺序动作回路

如图 4－22 所示为一定位与夹紧回路，其前进的动作顺序是先定位后夹紧，后退是同时退后。

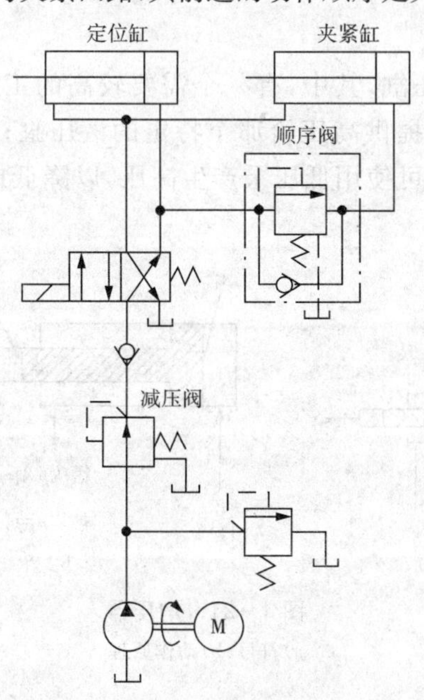

图 4－22　利用顺序阀的顺序动作回路

(2)起平衡阀的作用

在大形压床上由于压柱及上模很重,为防止因自重而产生的自走现象,因此必须加装平衡阀(顺序阀),如图 4-23 所示。

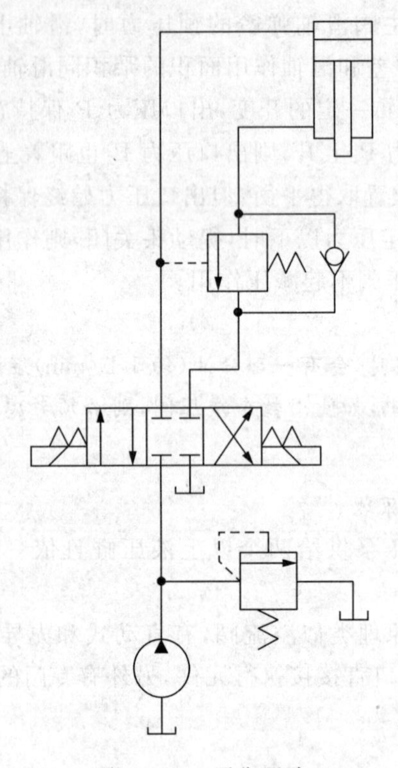

图 4-23 平衡回路

四、增压器及其应用

回路内有三个以上的液压缸,其中,有一个需要较高的工作压力,而其他的仍用较低的工作压力,此时即可用增压器提供高压给那个特定的液压缸;或是在液压缸前进到底时,不用泵而用增压器增压时,如此可使用低压泵产生高压,以降低成本。如图 4-24 所示为增压器动作原理及符号。

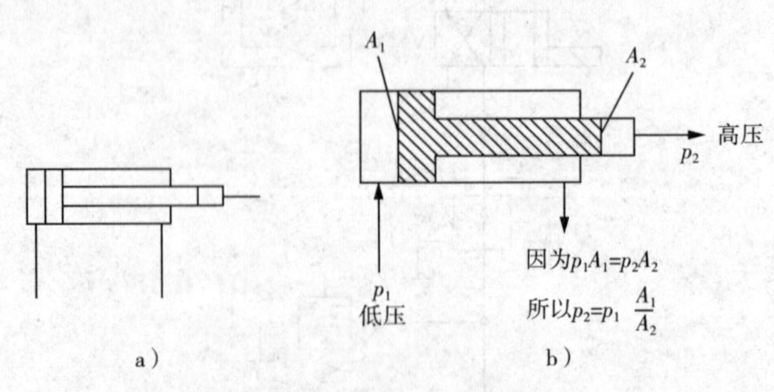

图 4-24 增压器

a)符号;b)动作原理

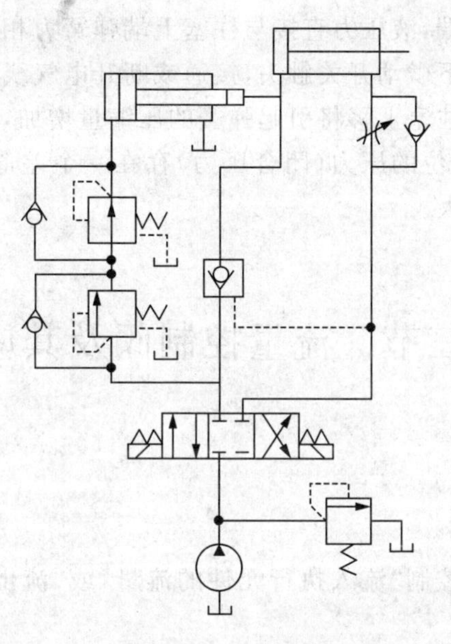

图 4-25 增压回路

五、压力继电器

压力继电器是一种将液压系统的压力信号转换为电信号输出的元件。其作用是根据液压系统压力的变化,通过压力继电器内的微动开关自动接通或断开电气线路,实现执行元件的顺序控制或安全保护。

压力继电器按结构特点可分为柱塞式、弹簧管式和膜片式等。如图 4-26 所示为单触点柱塞式压力继电器,主要零件包括柱塞 1、调节螺帽 2 和电气微动开关 3。如图 4-26 所

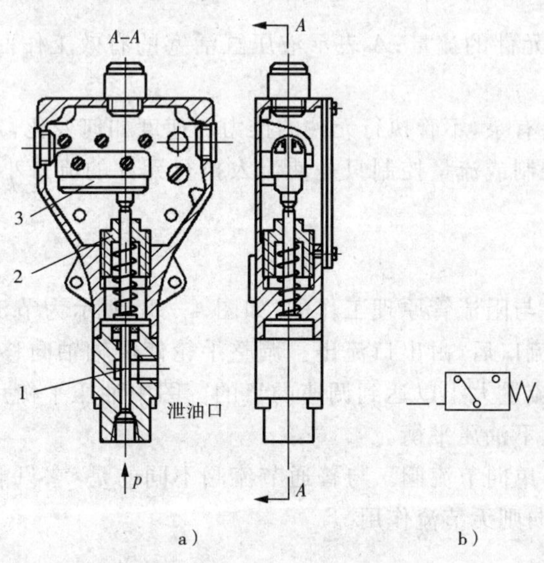

图 4-26 单触点柱塞式压力继电器

a)结构;b)职能符号

1—柱塞;2—调节螺帽;3—微动开关

示，压力油作用在柱塞的下端，液压力直接与柱塞上端弹簧力相比较。当液压力大于或等于弹簧力时，柱塞向上移以压下微动开关触头，接通或断开电气线路；当液压力小于弹簧力时，微动开关触头复位。显然，柱塞上移将引起弹簧的压缩量增加，因此压下微动开关触头的压力（开启压力）与微动开关复位的压力（闭合压力）存在一个差值，此差值对压力继电器的正常工作是必要的，但不易过大。

第三节　流量控制阀及其应用

一、速度控制的概念

1. 执行元件的速度

对液压执行元件而言，控制"流入执行元件的流量"或"流出执行元件的流量"都可控制执行元件的速度。

液压缸活塞移动速度为

$$v=\frac{Q}{A}$$

液压马达的转速为

$$n=\frac{Q}{q}$$

式中：Q 表示流入执行元件的流量；A 表示液压缸活塞的有效工作面积；q 表示液压马达的排量。

任何液压系统都要有泵，不管执行元件的推力和速度如何变化，定量泵的输出流量永远是固定不变的。速度控制或流量控制只是使流入执行元件的流量小于泵的流量而已，故常将其称为节流调速。

二、节流阀

节流阀是根据孔口与阻流管原理工作的，如图 4 - 27 所示为节流阀的结构。油液从入口进入，经滑轴上的节流口后，由出口流出。调整手轮使滑轴轴向移动，以改变节流口节流面积的大小，从而改变流量大小以达到调速的目的。图中油压平衡用孔道在于减小作用于手轮上的力，使滑轴上、下油压平衡。

如图 4 - 28 所示为单向节流阀。与普通节流阀不同的是：它只能控制一个方向上的流量大小，而在另一个方向则无节流作用。

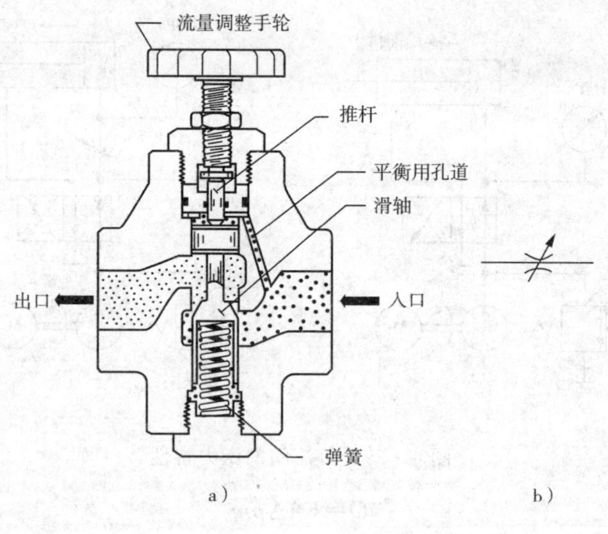

图 4-27　节流阀

a)结构;b)职能符号

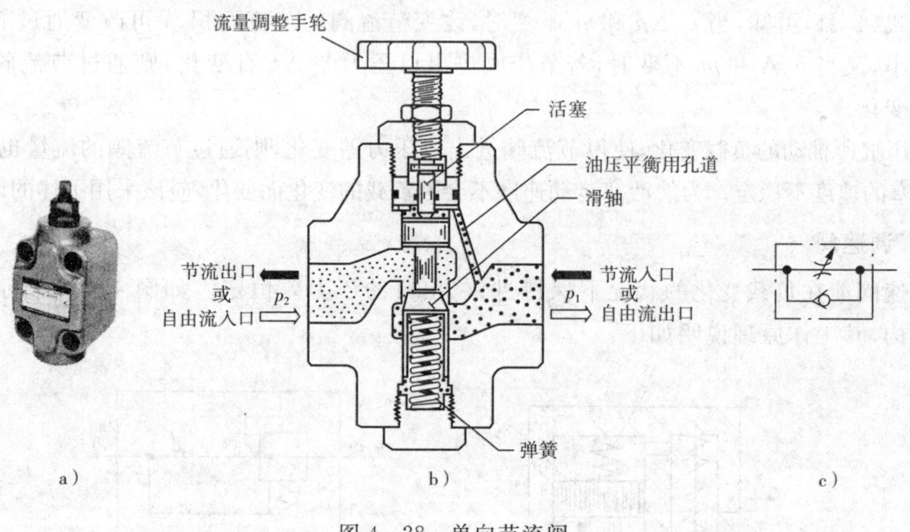

图 4-28　单向节流阀

a)外观;b)结构;c)职能符号

1. 节流阀的压力特性

如图 4-29a 所示的液压系统未装节流阀,若推动活塞前进所需最低工作压力为 1MPa,则当活塞前进时,压力表指示的压力为 1MPa;装了节流阀控制活塞前进速度如图 4-29b 所示,当活塞前进时,节流阀入口压力会上升到溢流阀所调定的压力,溢流阀被打开,一部分油液经溢流阀流入油箱。

2. 节流阀流量特性

节流阀的节流口形式可归纳为三种基本形式:孔口、阻流管与介于两者之间的节流孔。根据实验,通过节流口的流量可用下式表式为

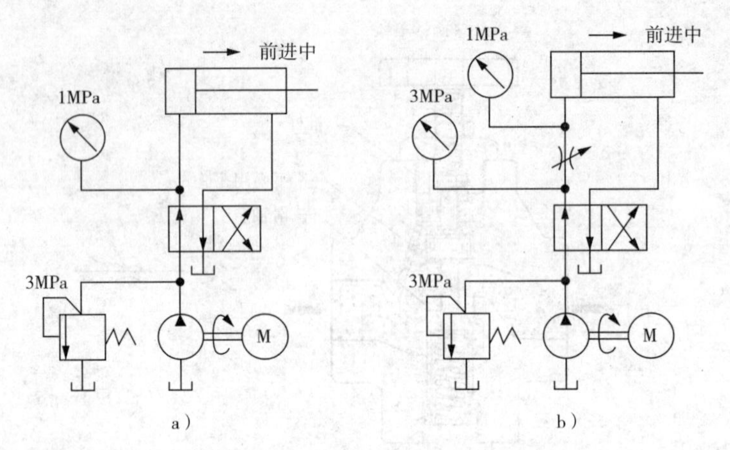

图 4-29　节流阀的压力特性

$$Q=kA\Delta pm \qquad (4-1)$$

式中：A 表示节流口节流面积的大小；k 表示由节流口形状与油液黏度决定的系数；Δp 表示节流阀进出口压力差；m 表示节流口形状指数，$0.5<m<1$，孔口 $m=0.5$，阻流管 $m=1$。

由式(4-1)可知，当 k、Δp 和 m 不变时，改变节流阀的节流面积 A 可改变通过节流阀的流量大小，又当 k、A 和 m 不变时，若节流阀进出口压力差 Δp 有变化，则通过节流阀的流量也会有变化。

液压缸所推动的负载变化，使得节流阀进出口压力差变化，则通过节流阀的流量也有变化，从而活塞的速度不稳定。为使活塞运动速度不会因负载的变化而变化，应该采用下述的调速阀。

三、调速阀

调速阀能在负载变化的状况下保持进口、出口的压力差恒定。如图 4-30 所示为调速阀的结构，其工作原理说明如下：

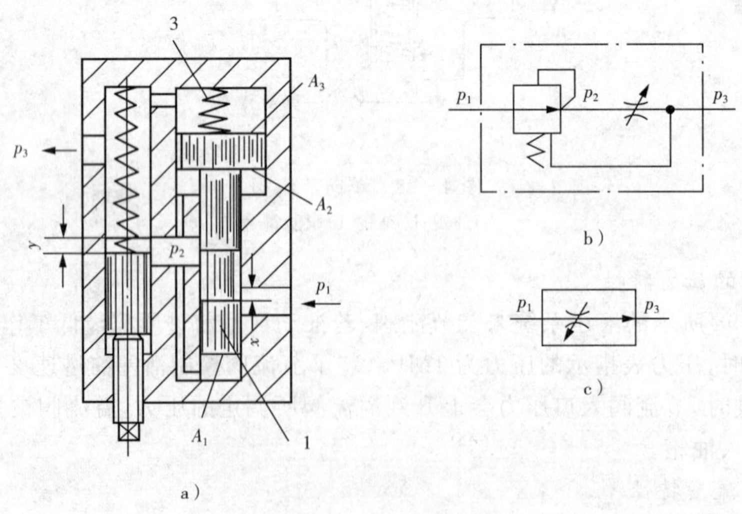

图 4-30　调速阀的工作原理图

a)结构；b)职能符号；c)简化职能符号

1—定差减压阀阀芯；2—节流阀阀芯；3—弹簧

压力油 p_1 进入调速阀后，先经过定差减压阀的阀口 x（压力由 p_1 减至 p_2），然后经过节流阀阀口 y 流出，出口压力为 p_3。从图中可以看到，节流阀进、出口压力 p_2 和 p_3 经过阀体上的流道被引到定差减压阀阀芯的两端（p_3 引到阀芯弹簧端，p_2 引到阀芯无弹簧端），作用在定差减压阀阀芯上的力包括液压力和弹簧力。

调速阀工作时的静态方程如下。

调速阀内活塞处于平衡状态时，其方程为

$$F_s + A_3 \cdot p_3 = (A_1 + A_2) p_2$$

式中：F_s 表示弹簧力。

在设计时确定

$$A_3 = A_1 + A_2$$

所以有

$$p_2 - p_1 = \frac{F_s}{A_3}$$

此时只要将弹簧力固定，则在油温无什么变化时，输出流量就可固定。另外，要使阀能在工作区正常动作，进、出口间压力差要在 0.5～1MPa 以上。

以上讲的调速阀是压力补偿调速阀，即不管负载如何变化，通过调速阀内部具有的活塞和弹簧来使主节流口的前后压差保持固定，从而控制通过节流阀的流量维持不变。

另外，还有温度补偿流量调速阀，它能在油温变化的情况下，保持通过阀的流量不变。

第四节　叠加阀

叠加阀是一种阀体本身就拥有共同油路的回路板，也就是说回路板内部本身就具有阀的机构。

一、叠加阀的特点

叠加阀是采用堆叠的方式形成各种液压回路的，阀和阀之间采用“O”形环来作密封装置，但也有些是设计另一块隔板上、下用“O”形环来作为中介媒介层。如图 4－31 所示为一传统液压回路，如采用传统配管，则如图 4－32 所示，但如果采用叠加式减压阀，则如图 4－33 所示，此时忽略掉了电磁阀和叠加阀之间的配管。

叠加阀的特点如下：

(1)液压回路是由叠加阀堆叠而成的，可大幅缩小安装空间。

(2)组装工作不需熟练，可容易而迅速地实现回路的增添或更改。

(3)减少了由于配管引起的外部漏油、振动、噪音等事故，因而提高了可靠性。

(4)元件集中设置，维护、检修容易。

(5)回路的压力损失较少,可节省能源。

另外,流经每一个叠加阀的压力损失必须详查供应商资料。

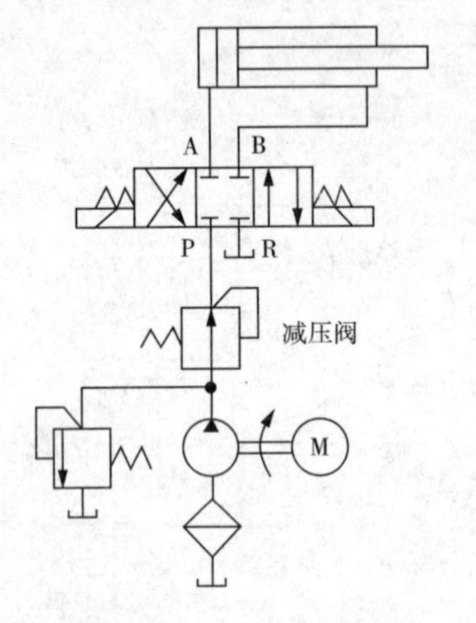

图 4-31　传统液压回路

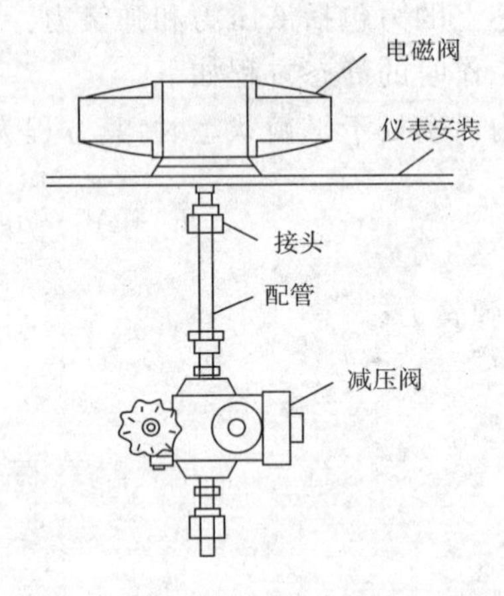

图 4-32　传统的配管

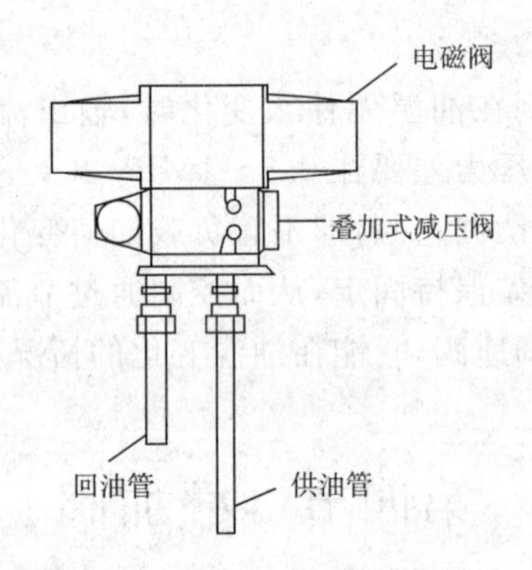

图 4-33　利用叠加阀的配管方式

二、叠加阀的构造

展示叠加阀的内部构造之前,先让大家看一下如图 4-34 所示的用叠加阀所构成的回路的外观图。最下面的基座板是用来承载安装叠加阀的,再把后述各种形状的叠加阀一个一个堆叠上去,最上面再放一个电磁阀就构成一个最基本的单元了。像这样把另一基本单元所需的叠加阀如法炮制堆叠在基座板上,而后排成一横列,就构成了整个液压回路。图中的液压回路是由四个基本单元构成的,基座板为一四连式形式。

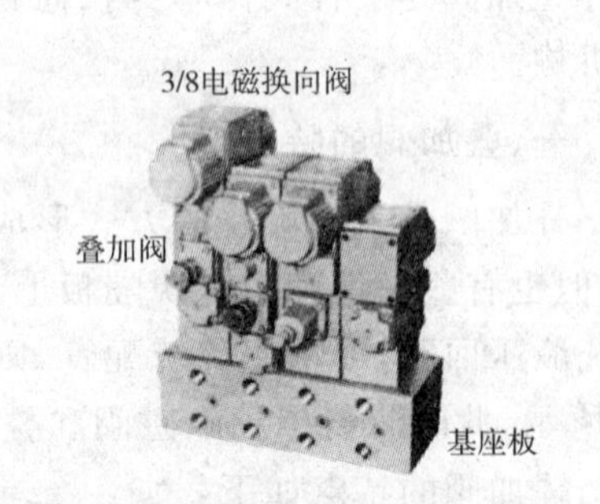

图 4-34　用叠加阀构成的回路外观

在如图 4-34 所示的基座板上有 A、B 两孔,它们是用来连接每一基本单元所控制的执

行元件的。而在基座板上左侧有 T 孔(图上看不见),右侧有一 P 孔,此两孔是用来连接油箱与泵的。以下各图为国外某公司所生产的叠加阀,其外观和内部构造及动作原理都和前面所述的传统控制阀相似。

如图 4-35 至图 4-37 所示为几种形式的叠加阀。

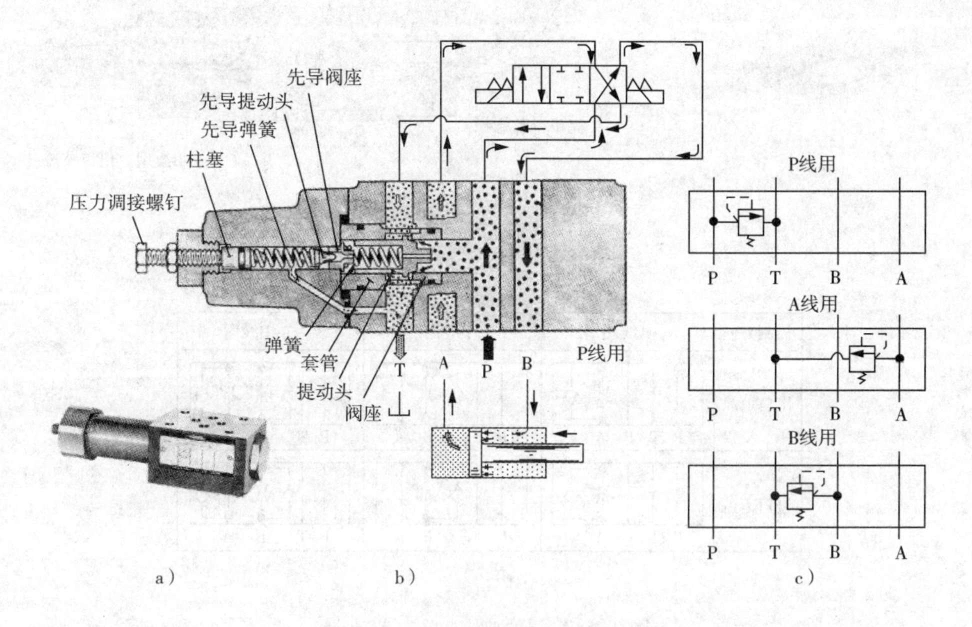

图 4-35 叠加阀式溢流阀

a)外观;b)结构;c)职能符号

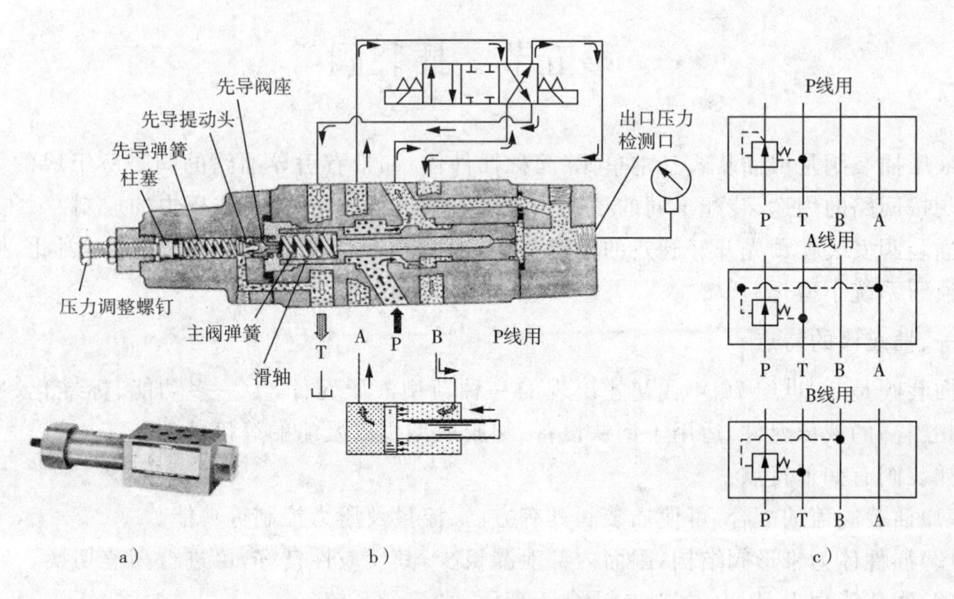

图 4-36 叠加阀式减压阀

a)外观;b)结构;c)职能符号

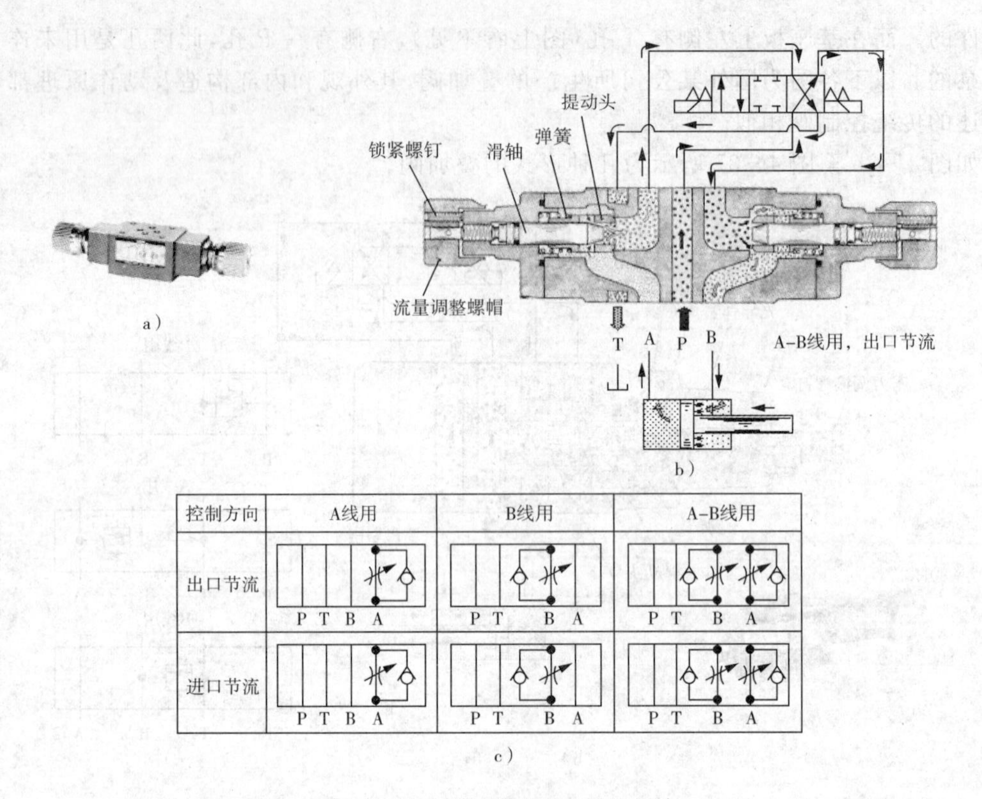

图 4-37　叠加阀式单向节流阀

a)外观；b)结构；c)职能符号

第五节　插装阀

液压插装阀是由插装式基本单元(简称插件体)和带有引导油路的阀盖所组成的。液压插装阀按回路的用途，装配不同的插件体及阀盖来进行方向、流量或压力的控制。

插装阀安装在预先开好阀穴的油路板上，可构成我们所需要的液压回路，因此，插装阀可使液压系统小型化。

一、插装阀的特点

插装阀是20世纪70年代初才出现的一种新型液压元件，为一多功能、标准化、通用化程度相当高的液压元件，适用于钢铁设备、塑胶成型机以及船舶等机械中。

插装阀有如下特点：

(1)插装阀盖的配合，可使插装阀具有方向、流量及压力控制等功能。

(2)插件体为锥形阀结构，因而内部泄漏极少，其反应性良好，可进行高速切换。

(3)通流能力大，压力损失小，适合于高压、大流量系统。

(4)插装阀直接组装在油路板上，因而少了由于配管引起的外部泄漏、振动、噪音等事故，系统可靠性有所增加。

(5)安装空间缩小,使液压系统小型化。和以往方式相比,插装阀可降低液压系统的制造成本。

二、插装阀的结构

由插装阀所组装成的液压回路通常含有下列基本元件:油路板、插件体、盖板、引导阀等。

1. 油路板

所谓油路板,是指在方块钢体上挖有阀孔,用以承装插装阀的集成块,如图 4-38 所示。图 4-39 为常见油路板上主要阀孔和控制通道,X、Y 为控制液压油油路,F 为承装插件体的阀孔,A、B 口是配合插件体的液压工作油路。

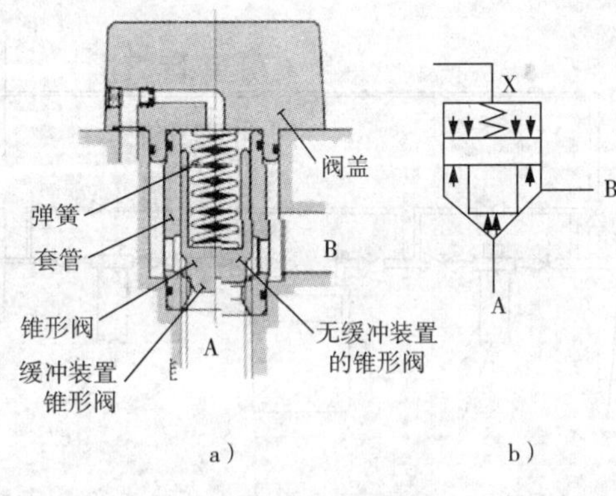

图 4-38　插装阀

a)结构;b)职能符号

2. 插件体

插件体主要由锥形阀、弹簧套管、弹簧及若干个密封垫圈所构成,如图 4-38 所示。插件体本身有两个主通道,是用于配合油路板上 A、B 通路的。

3. 盖板

盖板如图 4-38 所示,安装在插件体的上面,其内有控制油路,它和油路板上 X、Y 控制油路相通,作为引导压力或泄油,以使插件体做开闭之功能。控制油路中还有阻尼孔,用以改善阀的动态特性。

4. 引导阀

引导阀为控制插装阀动作的小型电磁换向阀或压力控制阀,叠装在阀盖上。

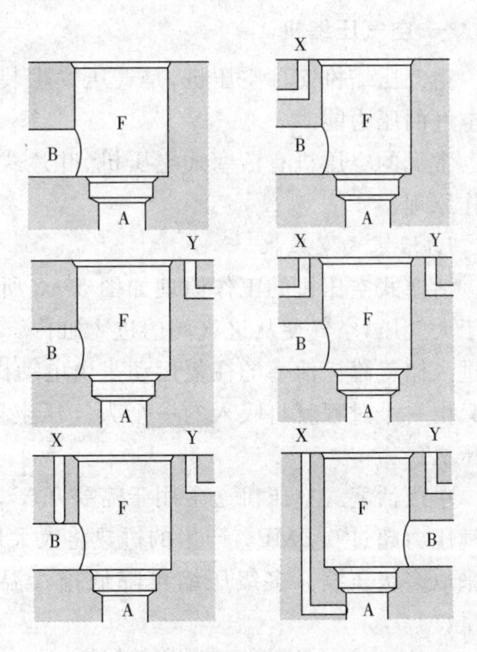

图 4-39　油路板上主要阀孔和控制通道

第五章 气源系统及空气净化处理装置

气源系统是为气动设备提供满足要求的压缩空气动力源。气源系统一般由气压发生装置、压缩空气的净化处理装置和传输管路系统组成。典型的气源及空气净化处理系统如图5-1所示。

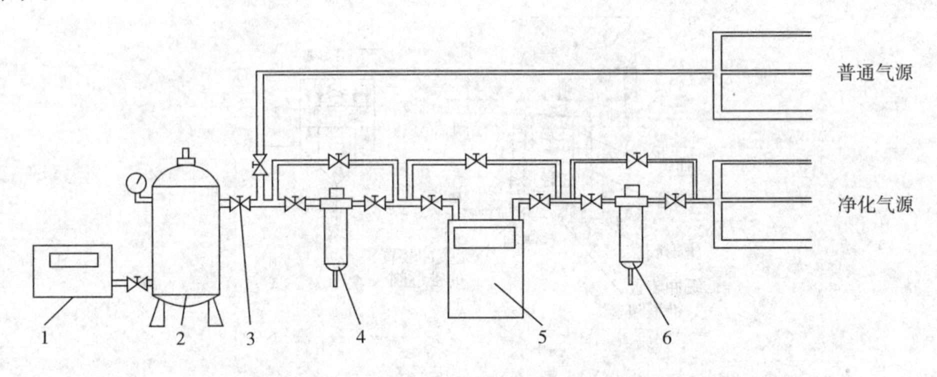

图 5-1 气源及空气净化处理系统

1—空压机;2—储气罐;3—阀门;4—主管过滤器(Ⅰ);5—干燥机;6—主管过滤器

一、空气压缩机

空气压缩机简称空压机,是气压发生装置。空压机将电机或内燃机的机械能转化为压缩空气的压力能。

常见的空压机有活塞式空压机、叶片式空压机和螺杆式空压机三种。以下介绍它们的工作原理。

1. 活塞式空压机

活塞式空压机的工作原理如图 5-2 所示。当活塞下移时,气体体积增加,气缸内压力小于大气压,空气便从进气阀门进入缸内。在冲程末端,活塞向上运动,排气阀门被打开,空气进入储气罐。活塞的往复运动是由电动机带动的曲柄滑块机构形成的。这种类型的空压机只由一个过程就将吸入的一个大气压空气压缩到所需要的压力,因此称之为单级活塞式空压机。

单级活塞式空压机通常用于需要 0.3～0.7MPa 压力范围的系统。在单级压缩机中,若空气压力超过 0.6MPa,产生的过热将大大地降低压缩机的效率。因此当输出压力较高时,应采取多级压缩。多级压缩可降低排气温度,节省压缩功,提高容积效率,增加压缩气体排量。

工业中使用的活塞式空压机通常是两级的。图 5-3 所示为两级活塞式空压机。由两级三个阶段将吸入的一个大气压空气压缩到最终的压力。如果最终压力为 0.7Mpa,第一级

通常将它压缩到0.3MPa,然后经过中间冷却器被冷却,压缩空气通过中间冷却器后温度大大下降,再输送到第二级气缸,压缩到0.7MPa。因此,相对于单级压缩机它提高了效率。如图5-4所示为活塞式空压机的外观。

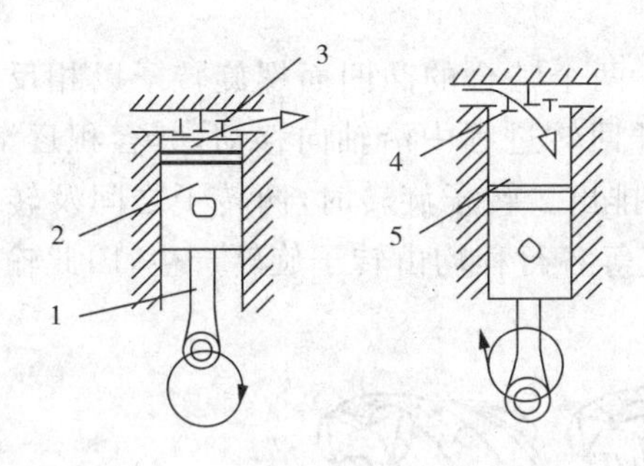

图5-2 活塞式空压机的工作原理

1—连杆;2—活塞;3—排气阀;4—进气阀;5—气缸

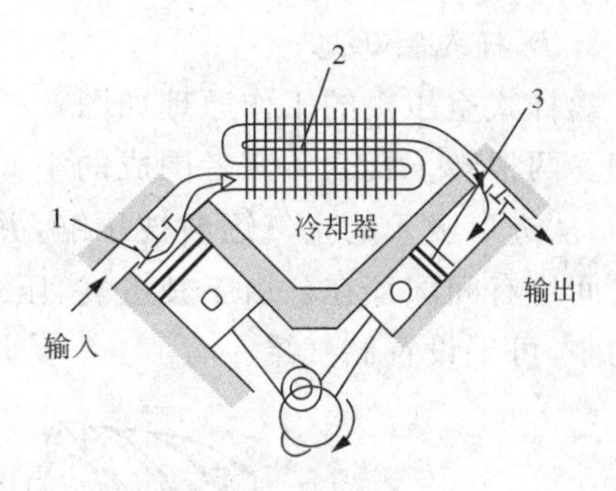

图5-3 两级活塞式空压机

1—一级活塞;2—中间冷却器;3—二级活塞

图5-4 活塞式空压机的外观

a)单级活塞式空压机;b)两级活塞式空压机

2. 叶片式空压机

叶片式空压机的工作原理如图5-5所示。把转子偏心安装在定子内,叶片插在转子的放射状槽内,且叶片能在槽内滑动。叶片、转子和定子内表面构成的容积空间在转子回转(图中转子顺时针回转)过程中逐渐变小,因此从进气口吸入的空气就逐渐被压缩排出。这样,在回转过程中不需要活塞式空压机中有吸气阀和排气阀。在转子的每一次回转中,将根据叶片的数目多少进行吸气、压缩和排气,所以输出压力的脉动较小。

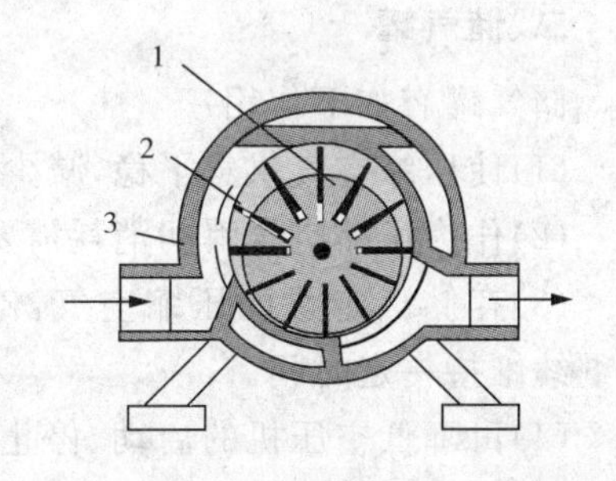

图5-5 叶片式空压机的工作原理

1—转子;2—叶片;3—定子

通常情况下,叶片式空压机需使用润滑油对叶片、转子和机体内部进行润滑、冷却和密封,所以排出的压缩空气中含有大量的油分,因此在排气口需要安装油气分离器和冷却器,以便把油分从压缩空气中分离出来,进行冷却,并循环使用。

通常所说的无油空压机是指用石墨或有机合成材料等自润滑材料作为叶片材料的空压机,运转时无需添加任何润滑油,压缩空气不被污染,满足了无油化的要求。

此外,在进气口设置空气流量调节阀,根据排出气体压力的变化自动调节流量,使输出

压力保持恒定。叶片式空压机的优点是能连续排出脉动小的、额定压力的压缩空气，所以，一般无需设置储气罐，并且其结构简单，制造容易，操作维修方便，运转噪声小。其缺点是叶片、转子和机体之间机械摩擦较大，产生的能量损失较高，因而效率也较低。

3．螺杆式空压机

螺杆式空压机的工作原理如图 5－6 所示。两个啮合的凸凹面螺旋转子以相反的方向运动。两根转子及壳体三者围成的空间，在转子回转过程中沿轴向移动，其容积逐渐减小。这样，从进口吸入的空气逐渐被压缩，并从出口排出。转子旋转时，两转子之间及转子与机体之间均有间隙存在。由于其进气、压缩和排气等各行程均由转子旋转产生，因此输出压力脉动小，可不设置储气罐。

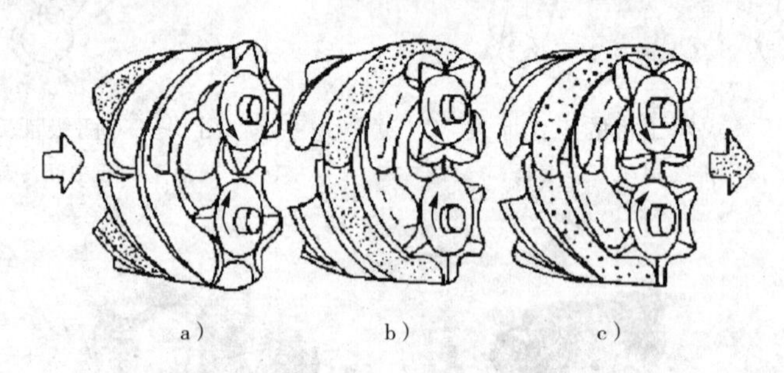

a） b） c）

图 5－6 螺杆式空压机的工作原理

a)吸气；b)压缩；c)排气

螺杆式空压机与叶片式空压机一样，也需要加油进行冷却、润滑及密封，所以在出口处也要设置油气分离器。

螺杆式空压机的优点是排气压力脉动小，输出流量大，无需设置储气罐，结构中无易损件，寿命长，效率高。其缺点是制造精度要求高，且由于结构刚度的限制，只适用于中低压范围使用。

二、储气罐

储气罐有如下作用：

(1)使压缩空气供气平稳，减少压力脉动。

(2)作为压缩空气瞬间消耗需要的存储补充之用。

(3)存储一定量的压缩空气，停电时可使系统继续维持一定时间。

(4)可降低空压机的启动、停止频率，其功能相当于增大了空压机的功率。

(5)利用储气罐的大表面积散热，使压缩空气中的一部分水蒸气凝结为水。

储气罐的尺寸大小由空压机的输出功率来决定。储气罐的容积愈大，压缩机运行时间间隔就愈长。储气罐一般为圆筒状焊接结构，有立式和卧式两种，以立式居多。其结构如图 5－7 所示。

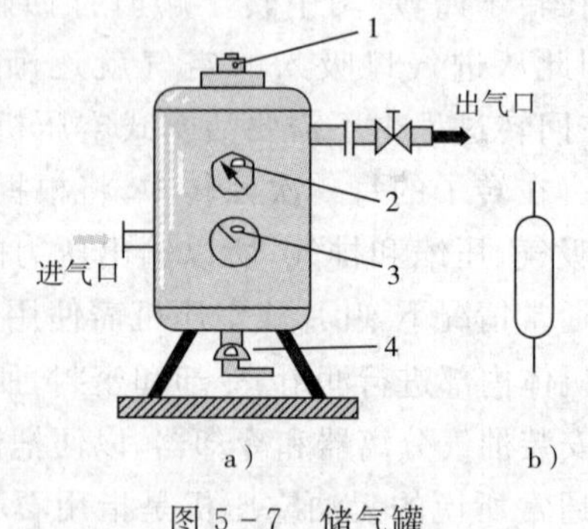

a） b）

图 5－7 储气罐

a)外观；b)职能符号

1—安全阀；2—压力表；3—检修盖；4—排水阀

使用储气罐应注意以下事项：

(1)储气罐属于压力容器，应遵守压力容器的有关规定。必须有产品耐压合格证书。

(2)储气罐上必须安装如下元件：

安全阀。当储气罐内的压力超过允许限度时，可将压缩空气排出。

压力表。显示储气罐内的压力。

压力开关。用储气罐内的压力来控制电动机，它被调节到一个最高压力，达到这个压力就停止电动机；它被调节到另一个最低压力，储气罐内压力跌到这个压力就重新启动电动机。

单向阀。让压缩空气从压缩机进入气罐。当压缩机关闭时，阻止压缩空气反方向流动。

排水阀。设置在系统最低处，用于排掉凝结在储气罐内所有的水。

三、压缩空气净化处理装置

从空压机输出的压缩空气在到达各用气设备之前，必须将压缩空气中含有的大量水分、油分及粉尘杂质等除去，得到适当的压缩空气质量，以避免它们对气动系统的正常工作造成危害，并且用减压阀调节系统所需压力，得到适当压力。在必要的情况下，使用油雾器使润滑油雾化，并混入压缩空气中润滑气动元件，以降低磨损，提高元件寿命。

1. 压缩空气的除水装置(干燥器)

(1)后冷却器

空压机输出的压缩空气温度高达120℃～180℃，在此温度下，空气中的水分完全呈气态。后冷却器的作用是将空压机出口的高温压缩空气冷却到40℃，并使其中的水蒸气和油雾冷凝成水滴和油滴，以便将其清除。

后冷却器有风冷式和水冷式两大类。如图5－8所示为风冷式后冷却器。它是靠风扇产生冷空气，吹向带散热片的热空气管道。经风冷后，压缩空气的出口温度大约比环境温度高15℃左右。水冷式是通过强迫冷却水沿压缩空气流动的反方向流动来进行冷却的，如图5－9所示。压缩空气出口温度大约比环境温度高10℃左右。后冷却器上应装有自动排水器，以排除冷凝水和油滴等杂质。

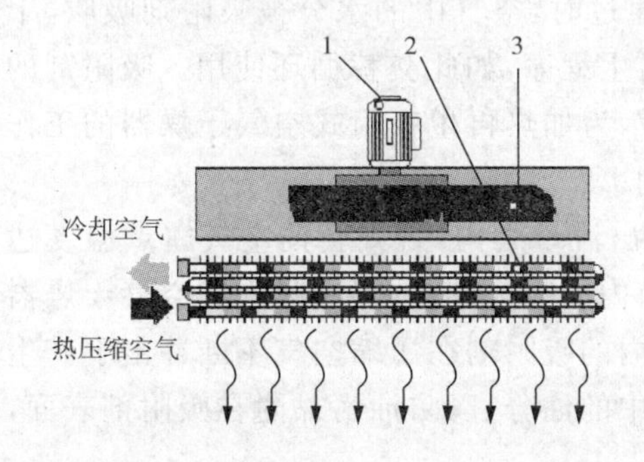

图5－8　风冷式后冷却器

1—风扇马达；2—风扇；3—热交换器

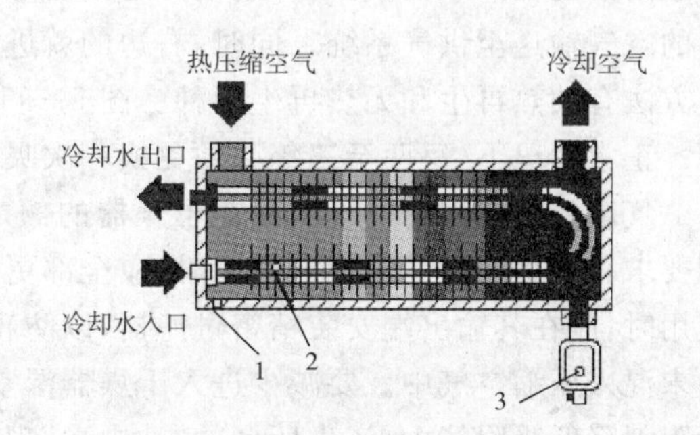

图5－9　水冷式后冷却器

1—外壳；2—冷取水管；3—自动排水器

(2)冷冻式空气干燥器

冷冻式空气干燥器的工作原理是将湿空气冷却到其露点温度以下，使空气中水蒸气凝结成水滴，并清除出去，然后再将压缩空气加热至环境温度输送出去。图 5-10 为冷冻式空气干燥器的工作原理。

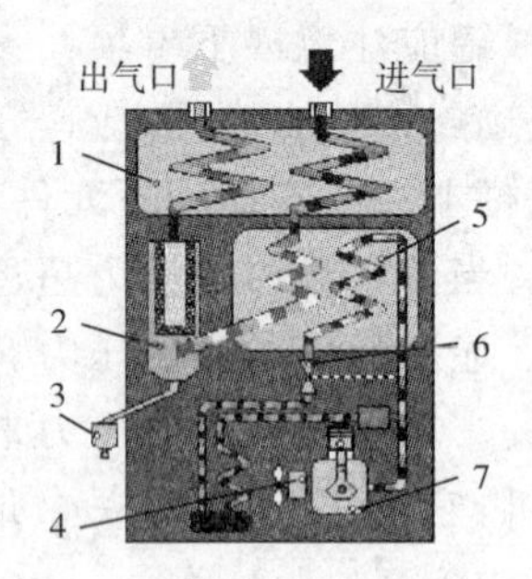

图 5-10　冷冻式干燥器工作原理

1—热交换器；2—空气过滤器；3—自动排水器；4—冷却风扇；5—制冷器；6—恒温器；7—冷媒压缩机

进入干燥器的空气首先进入热交换器冷却，初步冷却的空气中析出的水分和油分经过滤器排出。然后，空气再进入制冷器，这使空气进一步冷却到 2～5℃，使空气中含有的气态水分、油分等由于温度的降低而进一步析出，冷却后的空气再进入热交换器加热输出。在压缩空气冷却过程中，制冷器的作用是将输入的气态制冷剂压缩并冷却，使其变为液态，然后将制冷剂过滤、干燥后送入毛细管或自动膨胀阀中，使制冷剂变为低压、低温的液态输出到制冷器中。制冷剂进入制冷器，在冷却空气的同时，吸收了压缩空气的热量，并转为气态，然后再进入制冷器，重复上面的热交换过程。

冷冻式干燥器具有结构紧凑、使用维护方便、维护费用较低等优点，适用于空气处理量较大、压力露点温度不太低(2℃～5℃)的场合。冷冻式干燥器在使用时，应考虑进气温度、压力及环境温度和空气处理量。进气温度应控制在 40℃以下，超出此温度时，可在干燥器前设置后冷却器。进入干燥器的压缩空气压力不应低于干燥器的额定工作压力。环境温度宜低于 40℃，若环境温度过低，可加装供暖装置，以防止冷凝水结冰。干燥器实际空气处理量，在考虑了进气压力、温度和环境温度等因素后，应不大于干燥器的额定空气处理量。

(3)吸附式空气干燥器

吸附式空气干燥器是利用具有吸附性能的吸附剂(如硅胶、活性氧化铝、分子筛等)吸附空气中水蒸气的一种空气净化装置。吸附剂吸附湿空气中的一定量水蒸气后将达到饱和状态。为了能够连续工作，就必须使吸附剂中的水分再排除掉，吸附剂恢复到干燥状态，这称为吸附剂的再生(亦称脱附)。吸附式空气干燥器的工作原理如图 5-11 所示。它由两个填满吸附剂的桶并联而成，当左边的一个有湿空气通过时，空气中的水分被吸附剂吸收，干燥后的空气输送至供气系统。同时，右边的就进行再生程序，如此交替循环使用。吸附剂的再生方法有加热再生和无热再生两种。图 5-11 所示为加热再生吸附式空气干燥器的工作原理。正常情况下，每两至三年必须更换一次吸附剂。

气动系统使用的空气量应在干燥器的额定输出流量之内，否则会使空气露点温度达不到要求。干燥器使用到规定期限时，应全部更换筒内的吸附剂。此外，吸附式空气干燥器在使用时，应在其输出端安装精密过滤器，以防止筒内的吸附剂在压缩空气不断冲击下产生的粉末混入压缩空气中。要减少进入干燥器湿空气中的油分，以防油污黏附在吸附剂表面，使吸附剂降低吸附能力，产生所谓的“油中毒”现象。

吸附式干燥法不受水的冰点温度影响，干燥效果好。干燥后的空气在大气压下的露点温度可达－40℃～－70℃。在低压力、大流量的压缩空气干燥处理中，可采用冷冻和吸附相结合的方法，也可采用压力除湿和吸附相结合的方法，以达到预期的干燥要求。

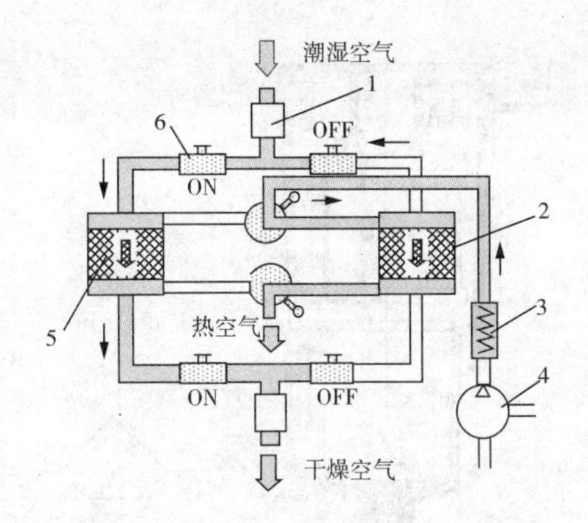

图 5－11　吸附式干燥器的工作原理

1—前置过滤器；2—吸附剂；3—加热器；4—风扇；5—吸附剂；6—截止阀

(4)吸收式干燥器

吸收干燥法是一个纯化学过程。在干燥罐中，压缩空气中水分与干燥剂发生反应，使干燥剂溶解，液态干燥剂可从干燥罐底部排出，如图 5－12 所示。根据压缩空气温度、含湿量和流速，及时填满干燥剂。

干燥剂的化学物质通常选用氯化钠、氯化钙、氯化镁、氯化锂等。由于化学物质是会慢慢用尽的，因此，干燥剂必须在一定的时间内进行补充。

这种方法的主要优点是它的基本建设和操作费用都较低。但进口温度不得超过 30℃，其中，干燥剂的化学物质具有较强烈的腐蚀性，必须仔细检查滤清，防止腐蚀性的雾气进入气动系统中。

图 5－12　吸收式干燥器工作原理

1—干燥剂；2—冷凝水；3—排水阀

2. 压缩空气的过滤装置

(1)主管道过滤器

主管道过滤器安装在主要管路中。主管道过滤器必须具有最小的压力降和油雾分离能力，它能清除管道内的灰尘、水分和油，如图 5－13 所示为主管道过滤器的结构原理。这种过滤器的滤芯一般是快速更换型滤芯，过滤精度一般为 3～5μm。滤芯是由合成纤维制成的，通常纤维以矩阵形式排列。

压缩空气从入口进入，需经过迂回途径才离开滤芯。通过滤芯分离出来的油、水和粉尘等，流入过滤器下部，由排水器(自动或手动)排出。

(2)标准过滤器

标准过滤器主要安装在气动回路上，结构原理如图 5－14 所示。压缩空气从入口进入过滤器内部后，因导流板 1(旋风叶片)的导向，产生了强烈的旋转，在离心力的作用下，压缩空气中混有的大颗粒固体杂质和液态水滴等被甩到滤杯 4 的内表面上，在重力作用下沿壁面沉降至底部，然后，经过预净化的压缩空气通过滤芯流出，进一步清除其中颗粒较小的固

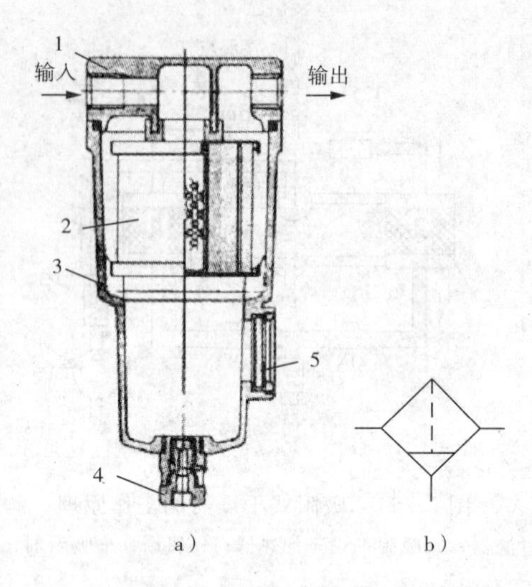

图 5-13 主管道过滤器

a)结构;b)职能符号

1—主体;2—滤芯;3—保护罩;4—手动排水器;5—观察窗

态粒子,清洁的空气便从出口输出。挡水板的作用是防止已积存在滤杯中的冷凝水再混入气流中。定期打开排水阀 6,放掉积存的油、水和杂质。

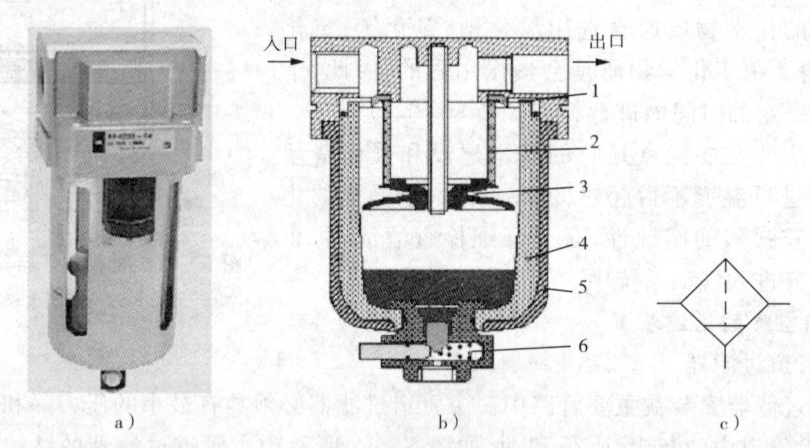

图 5-14 标准过滤器

a)外观;b)结构;c)职能符号

1—导液板;2—滤芯;3—挡水板;4—滤杯;5—杯罩;6—排水阀

过滤器中的滤杯是由聚碳酸脂材料做成的,应避免在有机溶液及化学药品雾气的环境中使用。若要在上述溶剂雾气的环境中使用,则应使用金属水杯。为安全起见,滤杯外必须加金属杯罩,以保护滤杯。

标准过滤器过滤精度为 5μm。为防止造成二次污染,滤杯中的水每天都应该是排空的。

3. 压缩空气的润滑装置

压缩空气产生油雾主要由油雾器来完成。油雾器是以压缩空气为动力,将润滑油喷射

成雾状，并混合于压缩空气中，使该压缩空气具有润滑气动元件的能力。目前，气动控制系统中的控制阀、气缸和气马达主要是靠带有油雾的压缩空气来实现润滑的，其优点是方便、干净、润滑质量高。

普通型油雾器也称为全量式油雾器，把雾化后的油雾全部随压缩空气输出，油雾粒径约为 20μm。普通型油雾器又分为固定节流式和自动节流式两种，前者输出的油雾浓度随空气的流量变化而变化；后者输出的油雾浓度基本保持恒定，不随空气流量的变化而变化。

如图 5-15 所示为一种固定节流式普通型油雾器。其工作原理是：压缩空气从输入口进入油雾器后，绝大部分经主管道输出，一小部分气流进入立杆 1 上正对气流方向的小孔 a，经截止阀进入储油杯 5 的上腔 c 中，使油面受压。而立杆 1 上背对气流方向的孔 b 由于其周围气流的高速流动，其压力低于气流压力。这样，油面气压与孔 b 压力间存在压差，润滑油在此压差作用下，经吸油管 6、单向阀 7 和节流阀 8 滴落到透明的视油器 9 内，并顺着油路被主管道中的高速气流从孔 b 引射出来，雾化后随空气一同输出。视油器 9 上部的节流阀 8 用以调节滴油量，可在 0～200 滴/分钟范围内调节。

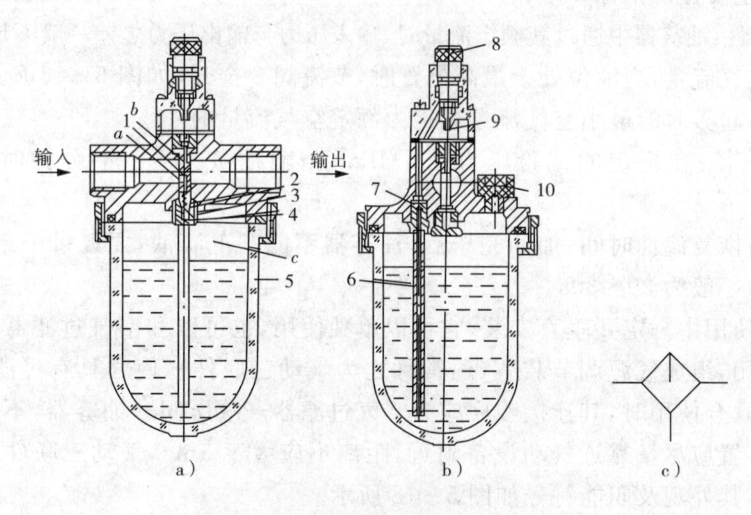

图 5-15 固定节流式普通型油雾器

a)、b)结构；c)职能符号

1—立杆；2—截止阀阀芯；3—弹簧；4—阀座；5—储油杯；6—吸油管；7—单向阀；8—节流阀；9—视油器；10—油塞

普通型油雾器能在进气状态下加油，这时只要拧松油塞 10 后，油杯上腔 c 便通大气，同时，输入进来的压缩空气将截止阀阀芯 2 压在截止阀座 4 上，切断压缩空气进入 c 腔的通道。又由于吸油管 6 中单向阀 7 的作用，压缩空气也不会从吸油管倒灌到油杯中，所以就可以在不停气的状态下向油塞口加油，加油完毕，拧上油塞。由于截止阀稍有泄漏，油杯上腔的压力又逐渐上升，直到将截止阀打开，油雾器又重新开始工作。油塞上开有半截小孔，当油塞向外拧出时，不等油塞全打开，小孔已经与外界相通，油杯中的压缩空气逐渐向外排空，以免在油塞打开的瞬间产生压缩空气突然排放的现象。截止阀的工作状态如图 5-16 所示。

油杯一般用透明的聚碳酸脂制成，能清楚地看到杯中的储油量和清洁程度，以便及时补

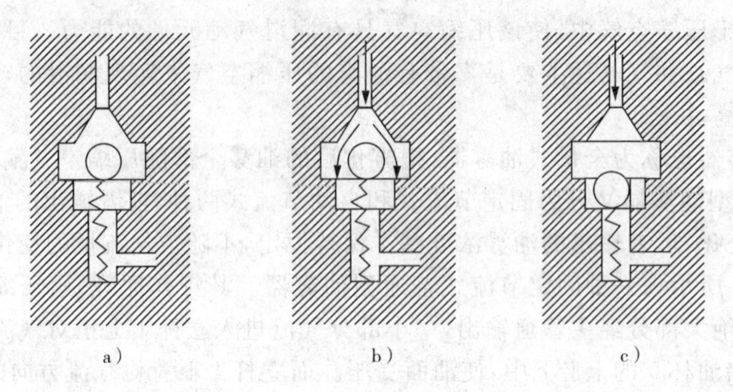

图 5-16　截止阀的三种工作状态

a)不工作时;b)工作进气时;c)加油时

充与更换。视油器用透明的有机玻璃制成,能清楚地看到油雾器的滴油情况。

油雾器的主要性能指标如下:

(1)流量特性:油雾器中通过其额定流量时,输入压力与输出压力之差一般不超过 0.15MPa。

(2)起雾空气流量:当油位处于最高位置时,节流阀 8 全开(如图 5-15 所示),气流压力为 0.5MPa 时,起雾时的最小空气流量规定为额定空气流量的 40%。

(3)油雾粒径:在规定的试验压力 0.5MPa 下,输油量为 30 滴/分钟时,其粒径不大于 50kμm。

(4)加油后恢复滴油时间:加油完毕后,油雾器不能马上滴油,要经过一定的时间,在额定工作状态下,一般为 20~30s。

油雾器在使用中一定要垂直安装,它可以单独使用,也可以和空气过滤器、减压阀、油雾器三件联合使用,组成气源调节装置(通常称之为气动三联件),使之具有过滤、减压和油雾润滑的功能。联合使用时,其连接顺序应为空气过滤器→减压阀→油雾器,不能颠倒。安装时,气源调节装置应尽量靠近气动设备附近,距离不应大于 5m。气动三联件的工作原理如图 5-17 所示,其外观及职能符号如图 5-18 所示。

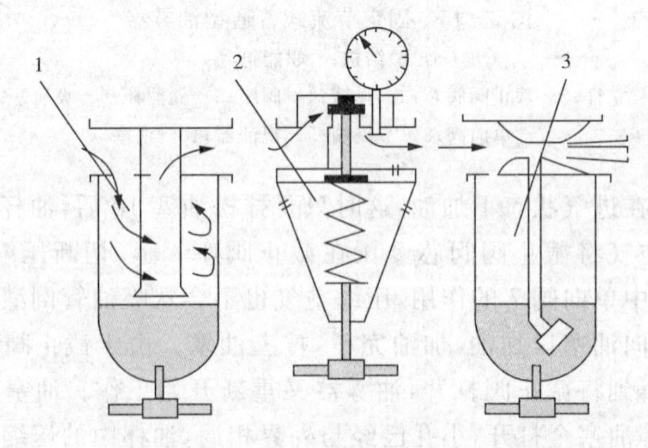

图 5-17　气动三联件的工作原理图

1—过滤器;2—减压阀;3—油雾器

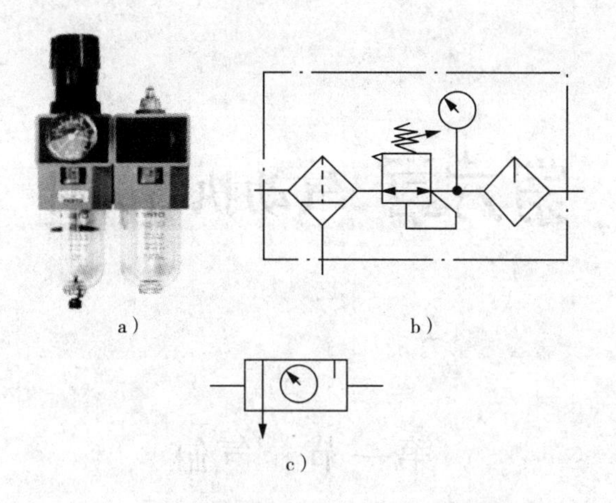

a）　　b）

c）

图 5-18　气动三联件的外观及职能符号

a)外观；b)详细职能符号；c)简略职能符号

对油污控制严格的场合，如纺织、制药和食品等行业，气动元件选用时要求无油润滑。在这种系统中，气源调节装置必须用两联件，连接方式为过滤—减压，去掉油雾器。气动两联件的外观及职能符号见图 5-19。

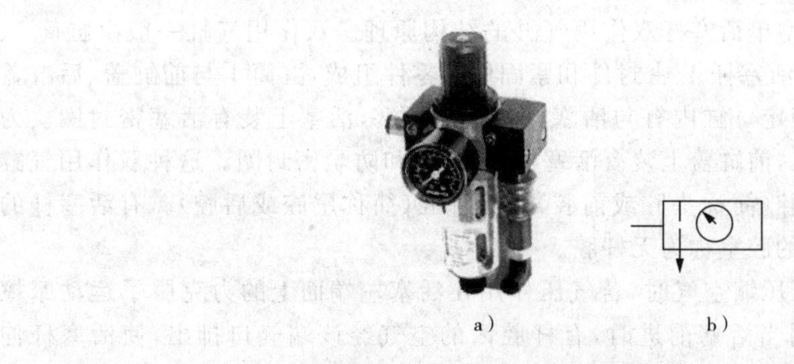

a）　　b）

图 5-19　气动两联件的外观及职能符号

a)外观；b)职能符号

第六章 气动执行元件

第一节 气缸

一、普通气缸

普通气缸是指缸筒内只有一个活塞和一个活塞杆的气缸。有单作用和双作用气缸两种。

1. 双作用气缸动作原理

如图 6-1 所示为普通型单活塞杆双作用气缸的结构原理。双作用气缸一般由缸筒 1、前缸盖 3、后缸盖 2、活塞 8、活塞杆 4、密封件和紧固件等零件组成,缸筒 1 与前缸盖、后缸盖之间由 4 根螺杆将其紧固锁定。缸内有与活塞杆相连的活塞,活塞上装有活塞密封圈。为防止漏气和外部灰尘的侵入,前缸盖上装有活塞杆、密封圈和防尘密封圈。这种双作用气缸被活塞分成两个腔室:有杆腔(简称头腔或前腔)和无杆腔(简称尾腔或后腔)。有活塞杆的腔室称为有杆腔,无活塞杆的腔室称为无杆腔。

从无杆腔端的气口输入压缩空气时,若气压作用在活塞左端面上的力克服了运动摩擦力、负载等各种反作用力,则当活塞前进时,有杆腔内的空气经该端气口排出,使活塞杆伸出。同样,当有杆腔端气口输入压缩空气时,活塞杆缩回至初始位置。通过无杆腔和有杆腔交替进气和排气,活塞杆伸出和缩回,气缸实现往复直线运动。

气缸缸盖上未设置缓冲装置的气缸称为无缓冲气缸,缸盖上设置缓冲装置的气缸称为缓冲气缸。如图 6-1 所示的气缸为缓冲气缸,缓冲装置由缓冲节流阀 10、缓冲柱塞 9 和缓冲密封圈等组成。当气缸行程接近终端时,由于缓冲装置的作用,可以防止高速运动的活塞撞击缸盖的现象发生。

2. 单作用气缸动作原理

单作用气缸在缸盖一端气口输入压缩空气使活塞杆伸出(或缩回),而另一端靠弹簧力、自重或其他外力等使活塞杆恢复到初始位置。主要用在夹紧、退料、阻挡、压入、举起和进给等操作上。单作用气缸只在动作方向需要压缩空气,故可节约一半压缩空气。

根据复位弹簧位置将单作用气缸分为预缩型气缸和预伸型气缸。当弹簧装在有杆腔内时,由于弹簧的作用力而使气缸活塞杆初始位置处于缩回位置,我们将这种气缸称为预缩型单作用气缸;当弹簧装在无杆腔内时,气缸活塞杆初始位置为伸出位置,我们将这种气缸称为预伸型气缸。

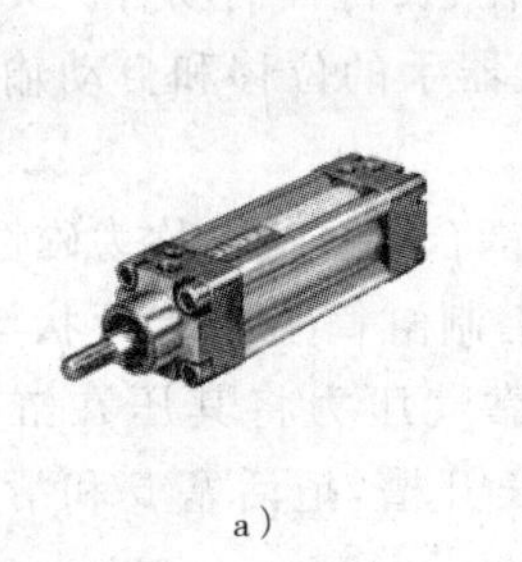

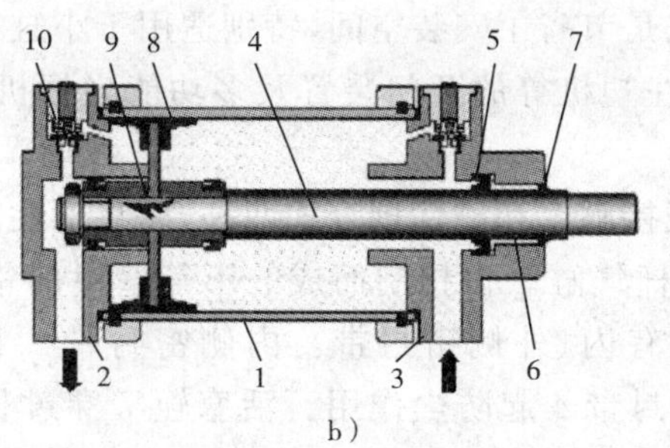

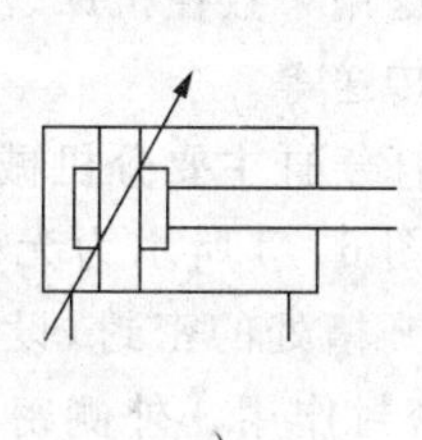

a）　　b）　　c）

图 6-1　普通型单活塞杆双作用缸

a)外观;b)结构;c)职能符号

1—缸筒;2—后缸盖;3—前缸盖;4—活塞杆;5—防尘密封圈;

6—导向套;7—密封圈;8—活塞;9—缓冲柱塞;10—缓冲节流阀

如图 6-2 所示为预缩型单作用气缸结构原理,这种气缸在活塞杆侧装有复位弹簧,在前缸盖上开有呼吸用的气口。除此之外,其结构基本上和双作用气缸相同。图示单作用气缸的缸筒和前后缸盖之间采用滚压铆接方式固定。单作用缸行程受内装回程弹簧自由长度的影响,其行程长度一般在 100mm 以内。

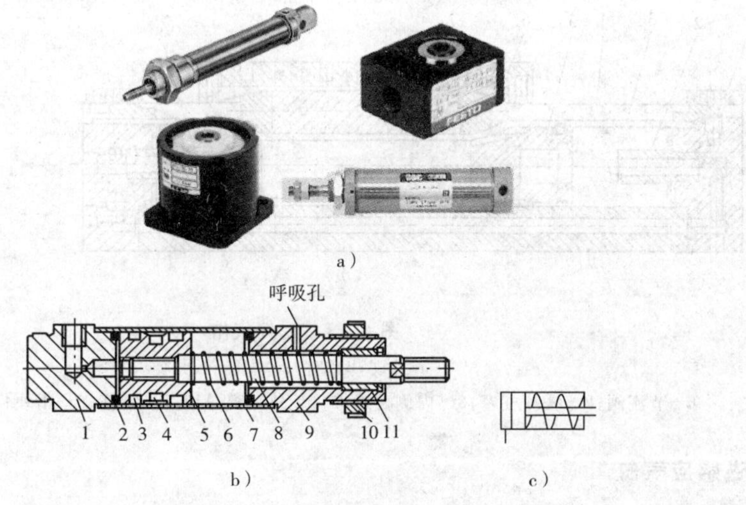

图 6-2　单作用气缸

a)几种型号单作用气缸外观;b)结构;c)职能符号

1—后缸盖;2—橡胶缓冲垫;3—活塞密封圈;4—导向环;5—活塞;

6—弹簧;7—缸筒;8—活塞杆;9—前缸盖;10—螺母;11—导向套

二、无杆气缸

无杆气缸没有普通气缸的刚性活塞杆,它利用活塞直接或间接地实现往复运动。行程为 L 的有活塞杆气缸,沿行程方向的实际占有安装空间约为 $2.2L$。没有活塞杆,则占有安装空间仅为 $1.2L$,且行程缸径比可达 50～100。没有活塞杆,还能避免由于活塞杆及杆密封圈的损伤而带来的故障。而且,由于没有活塞杆,活塞两侧受压面积相等,双向行程具有同样的推力,有利于提高定位精度。

这种气缸的最大优点是节省了安装空间，特别适用于小缸径、长行程的场合。无杆气缸现已广泛用于数控机床、注塑机等的开门装置及多功能坐标机器手的位移和自动输送线上工件的传送等。

无杆气缸主要分机械接触式和磁性耦合式两种，而将磁性耦合无杆气缸称为磁性气缸。

如图 6-3 所示为无杆气缸。在拉制而成的不等壁厚的铝制缸筒上开有管状沟槽缝，为保证开槽处的密封，设有内、外侧密封带。内侧密封带 3 靠气压力将其压在缸筒内壁上，起密封作用。外侧密封带 4 起防尘作用。活塞轭 7 穿过长开槽，把活塞 5 和滑块 6 连成一体。

活塞轭 7 又将内、外侧密封带分开，内侧密封带穿过活塞轭，外侧密封带穿过活塞轭与滑块之间，但内、外侧密封带未被活塞轭分开处，相互夹持在缸筒开槽上，以保持槽被密封。内、外侧密封带两端都固定在气缸缸盖上。与普通气缸一样，两端缸盖上带有气缓冲装置。

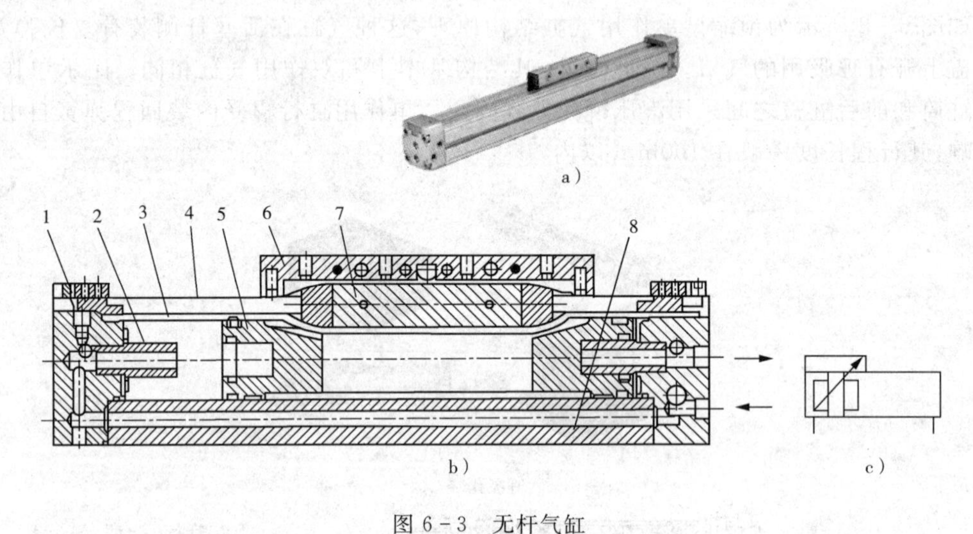

图 6-3 无杆气缸

a)外观；b)结构；c)职能符号

1—节流阀；2—缓冲柱塞；3—内侧密封带；4—外侧密封带；5—活塞；6—滑块；7—活塞轭

三、磁感应气缸

如图 6-4 所示为一种磁性耦合的无杆气缸。它是在活塞上安装了一组高磁性的永久磁环 4，磁力线通过薄壁缸筒（不锈钢或铝合金非导磁材料）与套在外面的另一组磁环 2 作用。由于两组磁环极性相反，因此它们之间有很强的吸力。若活塞在一侧输入气压作用下移动，则在磁耦合力作用下带动套筒与负载一起移动。在气缸行程两端设有空气缓冲装置。

它的特点是体积小，重量轻，无外部空气泄漏，维修保养方便等。当速度快、负载大时，内、外磁环易脱开，即负载大小受速度影响，且磁性耦合的无杆气缸中间不可能增加支撑点，最大行程受到限制。

四、带磁性开关的气缸

磁性开关气缸是指在气缸的活塞上装有一个永久性磁环，而将磁性开关装在气缸的缸

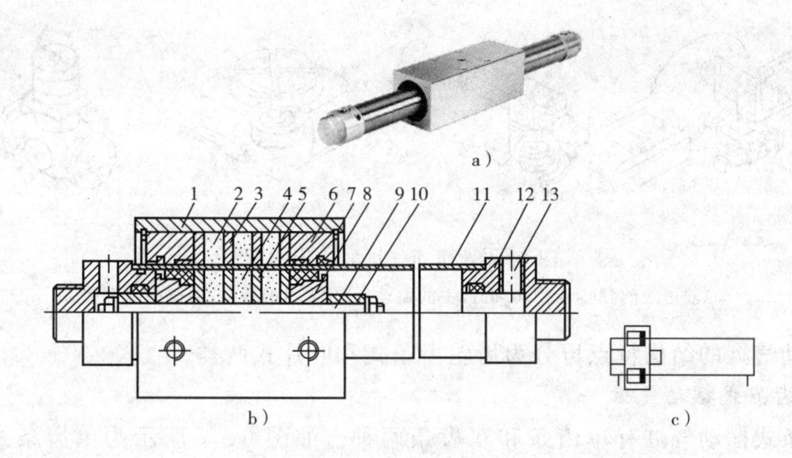

图 6-4　磁性无活塞杆气缸

a)外观；b)结构；c)职能符号

1—套筒(移动支架)；2—外磁环(永久磁铁)；3—外磁导板；4—内磁环(永久磁铁)；5—内导磁板；6—压盖；7—卡环；8—活塞；9—活塞轴；10—缓冲柱塞；11—气缸筒；12—端盖；13—进排气口

筒外侧。其余和一般气缸并无两样。气缸可以是各种型号的气缸，但缸筒必须是导磁性弱、隔磁性强的材料，如铝合金、不锈钢、黄铜等。当随气缸移动的磁环靠近磁性开关时，舌簧开关的两根簧片被磁化而触点闭合，产生电信号；当磁环离开磁性开关后，簧片失磁，触点断开。这样可以检测到气缸的活塞位置而控制相应的电磁阀动作。图 6-5 为带磁性开关气缸的工作原理图。

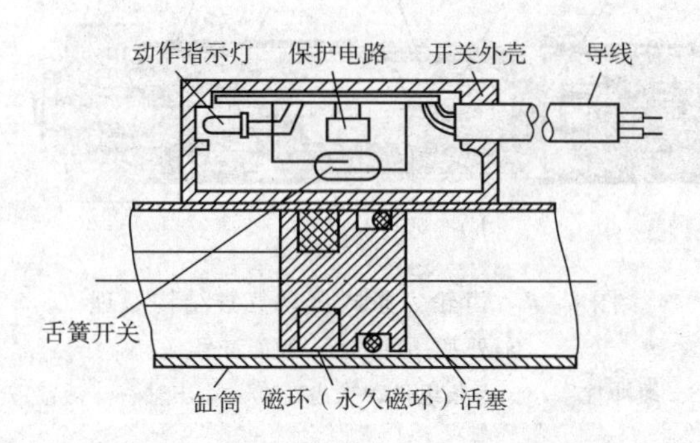

图 6-5　带磁性开关气缸的工作原理图

以前，气缸行程位置的检测是靠在活塞杆上设置行程挡块触动机械行程阀来发送信号的，从而给设计、安装、制造带来不便，而用磁性开关气缸则使用方便，结构紧凑，开关反应时间快，故得到了广泛应用。

五、摆动气缸

摆动气缸是出力轴被限制在某个角度内做往复摆动的一种气缸，又称为旋转气缸。摆动气缸目前在工业上应用广泛，多用于安装位置受到限制或转动角度小于 360°的回转工作部件，其动作原理也是将压缩空气的压力能转变为机械能。常用的摆动气缸的最大摆动角度分为 90°、180°、270°三种规格。如图 6-6 所示为其应用实例。

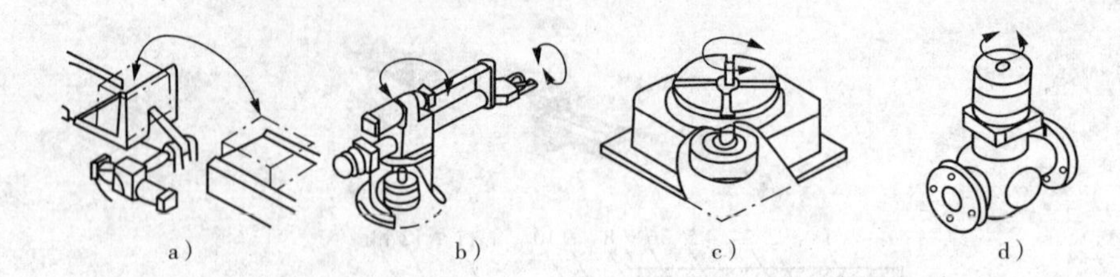

图 6-6　摆动气缸的应用实例

a)输送线的翻转装置;b)机械手的驱动;c)分度盘的驱动;d)阀门的开闭

按照摆动气缸的结构特点可分为齿轮齿条式和叶片式两类。

1. 齿轮齿条式摆动气缸

齿轮齿条式摆动气缸有单齿条和双齿条两种。如图 6-7 所示为单齿条式摆动气缸。其结构原理为压缩空气推动活塞 6 从而带动齿条组件 3 作直线运动,齿条组件 3 则推动齿轮 4 做旋转运动,由输出轴 5(齿轮轴)输出力矩。输出轴与外部机构的转轴相连,让外部机构作摆动。

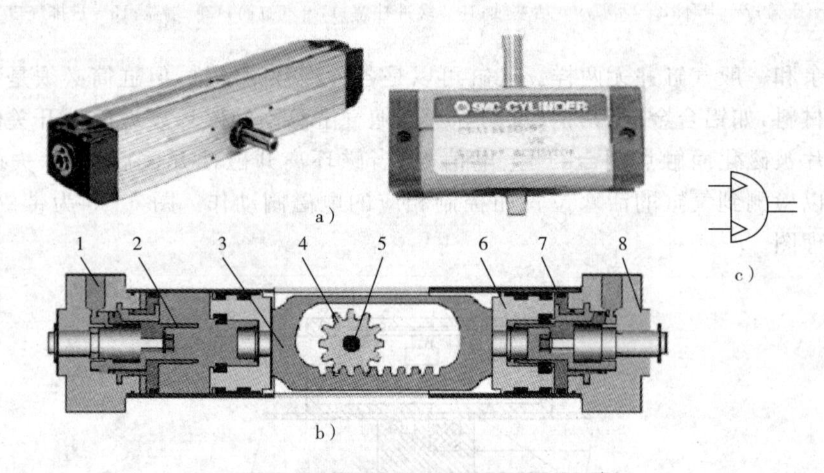

图 6-7　齿轮齿条式摆动气缸结构原理

a)外观;b)结构;c)职能符号

1—缓冲节流阀;2—缓冲柱塞;3—齿条组件;4—齿轮;5—输出轴;6—活塞;7—缸体;8—端盖

摆动气缸的行程终点位置可调,且在终端有可调缓冲装置,缓冲大小与气缸摆动的角度无关,在活塞上装有一个永久磁环,行程开关可固定在缸体的安装沟槽中。

2. 叶片式摆动气缸

叶片式摆动气缸可分为单叶片式、双叶片式和多叶片式三种。叶片越多,摆动角度越小,但扭矩却要增大。单叶片型输出摆动角度小于 360°,双叶片型输出摆动角度小于 180°,三叶片型则在 120°以内。如图 6-8a 所示为叶片式摆动缸的外观。如图 6-8b、c 所示分别为单、双叶片式摆动气缸的结构原理。在定子上有两条气路,当左腔进气时,右腔排气,叶片在压缩空气作用下逆时针转动,反之,作顺时针转动。旋转叶片将压力传递到驱动轴上作摆动。可调止动装置与旋转叶片相互独立,从而使得挡块可以调节摆动角度大小。在终端位置,弹性缓冲垫可对冲击进行缓冲。

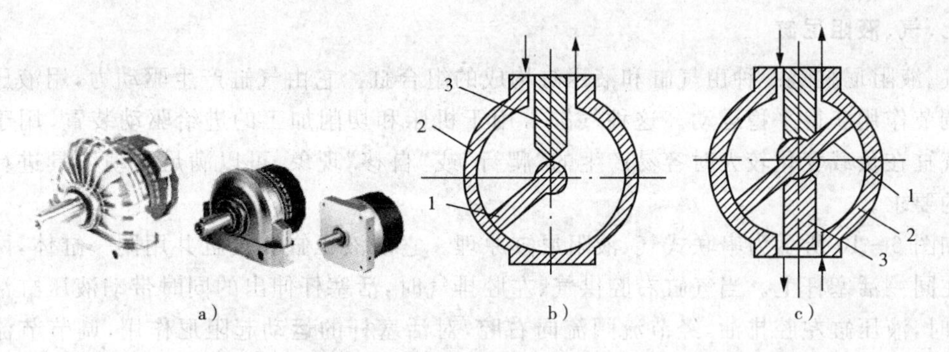

图 6-8　叶片式摆动气缸

a)外观；b)、c)结构原理

1—叶片；2—定子；3—挡块

六、气爪(手指气缸)

气爪能实现各种抓取功能，是现代气动机械手的关键部件。如图 6-9 所示的气爪具有如下特点：

(1)所有的结构都是双作用的，能实现双向抓取，可自动对中，重复精度高；

(2)抓取力矩恒定；

(3)在气缸两侧可安装非接触式检测开关；

(4)有多种安装、连接方式。

如图 6-9a 所示为 FESTO 平行气爪。平行气爪通过两个活塞工作，两个气爪对心移动。这种气爪可以输出很大的抓取力，既可用于内抓取，也可用于外抓取。

如图 6-9b 所示为 FESTO 摆动气爪。内、外抓取 40°摆角，抓取力大，并确保抓取力矩始终恒定。

如图 6-9c 所示为 FESTO 旋转气爪。其动作和齿轮齿条的啮合原理相似。两个气爪可同时移动并自动对中，其齿轮齿条原理确保了抓取力矩始终恒定。

如图 6-9d 所示为 FESTO 三点气爪。三个气爪同时开闭，适合夹持圆柱体工件及工件的压入工作。

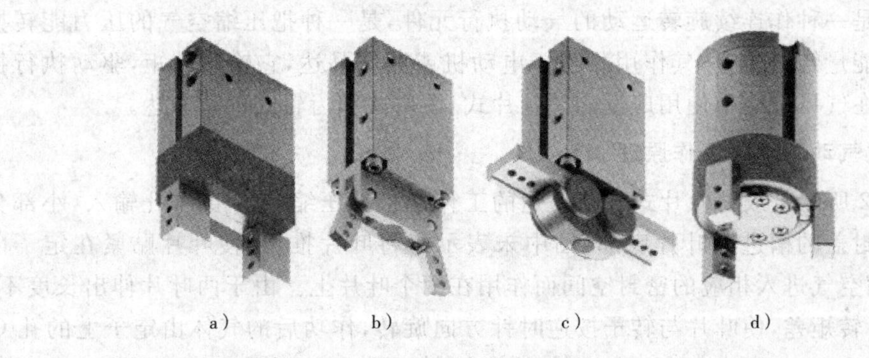

图 6-9　气爪

a)平行气爪；b)摆动气爪；c)旋转气爪；d)三点气爪

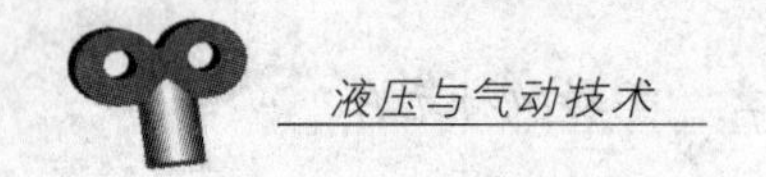

七、气、液阻尼缸

气、液阻尼缸是一种由气缸和液压缸构成的组合缸。它由气缸产生驱动力，用液压缸的阻尼调节作用获得平稳运动。这种气缸常用于机床和切削加工的进给驱动装置，用于克服普通气缸在负载变化较大时容易产生的"爬行"或"自移"现象，可以满足驱动刀具进行切削加工的要求。

如图 6－10 所示为串联式气、液阻尼缸原理。它的液压缸和气缸共用同一缸体，两活塞固联在同一活塞杆上。当气缸右腔供气、左腔排气时，活塞杆伸出的同时带动液压缸活塞左移，此时，液压缸左腔排油，经节流阀流向右腔，对活塞杆的运动起阻尼作用，调节节流阀便可控制排油速度。由于两活塞固联在同一活塞杆上，因此，也控制了气缸活塞的左行速度。反向运动时，因单向阀开启，所以活塞杆可快速缩回，液压缸无阻尼。油箱是为了克服液压缸两腔面积差和补充泄漏用的，如将气缸、液压缸位置改为图 6－11 所示的并联型气、液阻尼缸，则油箱可省去，改为油杯补油即可。

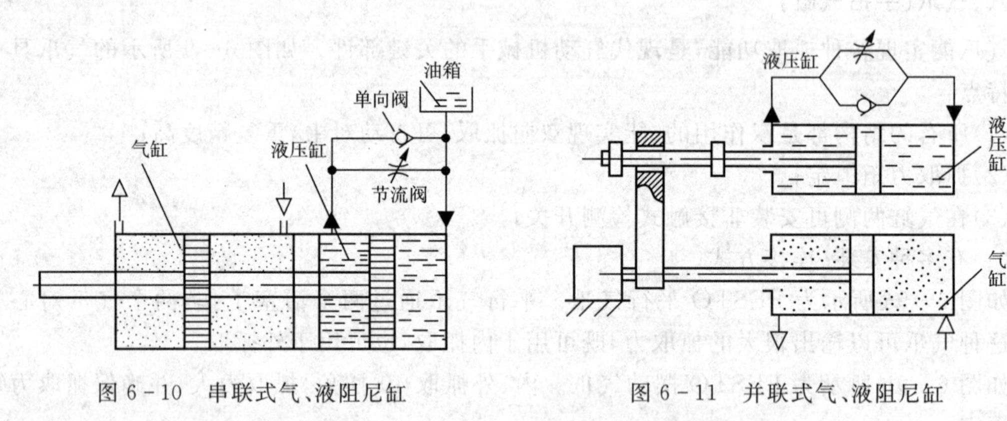

图 6－10　串联式气、液阻尼缸　　图 6－11　并联式气、液阻尼缸

第二节　气动马达

气动马达是一种作连续旋转运动的气动执行元件，是一种把压缩空气的压力能转换成回转机械能的能量转换装置，其作用相当于电动机或液压马达，它输出转矩，驱动执行机构作旋转运动。在气压传动中使用广泛的是叶片式、活塞式和齿轮式气动马达。

一、叶片式气动马达的工作原理

如图 6－12 所示是双向叶片式气动马达的工作原理。压缩空气由 A 孔输入，小部分经定子两端的密封盖的槽进入叶片底部（图中未表示），将叶片推出，使叶片贴紧在定子内壁上，大部分压缩空气进入相应的密封空间而作用在两个叶片上。由于两叶片伸出长度不等，因此，就产生了转矩差，使叶片与转子按逆时针方向旋转，作功后的气体由定子上的孔 C 和 B 排出。若改变压缩空气的输入方向（即压缩空气由 B 孔进入，从孔 A 和 C 排出）则可改变转子的转向。

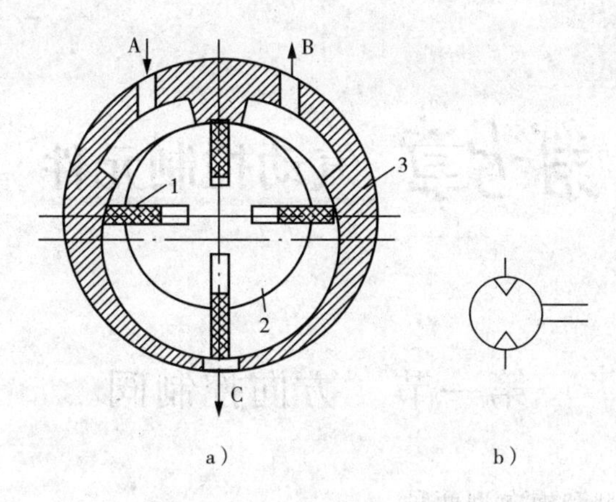

图 6－12　双向旋转的叶片式马达

a）结构；b）职能符号

1—叶片；2—转子；3—定子

二、气动马达的特点及应用

气动马达一般具有如下特点：

（1）工作安全，具有防爆性能，适用于恶劣的环境，在易燃、易爆、高温、振动、潮湿、粉尘等条件下均能正常工作。

（2）有过载保护作用。过载时，马达只是降低或停止转速；当过载解除，继续运转，并不产生故障。

（3）可以无级调速。只要控制进气流量，就能调节马达的功率和转速。

（4）比同功率的电动机轻 1/10～1/3，输出功率惯性比较小。

（5）可长期满载工作，而温升较小。

（6）功率范围及转速范围均较宽，功率小至几百瓦，大至几万瓦，转速可从每分钟几转到每分钟上万转。

（7）具有较高的启动转矩，可以直接带负载启动，启动、停止迅速。

（8）结构简单，操纵方便，可正、反转，维修容易，成本低。

（9）速度稳定性差，输出功率小，效率低，耗气量大，噪声大，容易产生振动。

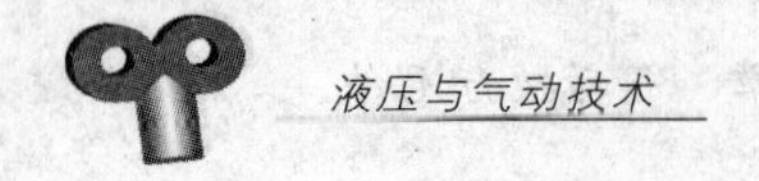

第七章 气动控制元件

第一节 方向控制阀

方向控制阀有单向型和换向型两种。

一、单向型方向阀

单向型方向阀有单向阀、梭阀、双压阀和快速排气阀等。

1. 单向阀

单向阀是指气流只能向一个方向流动而不能反向流动的阀，且压降较小。单向阀的工作原理、结构和职能符号与液压传动中的单向阀基本相同。这种单向阻流作用可由锥密封、球密封、圆盘密封或膜片来实现。如图 7-1 所示为单向阀，利用弹簧力将阀芯顶在阀座上，故压缩空气要通过单向阀时必须先克服弹簧力。

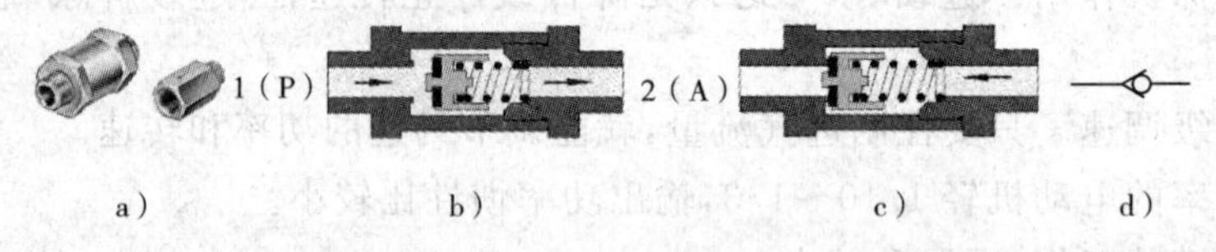

图 7-1 单向阀

a)外观；b)正向流通结构；c)反向截止结构；d)职能符号

2. 梭阀

梭阀又称为双向控制阀。如图 7-2 所示为梭阀，有两个输入信号口 1 和一个输出信号口 2。若在一个输入口上有气信号，则与该输入口相对的阀口就被关闭，同时在输出口 2 上有气信号输出。这种阀具有“或”逻辑功能，即只要在任一输入口 1 上有气信号，在输出口 2 上就会有气信号输出。

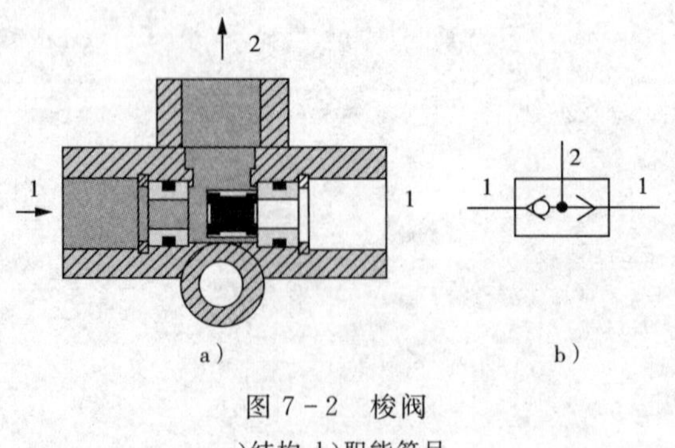

图 7-2 梭阀

a)结构；b)职能符号

梭阀在逻辑回路和气动程序控制回路中应用广泛，常用作信号处理元件。图 7－3 为数个输入信号需连接（并联）到同一个出口的应用方法，所需梭阀数目为输入信号数减 1。

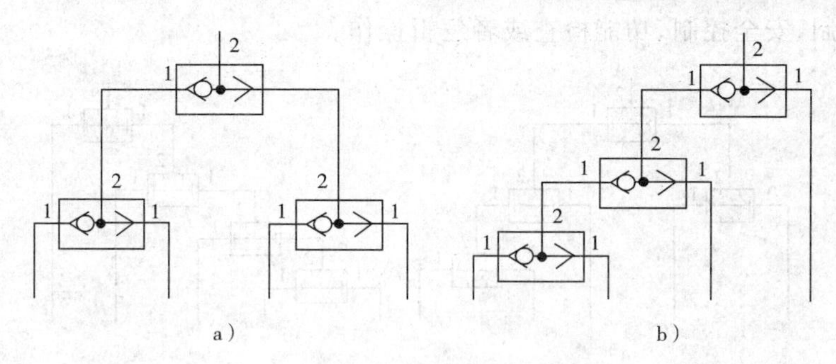

图 7－3　梭阀组合

a)双边串联法;b)单边串联法

如图 7－4 所示为梭阀的应用实例，用两个手动按钮 $1S_1$ 和 $1S_2$ 操纵气缸进退。当驱动两个按钮阀中的任何一个动作时，双作用气缸活塞杆都伸出，只有同时松开两个按钮阀，气缸活塞杆才回缩。梭阀应与两个按钮阀的工作口相连接，这样，气动回路才可以正常工作。

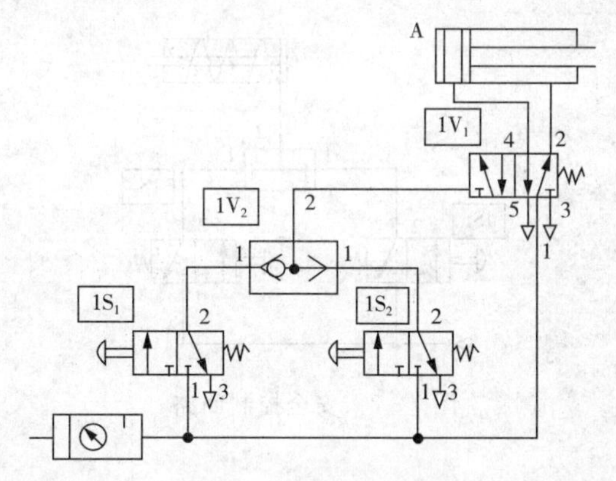

图 7－4　梭阀应用实例

3. 双压阀（Dual pressure valve）

双压阀又称“与”门梭阀。在气动逻辑回路中，它的作用相当于“与”门作用。如图 7－5 所示，该阀有两个输入口 1 和一个输出口 2。若只有一个输入口有气信号，则输出口 2 没有气信号输出，只有当双压阀的两个输入口均有气信号时，输出口 2 才有气信号输出。双压阀相当于两个输入元件串联。

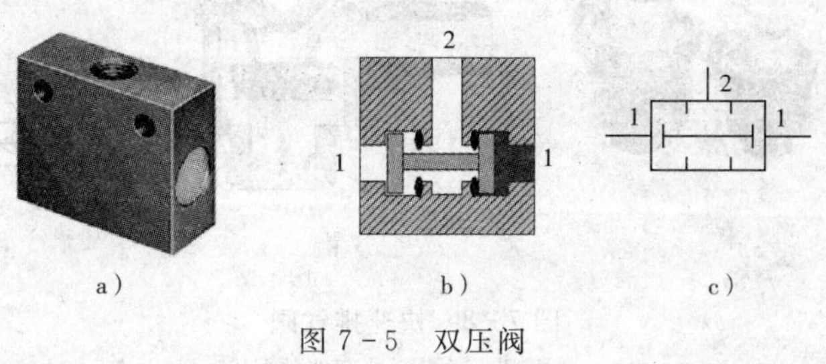

图 7－5　双压阀

a)外观;b)结构;c)职能符号

与梭阀一样，双压阀在气动控制系统中也作为信号处理元件，数个双压阀的连接方式如图 7－6 所示，只有数个输入口皆有信号时，输出口才会有信号。双压阀的应用也很广泛，主要用于互锁控制、安全控制、功能检查或者逻辑操作。

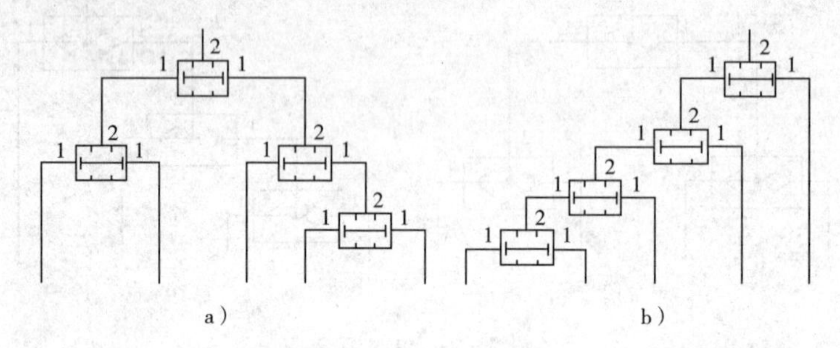

图 7－6　双压阀组合

a)双边串联法；b)单边串联法

如图 7－7 所示为一个安全控制回路。只有当两个按钮阀 $1S_1$ 和 $1S_2$ 都压下时，单作用气缸活塞杆才伸出。若二者中有一个不动作，则气缸活塞杆将回缩至初始位置。

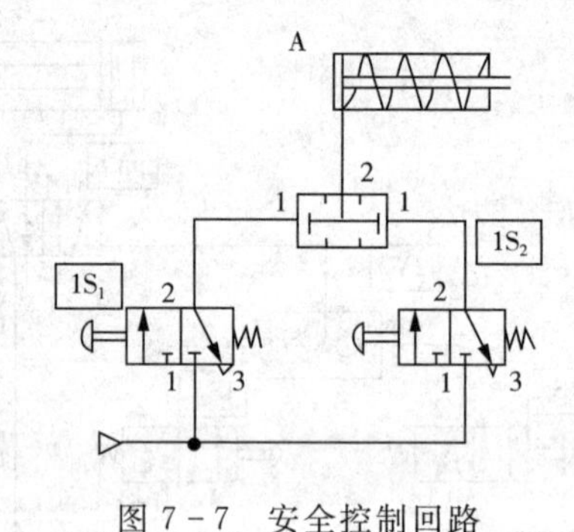

图 7－7　安全控制回路

4．快速排气阀

快速排气阀可使气缸活塞运动速度加快，特别是在单作用气缸情况下，可以避免其回程时间过长。如图 7－8 所示为快速排气阀，当 1 口进气时，由于单向阀开启，压缩空气可自由通过，2 口有输出，排气口 3 被圆盘式阀芯关闭。若 2 口为进气口，则圆盘式阀芯就关闭气口 1，压缩空气从大排气口 3 排出。为了降低排气噪声，这种阀一般带消声器。

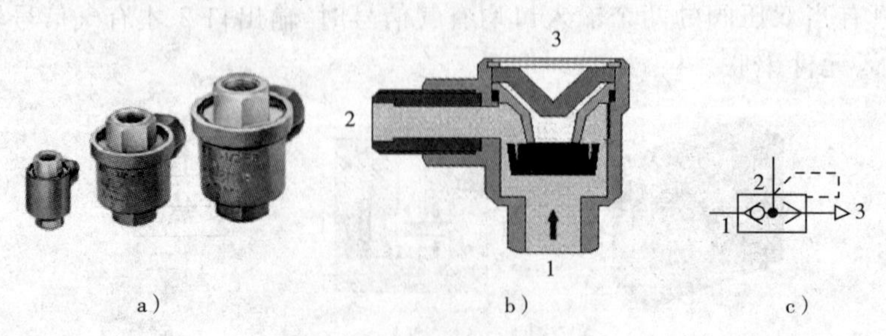

图 7－8　快速排气阀

a)外观；b)结构；c)职能符号

快速排气阀用于使气动元件和装置迅速排气的场合。为了减小流阻，快速排气阀应靠近气缸安装。例如，把它装在换向阀和气缸之间（应尽量靠近气缸排气口，或直接拧在气缸排气口上），使气缸排气时不用通过换向阀而直接排出。这对于大缸径气缸及缸阀之间管路长的回路尤为需要，如图 7 - 9a 所示。

快速排气阀也可用于气缸的速度控制，如图 7 - 9b 所示。按下手动阀，由于节流阀的作用，气缸慢进；如手动阀复位，则气缸无杆腔中的气体直接通过快速排气阀快速排出，气缸实现快退动作，压缩空气通过大排气口排出。

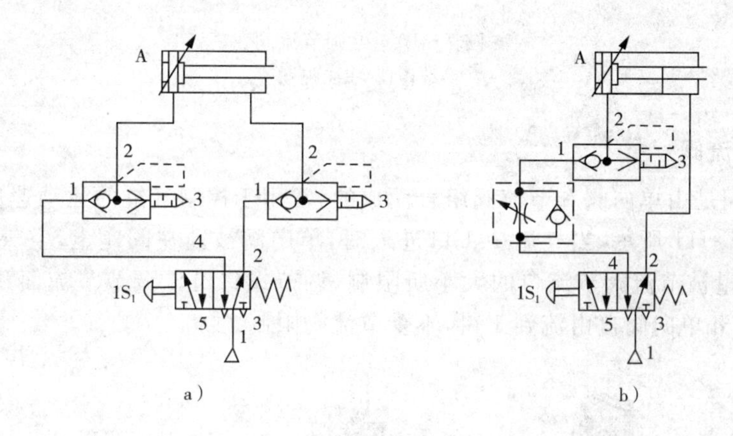

图 7 - 9　快速排气阀应用回路

二、换向型方向阀

换向型方向阀是利用主阀芯的运动而使气流改变运动方向的，其结构和工作原理与液压换向阀相似，图形符号也基本相同，这里不再赘述。

第二节　流量控制阀

在气动系统中，经常要求控制气动执行元件的运动速度，这是靠调节压缩空气的流量来实现的。用来控制气体流量的阀，称为流量控制阀。流量控制阀是通过改变阀的通流截面积来实现流量控制的元件，它包括节流阀、单向节流阀、排气节流阀等。

一、节流阀

节流阀是将空气的流通截面缩小以增加气体的流通阻力，从而降低气体的压力和流量的。如图 7 - 10 所示，阀体上有一个调整螺丝，可以调节节流阀的开口度（无级调节），并可保持其开口度不变，此类阀称为可调节开口节流阀。流通截面固定的节流阀称为固定开口节流阀。可调节流阀常用于调节气缸活塞的运动速度，若有可能，应将其直接安装在气缸上。这种节流阀有双向节流作用。使用节流阀时，节流面积不宜太小，因为空气中的冷凝水、尘埃等塞满阻流口通路会引起节流量的变化。

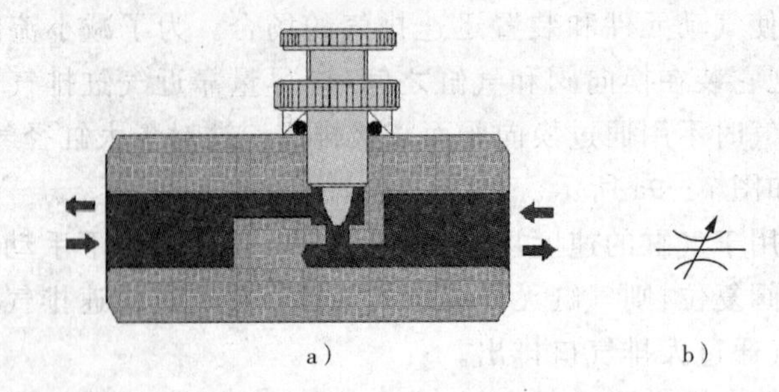

图 7-10 可调节流阀

a)结构;b)职能符号

二、单向节流阀

单向节流阀是由单向阀和节流阀组合而成的,常用于控制气缸的运动速度,也称为速度控制阀。如图 7-11 所示,当气流从 1 口进入时,单向阀被顶在阀座上,空气只能从节流口流向出口 2,流量被节流阀节流口的大小所限制,调节螺钉可以调节节流面积。当空气从 2 口进入时,它推开单向阀自由流到 1 口,不受节流阀限制。

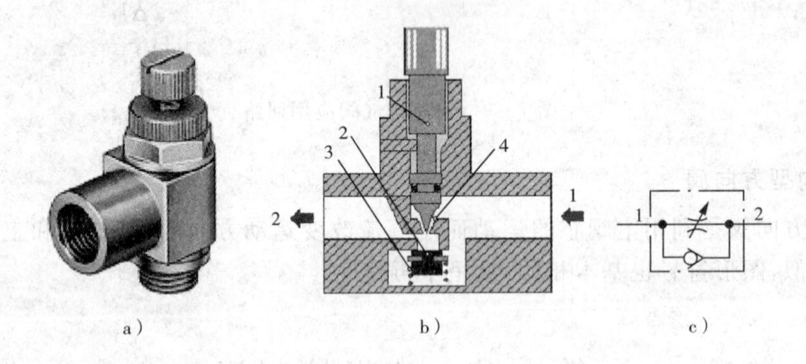

图 7-11 单向节流阀

a)外观;b)结构;c)职能符号

1—调节针阀;2—单向阀阀芯;3—压缩弹簧;4—节流口

利用单向节流阀控制气缸的速度方式有进气节流和排气节流两种方式。如图 7-12a 所示为进气节流控制,是通过控制进入气缸的流量来调节活塞运动速度的。采用这种控制方式,如活塞杆上的负荷有轻微变化,将会导致气缸速度的明显变化。因此,它的速度稳定性差,仅用于单作用气缸、小型气缸或短行程气缸的速度控制。如图 7-12b 所示为排气节流控制,它是控制气缸排气量大小的,而进气是满流的。这种控制方式能为气缸提供背压来限制速度,故速度稳定性好,常用于双作用气缸的速度控制。单向节流阀用于气动执行元件的速度调节时应尽可能直接安装在气缸上。

一般情况下,单向节流阀的流量调节范围为管道流量的 20%~30%。对于要求能在较宽范围内进行速度控制的场合,可采用单向阀开度可调的速度控制阀。

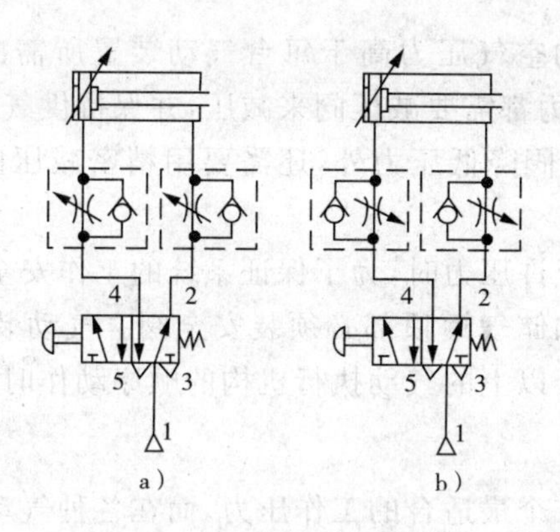

图 7-12　气缸速度控制

a)进气节流；b)排气节流

三、排气节流阀

排气节流阀的节流原理和节流阀一样，也是靠调节通流面积来调节阀流量的。它们的区别是，节流阀通常是安装在系统中调节气流的流量，而排气节流阀只能安装在排气口处，调节排入大气的流量，以此来调节执行机构的运动速度。如图 7-13 所示为排气节流阀的工作原理，气流从 A 口进入阀内，由节流口 1 节流后经消声套 2 排出。因而，它不仅能调节执行元件的运动速度，还能起到降低排气噪声的作用。

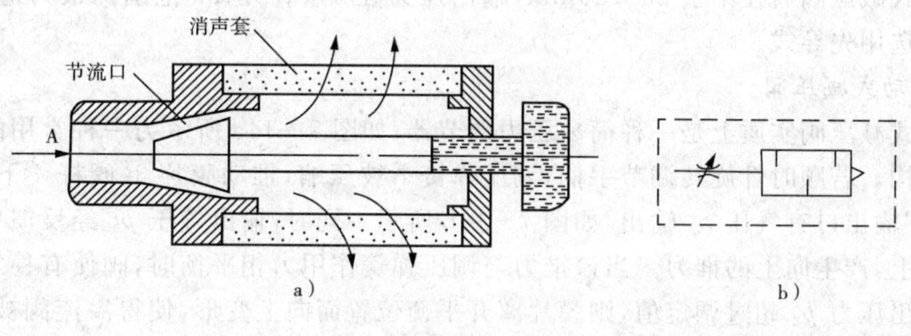

图 7-13　排气节流阀

a)结构；b)职能符号

排气节流阀通常安装在换向阀的排气口处，与换向阀联用，起单向节流阀的作用。它实际上是节流阀的一种特殊形式。由于其结构简单，安装方便，能简化回路，因此应用日益广泛。

第三节　压力控制阀

压力控制阀是用来控制气动系统中压缩空气的压力的，满足各种压力需求或用于节能。压力控制阀有减压阀、安全阀(溢流阀)和顺序阀三种。

气动系统与液压传动系统不同的一个特点是，液压传动系统的液压油是由安装在每台设备上的液压源直接提供的，而在气动系统中，一个空压站输出的压缩空气通常可供多台气

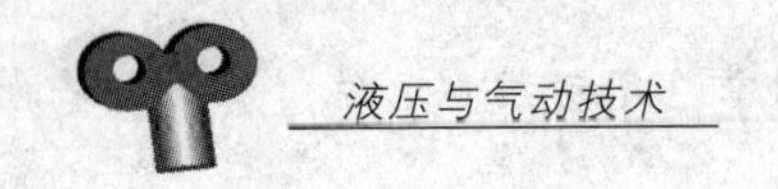

动装置使用。空压站输出的空气压力高于每台气动装置所需的压力，且压力波动较大，因此，每台气动装置的供气压力都需要减压阀来减压，并保持供气压力稳定。对于低压控制系统（如气动测量），除用减压阀降低压力外，还需要用精密减压阀（或定值器）以获得更稳定的供气压力。

当管路中的压力超过允许压力时，为了保证系统的工作安全，往往用安全阀来实现自动排气，使系统的压力下降，如储气罐顶部必须装安全阀。气动装置中不便安装行程阀，而要依据气压的大小来控制两个以上的气动执行机构的顺序动作时，就要用到顺序阀。

一、减压阀

所有的气动系统均有一个最适合的工作压力，而在各种气动系统中，皆可出现或多或少的压力波动。如果压力过高，将造成能量损失，并增加损耗；过低的压力会使出力不足，造成不良效率。例如，空压机的开启与关闭所产生的压力波动对系统的功能会产生不良影响。因此，每台气动装置的供气压力都需要用减压阀减压。

减压阀的作用是将较高的输入压力调到规定的输出压力，并能保持输出压力稳定，不受空气流量变化及气源压力波动的影响。

减压阀的调压方式有直动式和先导式两种。直动式是借助弹簧力直接操纵的；先导式是用预先调整好的气压来代替直动式调压弹簧进行调压的，一般先导式减压阀的流量特性比直动式的好。

直动式减压阀通径小于20～25mm，输出压力在0～1.0MPa范围内最为适当，超出这个范围应选用先导式。

1. 直动式减压阀

直动式减压阀实质上是一种简易压力调节器，如图7-14a所示为一种常用的直动式减压阀的结构。若顺时针旋转调节手柄，调压弹簧1被压缩，推动膜片3、阀杆4下移，进气阀门打开，在输出口有气压p_2输出，如图7-14b所示。同时，输出气压p_2经反馈导管5作用在膜片3上，产生向上的推力。当该推力与调压弹簧作用力相平衡时，阀便有稳定的压力输出。若输出压力p_2超过调定值，则膜片离开平衡位置而向上变形，使得溢流阀被打开，多余的空气经溢流口排入大气。当输出压力降至调定值时，溢流阀关闭，膜片上的受力保持平衡状态。

若逆时针旋转调节手柄，调压弹簧1复位，作用在膜片3上的压缩空气压力大于弹簧力，溢流阀被打开，输出压力降低，直至为零。

反馈导管7的作用是提高减压阀的稳压精度。另外，它还能改善减压阀的动态性能，当负载突然改变或变化不定时，反馈导管起阻尼作用，避免振荡现象的发生。

当减压阀的接管口径很大或输出压力较高时，相应的膜片等结构也很大，若用调压弹簧直接调压，则弹簧过硬，不仅调节费力，而且当输出流量较大时，输出压力波动也将较大。因此，接管口径在20mm以上，且输出压力较高时，一般宜用先导式结构。在需要远距离控制时，可采用遥控的先导式减压阀。

2. 先导式减压阀

先导式减压阀是使用预先调整好压力的空气来代替调压弹簧进行调压的，其调节原理和主阀部分的结构与直动式减压阀的相同。先导式减压阀的调压空气一般是由小型的直动

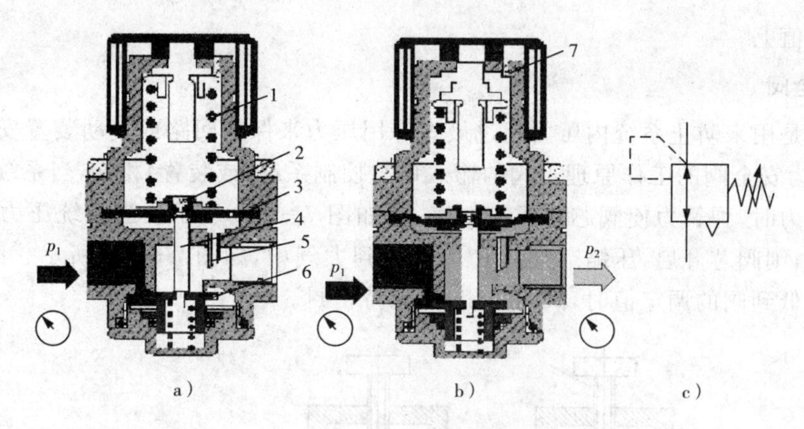

图 7-14　直动式减压阀

a)、b)结构；c)职能符号

1—调压弹簧；2—溢流阀；3—膜片；4—阀杆；5—反馈导管；6—主阀；7—溢流口

式减压阀供给的。若将这个小型直动式减压阀与主阀合成一体，则称其为内部先导式减压阀。若将它与主阀分离，则称其为外部先导式减压阀，它可以实现远距离控制。

如图 7-15 所示为内部先导式减压阀的结构原理，它由先导阀和主阀两部分组成。当气流从左端进入阀体后，一部分经阀口 9 流向输出口，另一部分经固定节流孔 1 进入中气室，经喷嘴 2、挡板 3、孔道反馈至下气室 6，再经阀杆 7 的中心孔及排气孔 8 排至大气。

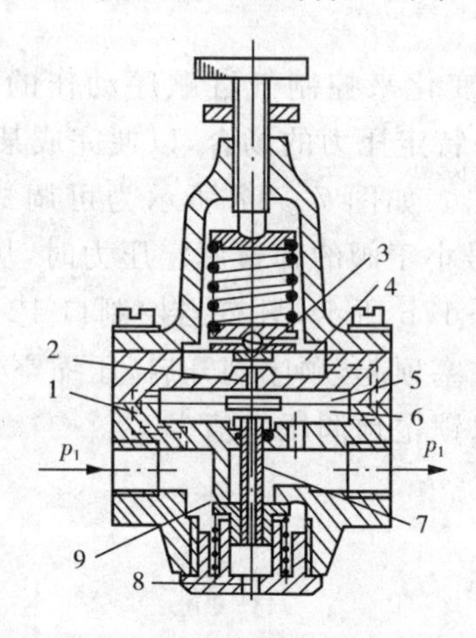

图 7-15　内部先导式减压阀

1—固定节流孔；2—喷嘴；3—挡板；4—上气室；5—中气室；6—下气室；7—阀杆；8—排气孔；9—进气阀口

将手柄旋转到一定位置，使喷嘴挡板的距离在工作范围内，减压阀就进入工作状态，中气室 5 的压力随喷嘴与挡板间距离的减小而增大，于是推动阀芯，打开进气阀口 9，即有气流流到出口，同时，经孔道反馈到上气室 4，与调压弹簧相平衡。

若输入压力瞬时升高，则输出压力也相应升高，通过孔口的气流使下气室 6 的压力也升高，破坏了膜片原有的平衡，使阀杆 7 上升，节流阀阀口减小，节流作用增强，输出压力下降，膜片两端作用力重新平衡，输出压力恢复到原来的固定值。当输出压力瞬时下降时，经喷嘴挡板的放大也会引起中气室 5 的压力明显升高，而使阀芯下移，阀口开大，输出压力升高，并稳定到原数值上。

二、安全阀

安全阀是用来防止系统内压力超过最大许用压力来保护回路或气动装置安全的。如图 7－16 所示为安全阀的工作原理。阀的输入口与控制系统（或装置）相连，当系统压力小于此阀的调定压力时，弹簧力使阀芯紧压在阀座上，如图 7－16a 所示。当系统压力大于此阀的调定压力时，则阀芯开启，压缩空气从 R 口排放到大气中，如图 7－16b 所示。此后，当系统中的压力降低到阀的调定值时，阀门关闭，并保持密封。

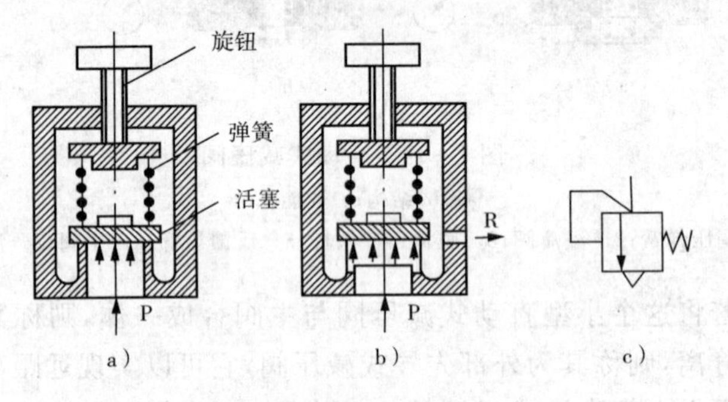

图 7－16　安全阀的工作原理

a）关闭状态结构；b）开启状态结构；c）职能符号

三、顺序阀

顺序阀是靠回路中的压力变化来控制气缸顺序动作的一种压力控制阀。在气动系统中，顺序阀通常安装在需要某一特定压力的场合，以便完成某一操作。只有达到需要的操作压力后，顺序阀才有气信号输出。如图 7－17 所示为可调式顺序阀的工作原理。如图 7－17a 所示，当控制口 12 的气信号小于阀的弹簧调定压力时，从 1 口进入的压缩空气被堵塞，2 口的气体经 3 口排放。如图 7－17b 所示，只有当控制口 12 上的气信号压力超过了弹簧调定值时，压缩空气才将膜片和柱塞顶起，顺序阀开启，压缩空气从 1 口流向 2 口，3 口被遮断。调节杆上带一个锁定螺母，可以锁定预调压力值。

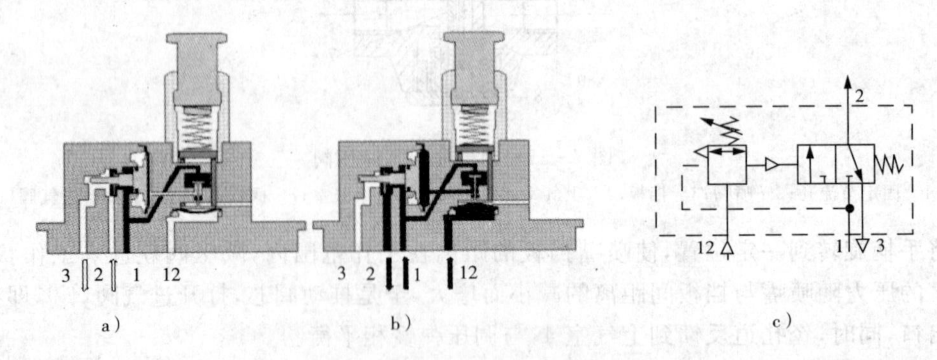

图 7－17　顺序阀

a）未驱动时结构；b）已驱动结构；c）职能符号

如图 7－18 所示为顺序阀的应用回路。当驱动按钮阀动作时，气缸伸出，并对工件进行

加工。只要达到预定压力，气缸就复位，顺序阀的预定压力可调。

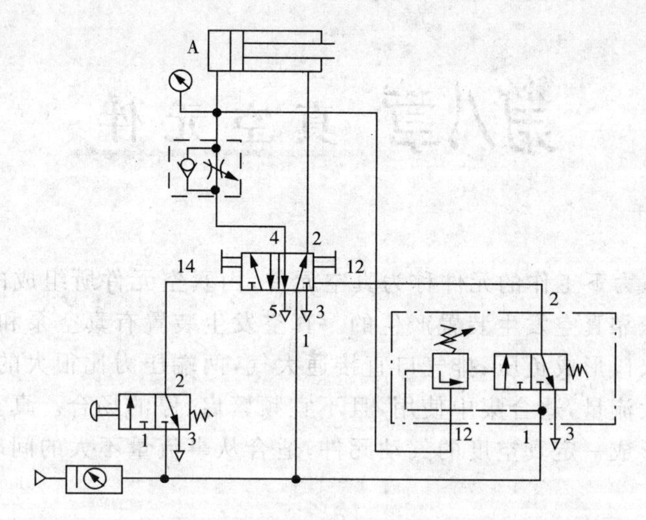

图 7－18　顺序阀应用回路

第八章 真空元件

在低于大气压力下工作的元件称为真空元件，由真空元件所组成的系统称为真空系统。真空系统是依靠真空发生装置产生的。真空发生装置有真空泵和真空发生器两种。真空泵是一种吸入口形成负压、排气口直接通大气，两端压力比很大的抽除气体的机械。它主要用于连续大流量，适合集中使用，且不宜频繁启、停的场合。真空发生器是利用压缩空气的流动而形成一定真空度的气动元件，适合从事流量不大的间歇工作和表面光滑的工件。

第一节 真空发生器

一、工作原理

典型的真空发生器的工作原理图如图 8－1 所示，它由先收缩后扩张的拉伐尔喷管 1、负压腔 2、接收管 3 和消声器 4 等组成。真空发生器是根据文丘里原理产生真空的。当压缩空气从供气口 P(1)流向排气口 R(3)时，在真空口 U 上就会产生真空。吸盘与真空口 U 连接，靠真空压力便可吸起物体。如果切断供气口 P 的压缩空气，则抽空过程就会停止。

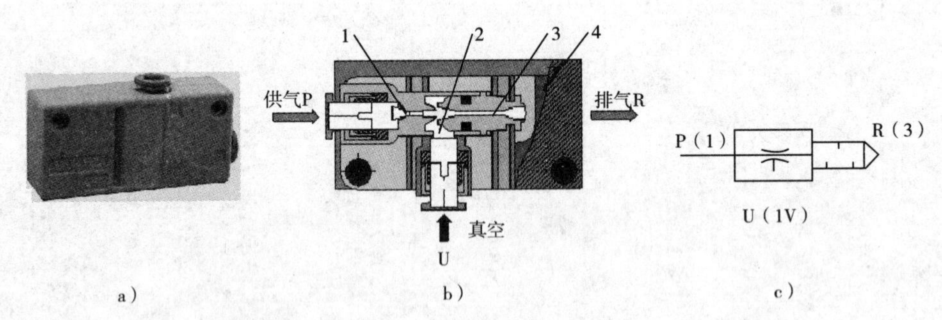

图 8－1 带消声器的真空发生器

a)外观；b)结构；c)职能符号

1－拉伐尔喷管；2－负压腔；3－接收管；4－消声器

二、特点

用真空发生器产生真空有如下几个特点：

(1)结构简单，体积小，使用寿命长。

(2)产生的真空度(负压力)可达 88 kPa,吸入流量不大,但可控、可调,稳定、可靠。

(3)瞬时开关特性好,无残余负压。

第二节　真空吸盘

真空吸盘是直接吸吊物体的元件,是真空系统中的执行元件。吸盘通常是由橡胶材料和金属骨架压制而成的。制造吸盘的材料通常有丁晴橡胶、聚氨脂橡胶和硅橡胶等,其中硅橡胶适用于食品行业。

如图 8-2 所示为常用吸盘的类型。如图 8-2a 所示为圆形平吸盘,适合吸表面平整的工件。图 8-2b 所示为波纹吸盘,采用风箱型结构,适合吸表面突出的工件。真空吸盘的安装是靠吸盘上的螺纹直接与真空发生器或者真空安全阀、空心活塞杆气缸相连,如图 8-3 所示。

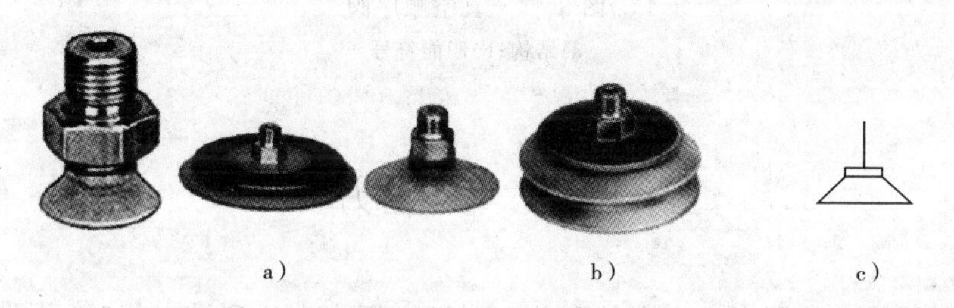

a)　　b)　　c)

图 8-2　真空吸盘

a)圆形平吸盘外观;b)波纹吸盘外观;c)职能符号

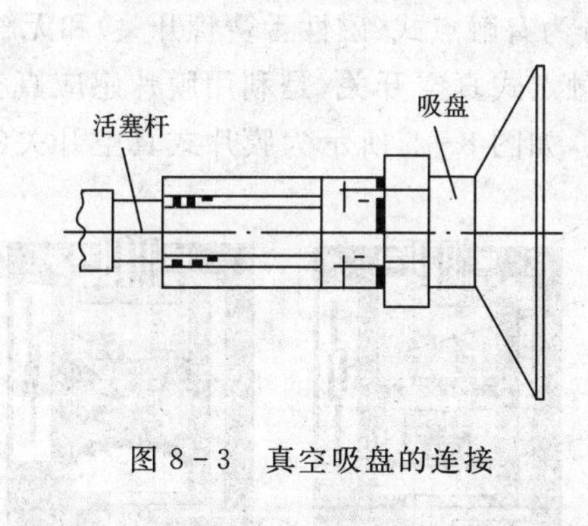

图 8-3　真空吸盘的连接

第三节　真空顺序阀

如要变化真空信号,可使用真空顺序阀(或称真空控制阀),其结构原理与压力顺序阀相同,只是用于负压控制。如图 8-4 所示为其结构原理图,图中当真空顺序阀的控制口 U 上的真空达到设定值时,二位三通换向阀就换向。

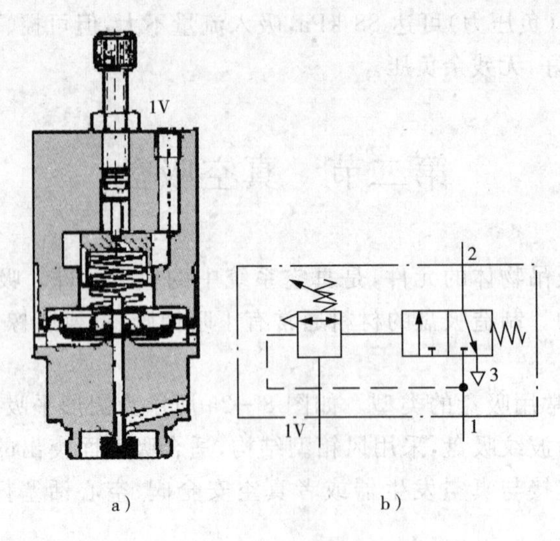

图 8-4 真空顺序阀

a)结构;b)职能符号

第四节 真空开关

真空开关是用于检测真空压力的开关。当真空压力未达到设定值时,开关处于断开状态。当真空压力达到设定值时,开关处于接通状态,发出电信号,控制真空吸附机构动作。

真空开关按触点形式可分为有触点式(磁性舌簧管开关)和无触点式(半导体真空开关)。

膜片式真空开关属于有触点式真空开关,是利用膜片感应真空压力变化的,再用舌簧管开关配合磁环提供压力信号。如图 8-5 所示为膜片式真空开关的工作原理图。

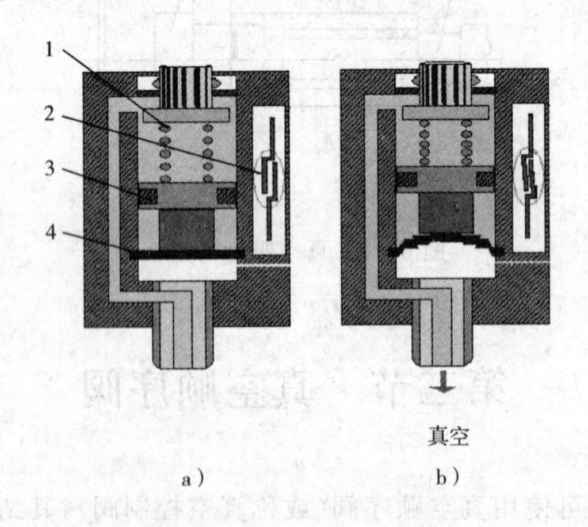

图 8-5 膜片式真空开关

a)真空压力未达到设定值结构;b)真空压力达到设定值结构

1—调节弹簧;2—舌簧开关;3—磁环;4—膜片

第五节 真空回路

如图 8-6 所示为一个真空吸附回路。启动手动阀 1 向真空发生器 3 提供压缩空气即产生真空，对吸盘 2 进行抽吸，当吸盘内的真空度达到调定值时，真空顺序阀 4 打开，推动二位三通阀换向，使控制阀 5 切换，气缸 A 活塞杆缩回(吸盘吸着工件移动)。当活塞杆缩回压下行程阀 7 时，延时阀 7 动作，同时开关 1 换向，真空断开(吸盘放开工件)，经过设定时间延时后，主控制阀 5 换向，气缸伸出，完成一次吸放工件动作。

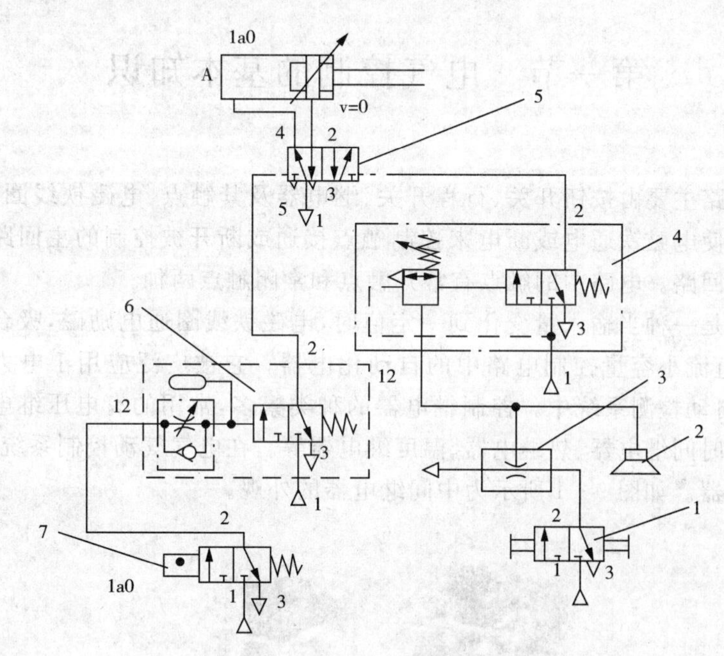

图 8-6 真空应用回路

1—开关；2—吸盘；3—真空发生器；4—真空顺序阀；5—控制阀；6—延时阀；7—行程阀

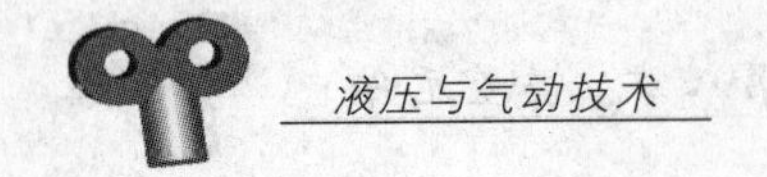

第九章 电气气动控制系统

第一节 电气控制的基本知识

电气控制回路主要由按钮开关、行程开关、继电器及其触点、电磁铁线圈等组成。通过按钮或行程开关使电磁铁通电或断电来控制触点接通或断开被控制的主回路,这种回路也称为继电器控制回路。电路中的触点有常开触点和常闭触点两种。

控制继电器是一种当输入量变化到一定值时,电磁铁线圈通电励磁,吸合或断开触点,接通或断开交、直流小容量控制电路中的自动化电器。它被广泛应用于电力拖动、程序控制、自动调节与自动检测系统中。控制继电器的种类繁多,常用的有电压继电器、电流继电器、中间继电器、时间继电器、热继电器、温度继电器等。在电气气动控制系统中常用中间继电器和时间继电器。如图 9-1 所示为中间继电器的外观。

图 9-1 中间继电器外观

一、中间继电器

中间继电器由线圈、铁芯、衔铁、复位弹簧、触点及端子组成,如图 9-2 所示,由线圈产生的磁场来接通或断开触点。当继电器线圈流过电流时,衔铁就会在电磁力的作用下克服弹簧压力,使常闭触点断开,常开触点闭合;当继电器线圈无电流时,电磁力消失,衔铁在返回弹簧的作用下复位,使常闭触点闭合,常开触点打开,如图 9-3 所示为其线圈及触点的职

能符号。

因为继电器线圈消耗电力很小，所以用很小的电流通过线圈即可使电磁铁励磁，而其控制的触点可通过相当大的电压电流，此乃继电器触点的容量放大机能。

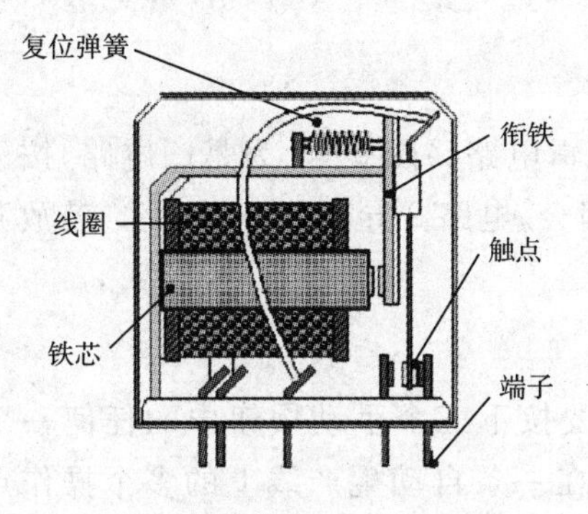

图 9-2　中间继电器原理图

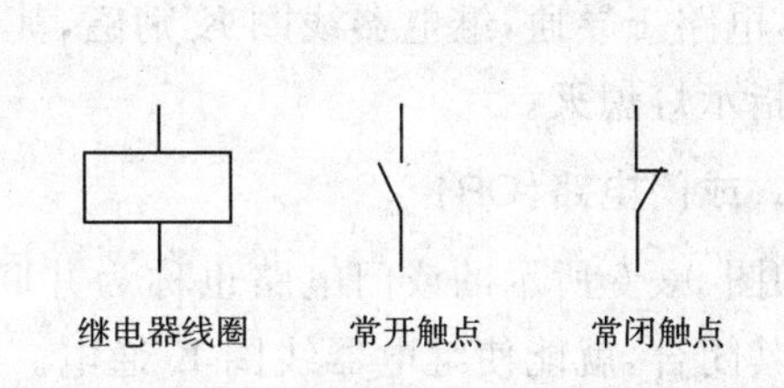

图 9-3　继电器线圈及触点的职能符号

二、时间继电器

时间继电器目前在电气控制回路中应用非常广泛。它与中间继电器相同之处是都由线圈与触点构成，而不同的是在时间继电器中，当输入信号时，电路中的触点经过一定时间后才闭合或断开。按照其输出触点的动作形式分为以下两种(见图 9-4)：

1. 延时闭合继电器

当继电器线圈流过电流时，经过预置时间延时，继电器触点闭合；当继电器线圈无电流时，继电器触点断开。

2. 延时断开继电器

当继电器线圈流过电流时，继电器触点闭合；当继电器线圈无电流时，经过预置时间延时，继电器触点断开。

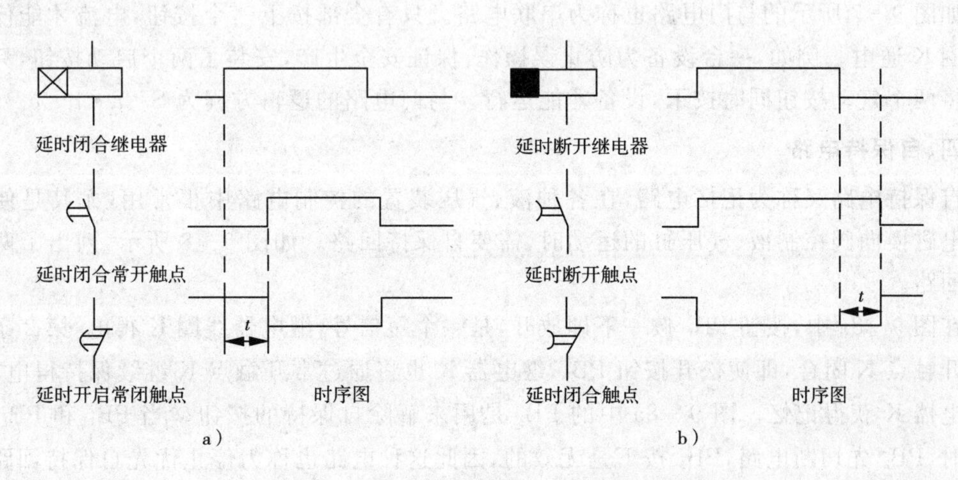

图 9-4　延时继电器线圈及其触点职能符号和时序图

a)闭合；b)断开

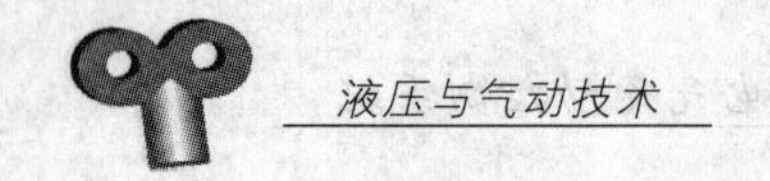

第二节　基本电气回路

一、是门电路(YES)

是门电路是一种简单的通、断电路，能实现是门逻辑电路。图 9-5 为是门电路，按下按钮 PB，电路 1 导通，继电器线圈 K 励磁，其常开触点闭合，电路 2 导通，指示灯亮。若放开按钮，则指示灯熄灭。

二、或门电路(OR)

如图 9-6 所示的或门电路也称为并联电路。只要按下三个手动按钮中的任何一个开关，使其闭合，就能使继电器线圈 K 通电。例如，要求在一条自动生产线上的多个操作点可以作业，或门电路的逻辑方程为 S＝a＋b＋c。

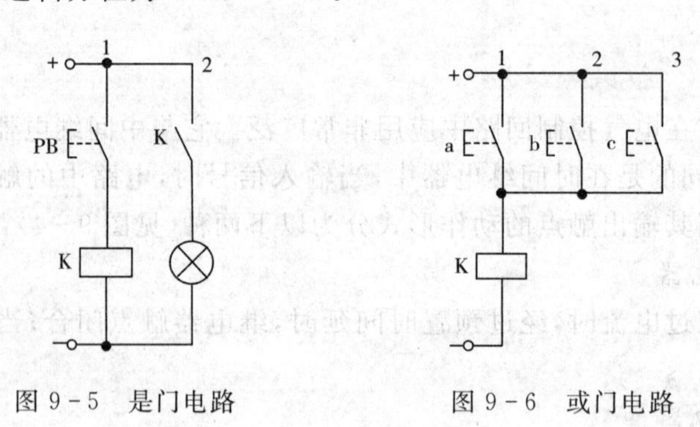

图 9-5　是门电路　　　　图 9-6　或门电路

三、与门电路

如图 9-7 所示的与门电路也称为串联电路。只有全部按下三个按钮，电流才能使继电器线圈 K 通电。例如，一台设备为防止误操作，保证安全生产，安装了两个启动按钮，只有操作者将两个气动按钮同时按下，设备才能运行。与门电路的逻辑方程为 S＝a·b·c。

四、自保持电路

自保持电路又称为记忆电路，在各种液、气压装置的控制电路中很常用，尤其是使用单电控电磁换向阀控制液、气压缸的运动时，需要自保持回路。如图 9-8 所示，列出了两种自保持回路。

在图 9-8a 中，按钮 PB_1 按一下即放开，是一个短信号，继电器线圈 K 得电，第 2 条线上的常开触点 K 闭合，即使松开按钮 PB_1，继电器 K 也将通过常开触点 K 继续保持得电状态，使继电器 K 获得记忆。图 9-8a 中的 PB_2 是用来解除自保持的按钮。当 PB_1 和 PB_2 同时按下时，PB_2 先切断电路，PB_1 按下是无效的，因此这种电路也称为停止优先自保持回路。

如图 9-8b 所示为另一种自保持回路，在这种电路中，当 PB_1 和 PB_2 同时按下时，PB_1 使继电器线圈 K 得电，PB_2 无效，这种电路也称为启动优先自保持回路。上述两种电路略有差异，可根据要求恰当使用。

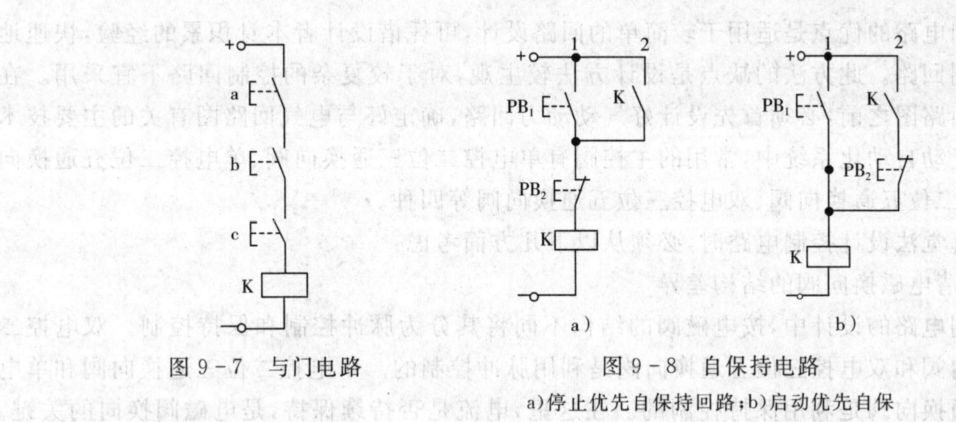

图 9－7　与门电路　　　　图 9－8　自保持电路

a)停止优先自保持回路；b)启动优先自保

五、互锁电路

互锁电路用于防止错误动作的发生，以保护设备、人员安全，如电机的正转与反转、气缸的伸出与缩回。为防止同时输入相互矛盾的动作信号，使电路短路或线圈烧坏，控制电路应加互锁功能。如图 9－9 所示，按下按钮 PB_1，继电器线圈 K_1 得电，第 2 条线上的触点 K_1 闭合，继电器 K_1 形成自保，第 3 条线上 K_1 的常闭触点断开，此时若再按下按钮 PB_2，则继电器线圈 K_2 一定不会得电。同理，若先按下按钮 PB_2，则继电器线圈 K_2 得电，继电器线圈 K_1 一定不会得电。

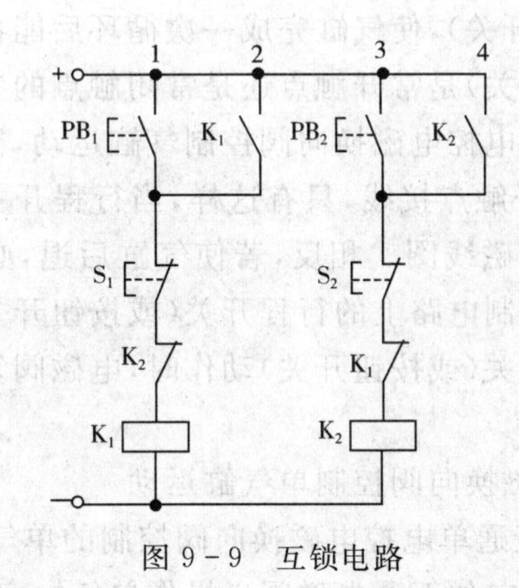

图 9－9　互锁电路

第三节　电气气动程序回路设计

在设计电气气动程序控制系统时，应将电气控制回路和气动动力回路分开画，两个图上的文字符号应一致，以便对照。

电气控制回路的设计方法有多种，本章主要介绍直觉法和串级法

一、用直觉法（经验法）设计电气回路图

1. 设计时的注意事项

用直觉法设计电气回路图即是应用气动的基本控制方法和自身的经验来设计。用此方

法设计控制电路的优点是适用于较简单的回路设计，可凭借设计者本身积累的经验，快速地设计出控制回路。此方法的缺点是设计方法较主观，对于较复杂的控制回路不宜采用。在设计电气回路图之前，必须首先设计好气动动力回路，确定好与电气回路图有关的主要技术参数。在气动自动化系统中，常用的主控阀有单电控二位三通换向阀、单电控二位五通换向阀、双电控二位五通换向阀、双电控三位五通换向阀等四种。

在用直觉法设计控制电路时，必须从以下几方面考虑：

(1)分清电磁换向阀的结构差异

在控制电路的设计中，按电磁阀的结构不同将其分为脉冲控制和保持控制。双电控二位五通换向阀和双电控三位五通换向阀是利用脉冲控制的。单电控二位三通换向阀和单电控二位五通换向阀是利用保持控制的。在这里，电流是否持续保持，是电磁阀换向的关键。利用脉冲控制的电磁阀，因其具有记忆功能，无需自保，所以此类电磁阀没有弹簧。为避免因误动作造成电磁阀两边线圈同时通电而烧毁线圈，在设计控制电路时必须考虑互锁保护。利用保持电路控制的电磁阀，必须考虑使用继电器实现中间记忆，此类电磁阀通常具有弹簧复位或弹簧中位，这种电磁阀比较常用。

(2)注意动作模式

如气缸的动作是单个循环，用按钮开关操作前进，利用行程开关或按钮开关控制回程。若气缸动作为连续循环，则利用按钮开关控制电源的通、断电，在控制电路上比单个循环多加一个信号传送元件(如行程开关)，使气缸完成一次循环后能再次动作。

(3)对行程开关(或按钮开关)是常开触点还是常闭触点的判别

用二位五通或二位三通单电控电磁换向阀控制气缸运动，欲使气缸前进，控制电路上的行程开关(或按钮开关)以常开触点接线，只有这样，当行程开关(或按钮开关)动作时，才能把信号传送给使气缸前进的电磁线圈。相反，若使气缸后退，必须使通电的电磁线圈断电，电磁阀复位，气缸才能后退，控制电路上的行程开关(或按钮开关)在控制电路上必须以常闭触点形式接线，这样，当行程开关(或按钮开关)动作时，电磁阀复位，气缸后退。

2. 典型回路

(1)用二位五通单电控电磁换向阀控制单气缸运动

【例 9-1】 设计用二位五通单电控电磁换向阀控制的单气缸自动单往复回路。

利用手动按钮控制单电控二位五通电磁阀来操作单气缸实现单个循环。动力回路如图 9-10a 所示，动作流程如图 9-10b 所示，依照设计步骤完成 9-10c 所示的电气回路图。

设计步骤如下：

(1)将启动按钮 PB_1 及继电器 K 置于 1 号线上，继电器的常开触点 K 及电磁阀线圈 YA 置于 3 号线上。这样，当 PB_1 被按下时，电磁阀线圈 YA 通电，电磁阀换向，活塞前进，完成图 9-10b 中方框 1、2 的要求，如图 9-10c 所示的 1 号和 3 号线。

(2)由于 PB_1 为一点动按钮，手一放开，电磁阀线圈 YA 就会断电，活塞后退。为使活塞保持前进状态，必须将继电器 K 所控制的常开触点接于 2 号线上，形成一自保电路，完成图 9-10b 中方框 3 的要求，如图 9-10c 所示的 2 号线。

(3)将行程开关 a_1 的常闭触点接于 1 号线上，当活塞杆压下 a_1 时，切断自保电路，电磁阀线圈 YA 断电，电磁阀复位，活塞退回，完成图 9-10b 中方框 5 的要求。图 9-10c 中的

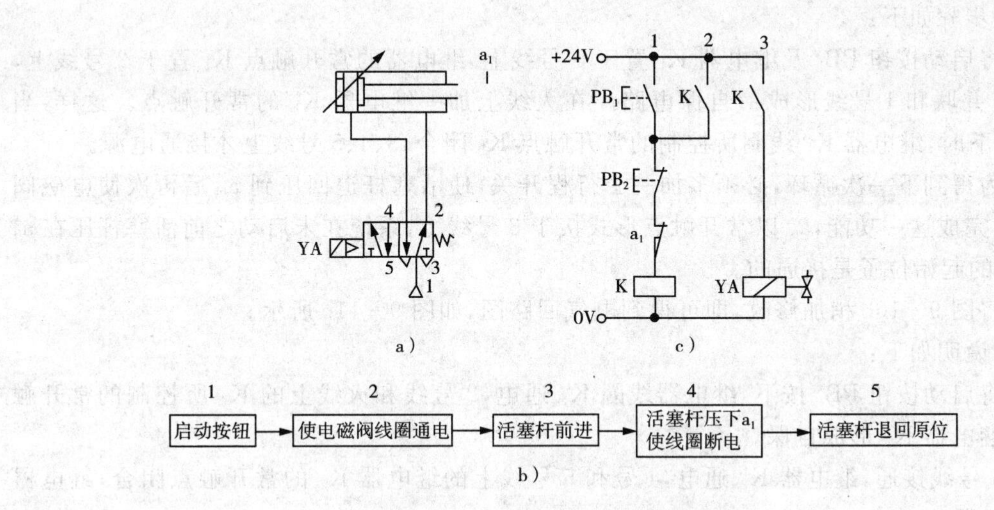

图 9-10 单气缸自动单往复回路

a)气动回路图;b)动作流程图;c)电气回路图

PB_2 为停止按钮。

动作说明如下:

(1)将启动按钮 PB_1 按下,继电器线圈 K 通电,控制 2 号和 3 号线上所控制的常开触点闭合,继电器 K 自保,同时 3 号线接通,电磁阀线圈 YA 通电,活塞前进。

(2)活塞杆压下行程开关 a_1,切断自保电路,1 号和 2 号线断路,继电器线圈 K 断电,K 所控制的触点恢复原位。同时,3 号线断开,电磁阀线圈 YA 断电,活塞后退。

【例 9-2】 设计用二位五通单电控电磁换向阀控制的单气缸自动连续往复回路。

动作回路如图 9-11a 所示,动作流程如图 9-11b 所示。依照设计步骤完成 9-11c 所示的电气回路图。

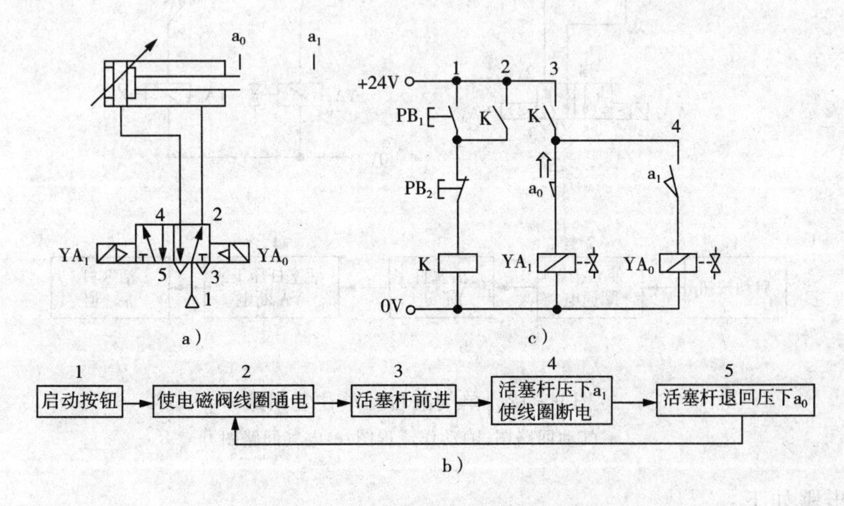

图 9-11 单气缸自动连续往复回路

a)气动回路图;b)动作流程图;c)电气回路图

设计步骤如下：

(1)将启动按钮 PB_1 及继电器 K_1 置于 1 号线上，继电器的常开触点 K_1 置于 2 号线上，并与 PB_1 并联和 1 号线形成一自保电路。在火线上加一继电器 K_1 的常开触点。这样，当 PB_1 被按下时，继电器 K_1 线圈所控制的常开触点 K_1 闭合，3、4、5 号线上才接通电源。

(2)为得到下一次循环，必须多加一个行程开关，使活塞杆退回压到 a_0 后再次使电磁阀通电。为完成这一功能，a_0 以常开触点形式接于 3 号线上，系统在未启动之前活塞杆压在 a_0 上，故 a_0 的起始位置是接通的。

(3)将图 9－10c 稍加修改，即可得到电气回路图，如图 9－11c 所示。

动作说明如下：

(1)将启动按钮 PB_1 按下，继电器线圈 K_1 通电，2 号线和火线上的 K_1 所控制的常开触点闭合，继电器 K_1 形成自保。

(2)3 号线接通，继电器 K_2 通电，4 号和 5 号线上的继电器 K_2 的常开触点闭合，继电器 K_2 形成自保。

(3)5 号线接通，电磁阀线圈 YA 通电，活塞前进。

(4)当活塞杆压下 a_1 时，继电器线圈 K_2 断电，K_2 所控制的常开触点恢复原位，继电器 K_2 的自保电路断开，4 号和 5 号线断路，电磁阀线圈 YA 断电，活塞后退。

(5)活塞退回压下 a_0 时，继电器线圈 K_2 又通电，电路动作由 2 开始。

(6)若按下 PB_2，则继电器线圈 K_1 和 K_2 断电，活塞后退。PB_2 为急停或后退按钮。

【例 9－3】 设计用二位五通双电控电磁换向阀控制的单气缸自动单往复回路。

利用手动按钮使气缸前进，直至到达预定位置，其自动后退。气动回路如图 9－12a 所示，动作流程如图 9－12b 所示，依照设计步骤完成 9－12c 所示的电气回路图。

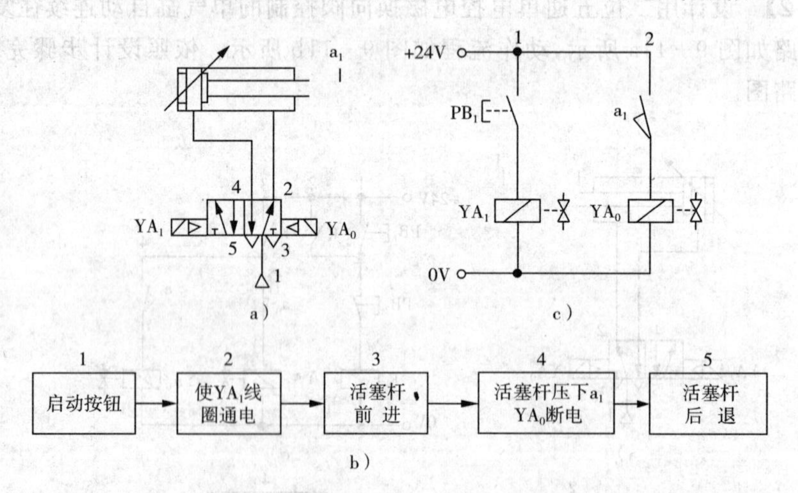

图 9－12 单气缸自动单往复回路

a)气动回路图；b)动作流程图；c)电气回路图

设计步骤如下：

(1)将启动按钮 PB_1 和电磁阀线圈 YA_1 置于 1 号线上。当按下 PB_1 后立即放开时，线圈 YA_1 通电，电磁阀换向，活塞前进，达到图 9－12b 中方框 1、2 和 3 的要求。

(2)将行程开关 a_1 以常开触点的形式和线圈 YA_0 置于 2 号线上。当活塞前进时，压下 a_1，YA_0 通电，电磁阀复位，活塞后退，完成图 9－12b 中方框 4 和 5 的要求。其电路如图 9－12c 所示。

【例 9－4】 设计用二位五通双电控电磁换向阀控制的单气缸自动连续往复回路。

其气动回路如图 9－13a 所示，动作流程如图 9－13b 所示，依照设计步骤完成如图 9－13c 所示的电气回路图。

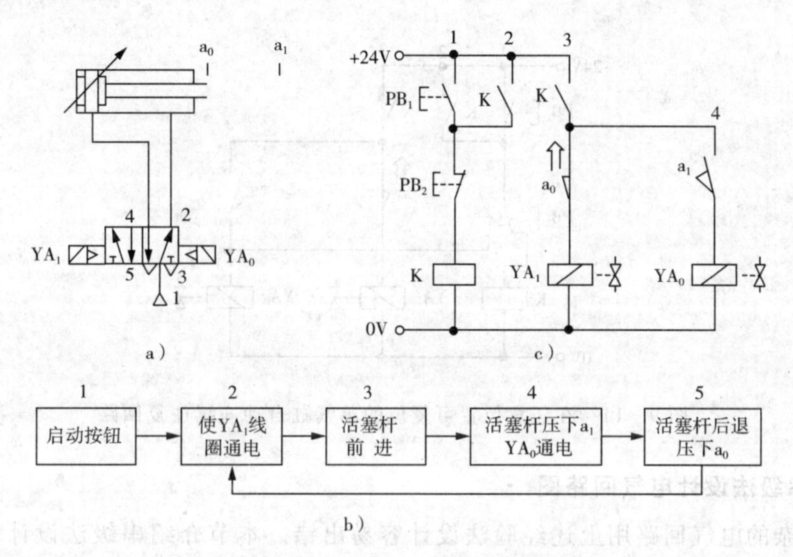

图 9－13　单气缸自动连续往复回路

a)气动回路图；b)动作流程图；c)电气回路图

设计步骤如下：

(1)将启动按钮 PB_1 和继电器线圈 K 置于 1 号线上，K 所控制的常开触点接于 2 号线上。当按下 PB_1 后立即放开时，2 号线上 K 的常开触点闭合，继电器 K 自保，则 3 号和 4 号线有电。

(2)电磁铁线圈 YA_1 置于 3 号线上。当按下 PB_1 时，线圈 YA_1 通电，电磁阀换向，活塞前进，完成如图 9－13b 所示方框 1、2 和 3 的要求。

(3)行程开关 a_1 以常开触点的形式和电磁铁线圈 YA_0 接于 4 号线上。当活塞杆前进压下 a_1 时，线圈 YA_0 通电，电磁阀复位，气缸活塞后退，完成如图 9－13b 所示方框 4 的要求。

(4)为得到下一次循环，必须在电路上加一个起始行程开关 a_0，使活塞杆后退，压下 a_0 时，将信号传给线圈 YA_1，使 YA_1 再次通电。为完成此项工作，a_0 以常开触电的形式接于 3 号线上。

系统在未启动之前，活塞在起始点位置，a_0 被活塞杆压住，故其起始状态为接通状态。PB_2 为停止按钮。电路如图 9－13c 所示。

动作说明如下：

(1)按下 PB_1，继电器线圈 K 通电，2 号线上的继电器常开触点闭合，继电器 K 形成自保，且 3 号线接通，电磁铁线圈 YA_1 通电，活塞前进。

(2)当活塞杆离开 a_0 时，电磁铁线圈 YA_1 断电。

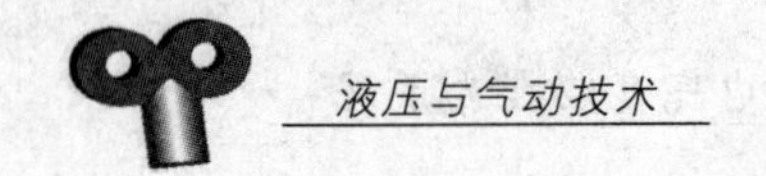

(3)当活塞杆前进压下 a_1 时,4 号线接通,电磁铁线圈 YA_0 通电,活塞退回。当活塞杆后退压下 a_0 时,3 号线又接通,电磁铁线圈 YA_1 再次通电,第二个循环开始。

如图 9－13c 所示的电路图的缺点是:当活塞前进时,按下停止按钮 PB_2,活塞杆前进,且压在形成开关 a_1 上,活塞无法退回起始位置。按下停止按钮 PB_2,无论活塞处于前进还是后退状态,均能使活塞马上退回到起始位置。将按钮开关 PB_2 换成按钮转换开关,其电路图如图 9－14 所示。

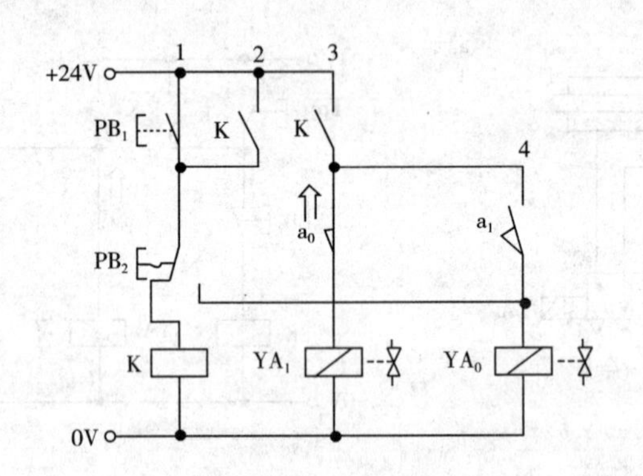

图 9－14　在任意位置可复位的单气缸自动连续往复回路

二、用串级法设计电气回路图

对于复杂的电气回路用上述经验法设计容易出错。本节介绍串级法设计电气回路,其原则与前述设计纯气动控制回路相似。用串级法设计电气回路并不能保证使用最少的继电器,但却能提供一种方便而有规则可循的方法。根据此法设计的回路易懂,可不必借助位移—步骤图来分析其动作,减少了对设计技巧和经验的依赖。

串级法既适用于双电控电磁阀控制的电气回路,也适用于单电控电磁阀控制的电气回路。

用串级法设计电气回路的基本步骤如下:

(1)画出气动动力回路图,按照程序要求确定行程开关位置,并确定使用双电控电磁阀或单电控电磁阀。

(2)按照气缸动作的顺序分组。

(3)根据各气缸动作的位置,决定其行程开关。

(4)根据步骤(3)画出电气回路图。

(5)加入各种控制继电器和开关等辅助元件。

1. 使用双电控电磁阀的电气回路图设计

在上述的用串级法设计气路中,气缸的动作顺序经分组后,在任意时刻,只有其中某一组在动作状态中,如此可避免双电控电磁阀因误动作而导致通电,其详细设计步骤如下:

(1)写出气缸的动作顺序并分组,分组的原则是每个气缸的动作在每组中仅出现一次,即同一组中气缸的英文字母代号不得重复出现。

(2)每一组用一个继电器控制动作,且在任意时间,仅其中一组继电器处于动作状态。

(3)第一组继电器由启动开关串联最后一个动作所触动的行程开关的常开触点控制,并

形成自保。

(4)各组的输出动作按照各气缸的运动位置及所触动的行程开关来确定，并按顺序设计回路。

(5)第二组和后续各组继电器由前一组气缸最后触动的行程开关的常开触点串联前一组继电器的常开触点控制，并形成自保，由此可避免行程开关被触动一次以上而产生错误的顺序动作，或是不按正常顺序触动行程开关而造成不良影响。

(6)每一组继电器的自保回路由下一组继电器的常闭触点切断，但最后一组继电器除外。

最后一组继电器的自保回路是由最后一个动作完成时所触动的形成开关的常闭触点切断的。

(7)如果在回路中有两次动作以上的电磁铁线圈，那么必须在其动作回路上串联该动作所属组别的继电器的常开触点，以避免逆向电流造成不正确的继电器或电磁线圈被励磁。

如果将动作顺序分成两组，则通常只需用一个继电器(一组用继电器常开触点，一组用继电器常闭触点)；如果将动作顺序分成三组以上，则通常每一组用一个继电器控制，但在任意时刻，只有一个继电器通电。

【例 9-5】 A、B两缸的动作顺序为 A+B+B-A-，两缸的位移—步骤图如图 9-15a 所示，其气动回路如图 9-15b 所示，试设计其电气回路图。

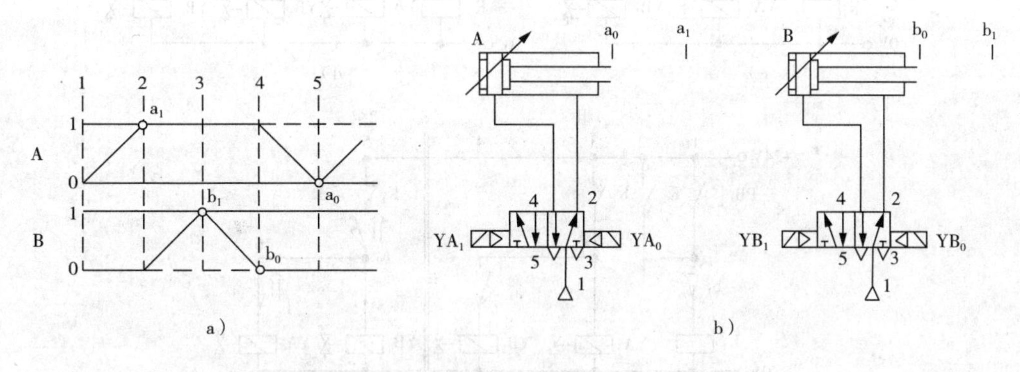

图 9-15

a)位移—步骤图；b)气动回路图

设计步骤如下：

(1)将两缸的动作按顺序分组，如图 9-16a 所示。

(2)由于动作顺序只分成两组，因此只用 1 个继电器控制即可。第一组由继电器常开触点控制，第二组由继电器常闭触点控制。

(3)建立启动回路：将启动按钮 PB_1 和继电器线圈 K_1 置于 1 号线上，继电器 K_1 的常开触点置于 2 号线上且和启动按钮并联。这样，当按下启动按钮 PB_1，继电器线圈 K_1 通电并自保。

(4)第一组的第一个动作为 A 缸伸出，故将 K_1 的常开触点和电磁线圈 YA_1 串联于 3 号线上。这样，当 K_1 通电，A 缸即伸出，电路如图 9-16b 所示。

(5)当 A 缸前进压下行程开关 a_1 时，发信号使 B 缸伸出，故将 a_1 的常开触点和电磁线

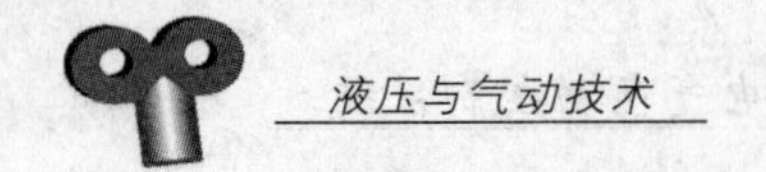

圈 YB_1 串联于 4 号线上且和电磁线圈 YA_1 并联，电路如图 9－16c 所示。

(6)当 B 缸伸出压下行程开关 b_1 时，产生换组动作（由 1 组换到 2 组），即线圈 K_1 断电，故必须将 b_1 的常闭触点接于 1 号线上。

(7)第二组的第一个动作为 $B-$，故将 K_1 的常闭触点和电磁线圈 YB_0 串联于 5 号线上，电路如图 9－16d 所示。

(8)当 B 缸缩回压下行程开关 b_0 时，A 缸缩回，故将 b_0 的常开触点和电磁线圈 YA_0 串联且和电磁线圈 YB_0 并联。

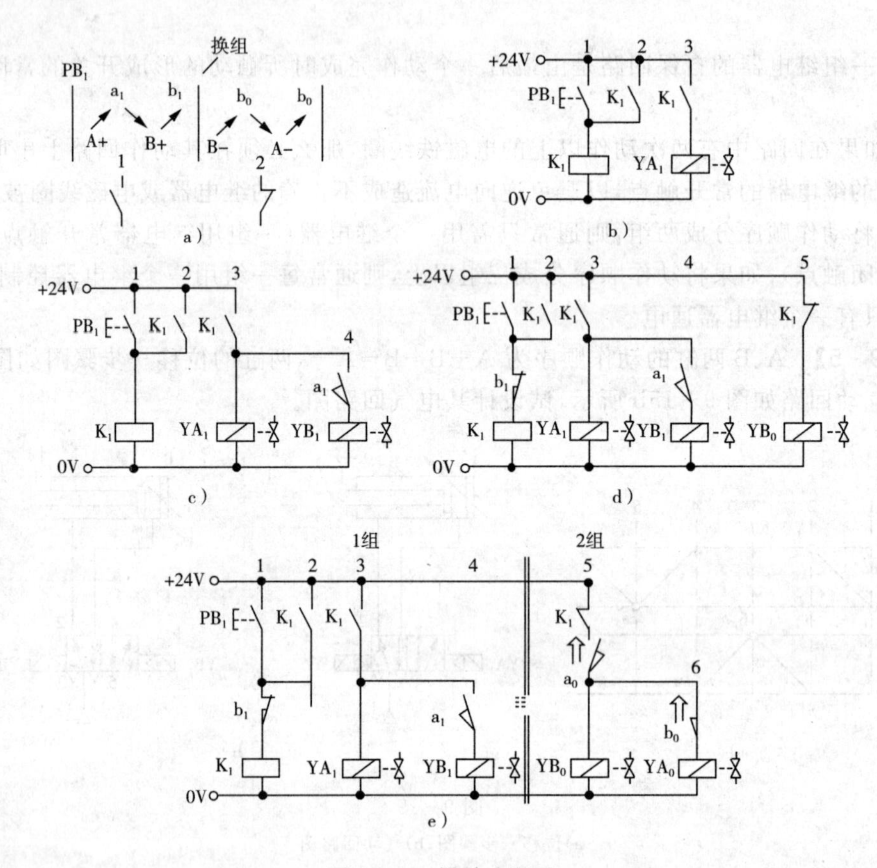

图 9－16　设计步骤图

(9)将行程开关 a_0 的常开触点接于 5 号线上，以防止在未按下启动按钮 PB_1 之前，电磁线圈 YA_0 和 YB_0 通电。

(10)完成电路，如图 9－16e 所示。

动作说明如下：

(1)按下启动按钮，继电器 K_1 通电，2 号和 3 号线上 K_1 所控制的常开触点闭合，5 号线上的常闭触点断开，继电器 K_1 形成自保。

(2)3 号线通路，5 号线断路，电磁线圈 YA_1 通电，A 缸前进。A 缸伸出压下行程开关 a_1，a_1 闭合，4 号线通路，电磁线圈 YB_1 通电，B 缸前进。

(3)B 缸前进压下行程开关 b_1，b_1 断开，电磁线圈 K_1 断电，K_1 控制的触点复位，继电器

K_1 的自保消失，3 号线断路，5 号线通路。此时，电磁线圈 YB_0 通电，B 缸缩回。

(4)B 缸缩回压下行程开关 b_0，b_0 闭合，6 号线通路，电磁线圈 YA_0 通电，A 缸缩回。

(5)A 缸后退压下 a_0，a_0 断开。

由以上动作可知，采用串级法设计控制电路可防止电磁线圈 YA_1 和 YA_0 及 YB_1 和 YB_0 同时通电。

【例 9-6】 A、B 两缸的位移—步骤图如图 9-17a 所示，其气动回路如图 9-15b 所示，试设计其电气回路图。

设计步骤如下：

(1)将两缸的动作按顺序分组，如图 9-18a 所示。

(2)由图 9-18b 可见，动作顺序分成三组：第 1 组由继电器 K_1 控制，第 2 组由继电器 K_2 控制，第 3 组由继电器 K_3 控制。

(3)首先建立启动回路。将启动按钮 PB_1，行程开关 b_0 的常开触点和继电器线圈 K_1 置于 1 号线上，K_1 的常开触点置于 2 号线上，且与 PB_1 及 b_0 并联。

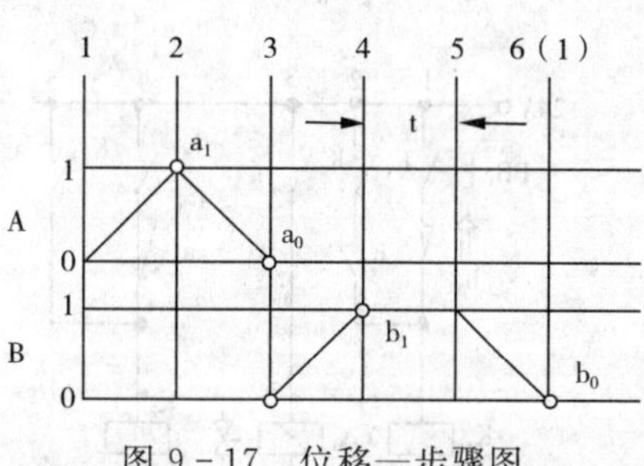

图 9-17　位移—步骤图

(4)将 K_1 的常开触点及电磁线圈 YA_1 串联于 3 号线上。这样，当启动按钮 PB_1 按下时，继电器 K_1 自保，A 缸伸出，电路如图 9-18b 所示。

(5)当 A 缸伸出压下行程开关 a_1 时，要产生换组动作(由 1 组换到 2 组)，也就是使继电器线圈 K_2 通电，同时，使继电器线圈 K_1 断电。要完成此功能，需将 K_1 的常开触点、行程开关 a_1 和继电器线圈 K_2 串联于 4 号线上。继电器 K_2 的常开触点接于 5 号线上，且和继电器 K_1 的常开触点及 a_1 并联，同时将 K_2 的常闭触点串联到 2 号线上。这样，当 A 缸伸出压下行程开关 a_1 时，继电器线圈 K_2 通电，形成自保。2 号线上 K_2 的常闭触点断开，继电器线圈 K_1 断电。其电路如图 9-18c 所示。

(6)继电器 K_2 的常开触点及电磁线圈 YA_0 串联于 6 号线上，当 K_2 通电时，A 缸缩回。

(7)当 A 缸缩回压下行程开关 a_0 时，B 缸伸出，故将 a_0 的常开触点及电磁线圈 YB_1 置于 7 号线上。

(8)当 B 缸伸出压下行程开关 b_1 时，定时器动作，产生延时，故将 b_1 的常开触点和定时器线圈 T 置于 8 号线上，其电路如图 9-18d 所示。

(9)当定时器设定时间到时，产生换组动作(由 2 组换到 3 组)，使继电器线圈 K_3 通电，同时使继电器线圈 K_2 断电。要完成此项功能，需将继电器 K_2 的常开触点、定时器 T 的常开触点及继电器 K_3 线圈置于 9 号线上，同时将继电器 K_3 的常闭触点串联在 5 号线上。这样，当定时器时间到时，定时器的常开触点闭合，继电器线圈 K_3 通电，5 号线上的 K_3 的常闭触点分离，继电器线圈 K_2 断电。

(10)将电磁线圈 YB_0 置于 10 号线上，使其与继电器线圈 K_3 并联。当 K_3 通电时，电磁线圈 YB_0 励磁，气缸 B 缩回。

(11)完成电气回路，如图 9-18e 所示。

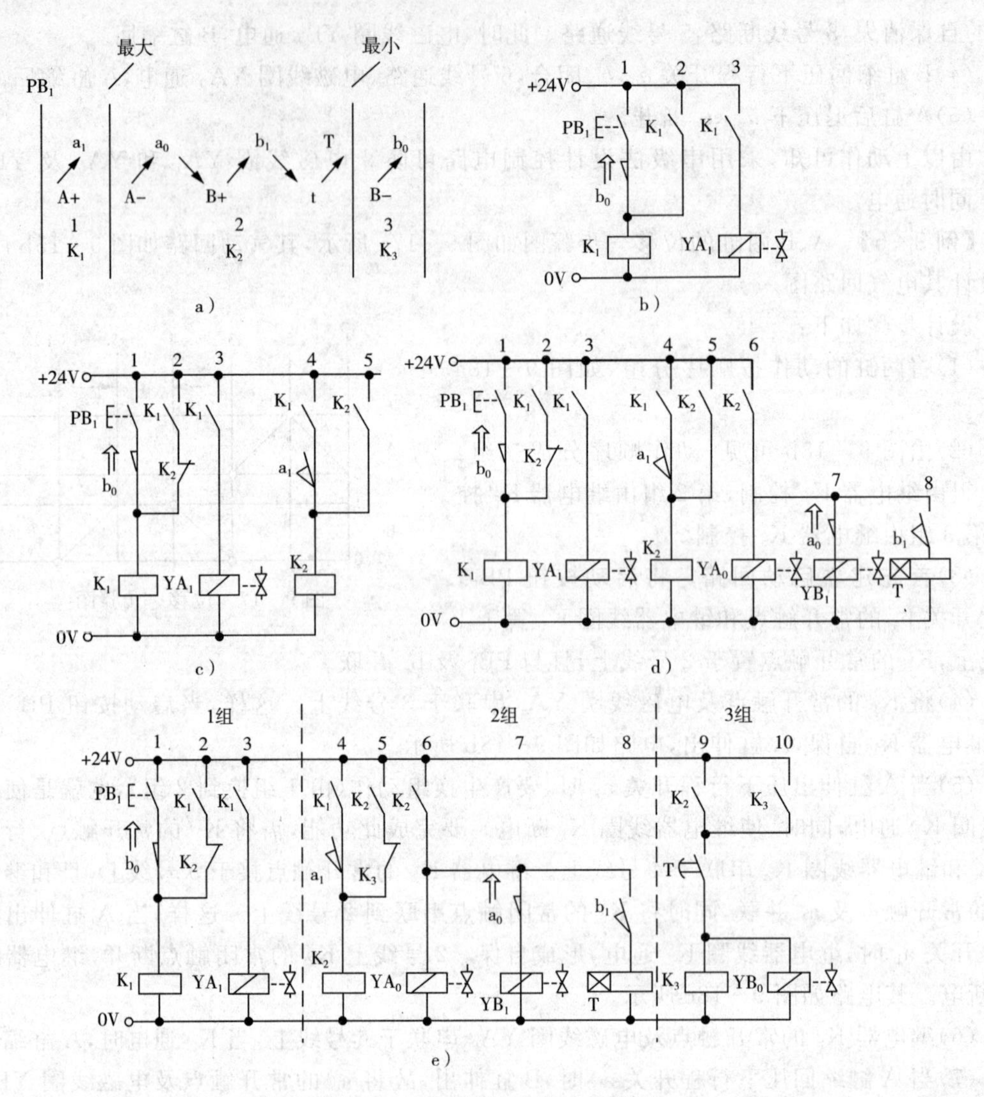

图 9-18　电气回路设计步骤图

动作说明如下：

(1)按下启动按钮，1 号线通路，继电器线圈 K_1 通电，2 号、3 号和 4 号线上 K_1 所控制的常开触点闭合，继电器 K_1 自保。

(2)由于此时 3 号线通路，因此电磁线圈 YA_1 通电，A 缸伸出。

(3)A 缸伸出压下行程开关 a_1，4 号线通路，继电器线圈 K_2 通电，则 5 号、6 号和 9 号线上所控制的常开触点闭合，2 号线上继电器 K_2 的常闭触点分离，并使 1 和 2 号线上所形成的自保电路消失，线圈 K_1 断电，动作由第 1 组换到第 2 组。

(4)6 号线通路，电磁线圈 YA_0 通电，A 缸缩回。

(5)A 缸缩回，压下行程开关 a_0，电磁线圈 YB_1 通电，B 缸伸出。

(6)B 缸伸出压下 b_1 时，定时器线圈 T 通电，开始计时。

(7)设定时间到时，定时器线圈所控制的常开触点闭合，9 号线通路，继电器线圈 K_3 通

电，5 号线上 K_1 的常闭触点分离，4 号和 5 号线上所形成的自保电路消失，继电器线圈 K_2 断电，动作由第 2 组换到第 3 组。

(8)继电器线圈 K_3 通电，同时电磁线圈 YB_0 通电，B 缸缩回。

由以上动作说明可知，在任一时刻，只有一个继电器线圈通电，则电磁线圈 YA_1 和 YA_0、YB_1 和 YB_0 不会出现同时通电的情况。

2. 使用单电控电磁阀的电气回路图设计

使用单电控电磁阀设计单电控电气回路，其设计思路是让电磁线圈通电而使方向控制阀换向，从而使气缸活塞杆伸出；让电磁阀断电，使电磁阀复位，即气缸缩回。如前所述，在串级法中，当新的一组动作开始时，前一组的所有主阀断电。因此，对于输出动作延续到后续各组的动作，必须在后续各组中再次被励磁。

单电控电磁阀的控制回路在设计步骤上与双电控电磁阀的控制回路相同，但通常将控制继电器线圈集中在回路左方，而控制输出电磁阀线圈放在回路右方。

【例 9-7】 A、B 两缸的位移—步骤图如图 9-19a 所示，其气动动力回路如图 9-19b 所示，试设计其电气回路图。

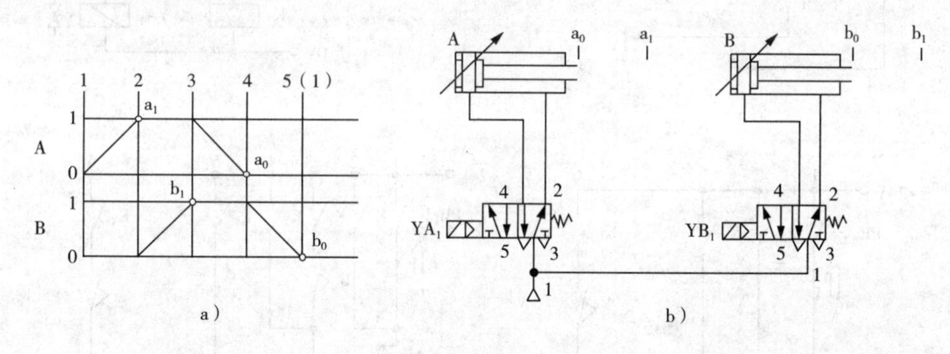

图 9-19

a)位移—步骤图；b)气动回路图

设计步骤如下：

(1)写出气缸的顺序动作，并按串级法分组，确定每个动作所触动的行程开关。为了表示电磁线圈的动作延续到后续各组中，用动作顺序下方画出水平箭头来说明线圈的输出动作必须维持至该点。如图 9-20a 所示，电磁线圈 YB_1 通电必须维持到 A 缸后退行程完成，当 A 缸后退压下 a_0 时，线圈 YB_1 断电，B 缸自动后退。

(2)动作分为两组，并由两个继电器分别掌管。将启动按钮 PB_1、行程开关 b_0 及继电器线圈 K_1 置于 1 号线上，K_1 的常开触点置于 2 号线上且和 PB_1 和 b_0 并联，K_1 的常开触点和电磁线圈 YA_1 串联于 5 号线上。这样当按下 PB_1 时，电磁线圈 YA_1 通电，继电器 K_1 形成自保。电路如图 9-20b 所示。

(3)A 缸伸出压下行程开关 a_1，导致 B 缸伸出。因此，将继电器 K_1 的常开触点、行程开关 a_1 和电磁线圈 YB_1 串联于 6 号线上。这样，当 A 缸伸出压下 a_1 时，电磁线圈 YB_1 通电，B 缸伸出。电路如图 9-20c 所示。

(4)B 缸伸出压下行程开关 b_1，产生换组动作(由 1 组换到 2 组)。将继电器 K_1 的常开触点、行程开关 b_1 及继电器线圈 K_2 串联于 3 号线上，继电器线圈 K_2 的常开触点接于 4 号线上且和常开触点 K_1 及行程开关 b_1 并联。这样，当 B 缸伸出压下行程开关 b_1 时，继电器线圈 K_2 通电，且形成自保，同时，1 号线上的继电器线圈 K_2 的常闭触点分离，继电器线圈 K_1 断电，顺序动作进入第 2 组。电路如图 9－20d 所示。

(5)由于继电器 K_1 断电，因此 5 号线断路，A 缸缩回。为防止动作进入第 2 组时 B 缸与 A 缸同时缩回，必须在 7 号线上加上继电器 K_2 的常开触点，以延续电磁线圈 YB_1 通电。

(6)A 缸缩回压下行程开关 a_0，导致 B 缸缩回，因此，将行程开关 a_0 的常闭触点串联于 3 号线上。这样，当 A 缸退回压下 a_0 时，继电器线圈 K_2 断电，B 缸缩回。

(7)完成电路如图 9－20e 所示。

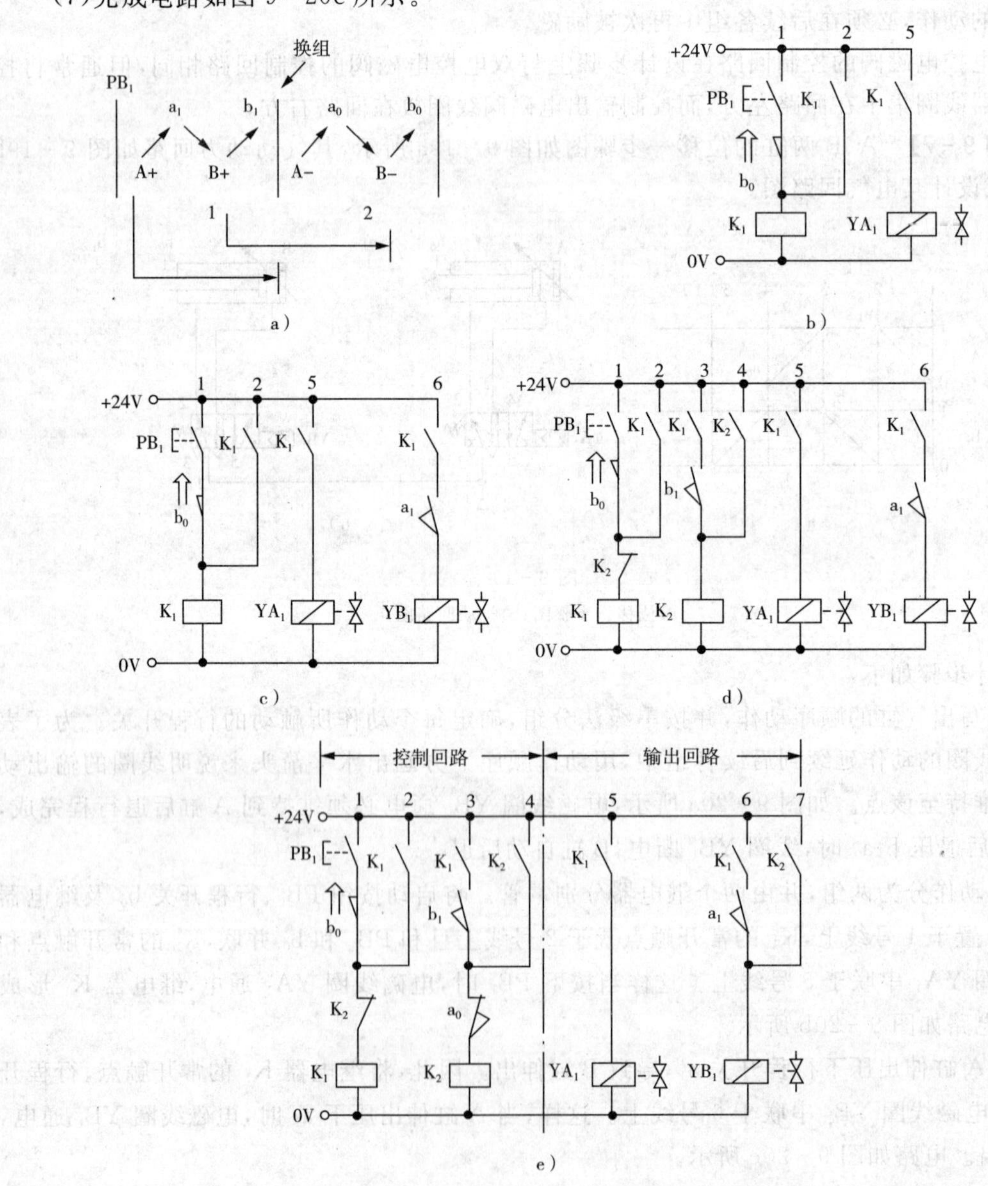

图 9－20 设计步骤图

动作说明如下：

(1)按下启动按钮 PB_1，1 号线通路，继电器线圈 K_1 通电，1 号、2 号、3 号、5 号及 6 号线上所控制的常开触点闭合，继电器线圈 K_1 形成自保。

(2)5 号线通路，电磁线圈 YA_1 通电，A 缸伸出。

(3)A 缸伸出压下 a_1，6 号线通路，电磁线圈 YB_1 通电，B 缸前进。

(4)B 缸前进压下 b_1，3 号线通路，继电器线圈 K_2 通电，4 号和 7 号线上 K_2 的常开触点闭合，1 号线上 K_2 的常闭触点分离，动作进入第 2 组。

(5)因为继电器线圈 K_1 断电，K_1 所控制的触点复位，所以 5 号线断电，电磁线圈 YA_1 断电，A 缸缩回。

(6)当 A 缸缩回压下 a_0 时，切断 3 号和 4 号线所形成的自保电路。此时，继电器线圈 K_2 断电，K_2 所控制的触点复位；7 号线断路，电磁线圈 YB_1 断电，B 缸缩回。

第十章 可编程控制器的应用

第一节 可编程控制器的组成及工作原理

一、可编程控制器的组成

从广义上来说，可编程控制器也是一种计算机控制系统，只不过它比一般的计算机具有更强的与工业过程相连接的接口和更直接的适用于控制要求的编程语言。所以 PLC 作为一种专门用于工业现场控制的计算机系统，与计算机控制系统的组成十分相似，也包括软件和硬件两大部分。其软件由系统软件和应用软件（或称用户程序）组成，系统软件又分为编程器系统软件和操作系统软件。在硬件组织结构方面也与计算机基本相同，也具有中央处理器（CPU）、存储器、输入/输出（I/O）接口、电源等，如图 10－1 所示。

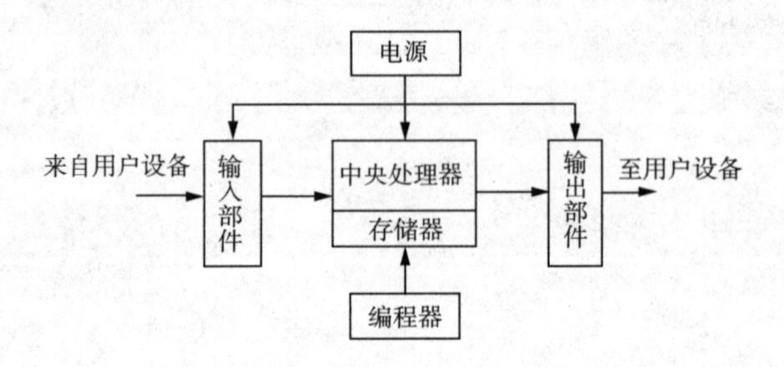

图 10－1　可编程控制器的基本组成

1. 中央处理器

中央处理器作为整个 PLC 的核心，起着总指挥的作用，主要有如下任务：

(1)按照 PLC 中系统程序所赋予的功能控制接收，并存储用户程序和数据，响应各种外部设备（如编程器、打印机、上位计算机、图形监控系统、条码判读器等）的工作请求。

(2)诊断 PLC 电源、内部电路的工作状态及用户程序中的语法错误。

(3)用扫描方式采集由现场输入装置送来的状态或数据，并存入输入映像寄存器或数据寄存器中。

(4)在运行状态时，按用户程序存储器中存放的先后顺序逐条读取指令，经编译解释后，按指令规定的任务完成各种运算和操作，根据运算结果存储相应的数据，并更新有关标志位的状态和输出映像寄存器的内容。

(5)将存于数据寄存器中的数据处理结果和输出映像寄存器的内容送至输出电路。

2. 存储器

PLC 内部的存储器有两类：一类是系统程序存储器，用于存放系统程序，包括系统管理程序、监控程序、模块化应用功能子程序以及对用户程序做编译处理的编译解释程序等。系统程序根据 PLC 功能的不同而不同，生产厂家在 PLC 出厂前已将其固化在只读存储 ROM 或 PROM 中，用户不能更改。

另一类是用户存储器，包括用户程序存储区及工作数据存储区。其中，用户程序存储区主要存放用户已编制好或正在调试的应用程序；工作数据存储区包括存储各输入端状态采样结果和各输出端状态运算结果的输入/输出(I/O)映像寄存器区(或称输入/输出状态寄存器区)、定时器/计数器的设定值和经过值存储区、各种内部编程元件(内部辅助继电器、计数器、定时器等)状态及特殊标志位存储区、存放暂存数据和中间运算结果的数据寄存器区等。这类存储器一般由随机存取存储器 RAM 构成，其中，存储内容可通过编程器读出并更改。为了防止 RAM 中的程序和数据因电源停电而丢失，常用高效的锂电池作为后备电源，锂电池的寿命一般为 3～5 年。

3. 输入/输出接口

输入/输出(I/O)接口是将工业现场的各种设备与 CPU 连接起来的部件，有时也被称为 I/O 单元或 I/O 模块。它使 PLC 通过其输入端子接受现场输入设备(如限位开关、操作按钮、传感器)的控制信号，并将这些信号转换成 CPU 所能接受和处理的数字信号。

输入有两种方式：一种是数字量输入，也称开关量输入或触点输入；另一种是模拟量输入，也称电平输入，模拟量输入要经过 A/D 转换才能进入 PLC。为了提高 PLC 的抗干扰能力，输入信号与内部电路之间并无电联系，输入信号主要依靠输入部件内部的光电耦合、滤波等电路将信号传送给内部电路。通过这种隔离措施可以防止现场干扰串入 PLC。

输出接口与输入相反，它将经 CPU 处理过的输出数字信号(1 或 0)传送给输出端的电路元件，以控制其接通或断开，从而使接触器、微电机、电磁阀、指示灯等输出设备获得或失去工作所需的电压或电流。输出接口的形式通常有继电器输出型、晶体管输出型和可控硅输出型等。

4. 特殊功能模块

为了满足复杂控制功能的需要，PLC 上配有多种智能模块，如 PID 调节模块、通信模块、步进模块以及伺服模块等。

5. 电源

PLC 的电源是指将外部输入的交流电经过整流、滤波、稳压等处理后转换成满足 PLC 的内部电子电路工作需要的直流电的电源电路或电源模块。输入/输出接口电路的电源彼此要相互独立以避免或减小电源间干扰。

现在许多 PLC 的直流电源采用直流开关稳压电源。这种电源稳压性能好，抗干扰能力强，不仅可提供多路独立的电压供内部电路使用，而且还可为输入设备或输入端的传感器提供标准电源。

6. 编程器

编程器是人与 PLC 联系和对话的工具，是 PLC 最重要的外围设备。用户可以利用编程器来输入、读出、检查、修改和调试用户程序，也可用它在线监控 PLC 的工作状态，进行故障查询或修改系统寄存器的设置参数等。一般来说，一台手持编程器可以用于同系列的其他PLC，做到了一机多用。对PLC除采用手持编程器进行编程和监控外，还可通过PLC的RS－232外设通信口（或422口配以适配器）与计算机连机，并利用PLC生产厂家提供的专用工具软件对PLC进行编程和监控。相较而言，利用计算机进行编程和监控往往比手持编程工具更加直观和方便。

二、可编程控制器的结构

通常可将PLC的结构分为单元式（或称箱体式、整体式）和模块式两类。

1. 单元式结构

单元式结构把包括CPU、RAM、ROM、I/O接口、与编程器或EPROM写入器相连的接口、与I/O扩展单元相连的扩展口、输入/输出端子、电源、各种指示灯等的全部电路安装在一个箱体内，其外观如图10－2所示。其特点是结构非常紧凑，体积小，成本低，安装方便。整体式PLC的主机可通过扁平电缆与I/O扩展单元、智能单元（如A/D、D/A单元）等相连接。

为了达到输入/输出点数灵活配置和易于扩展的目的，某一系列的产品通常都有不同点数的基本单元和扩展单元。单元的品种越丰富，其配置就越灵活。例如，日本立石的C系列机、三菱FX2N系列及西门子SIMATIC S7－200就属于这种形式，目前点数较少的系统多采用单元式结构。

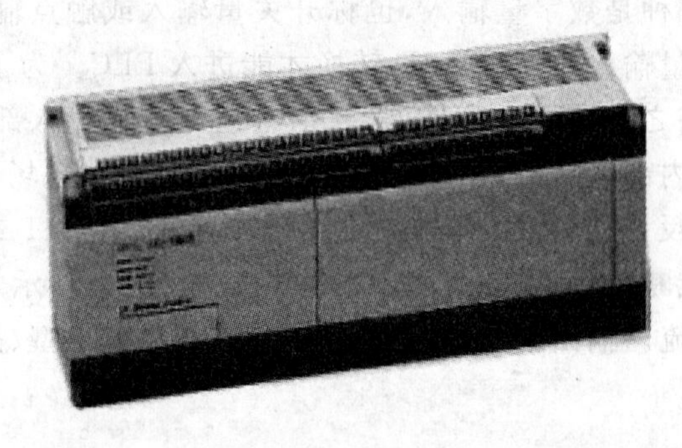

图10－2　单元式结构

小型可编程序控制器结构的最新发展也吸收了模块式结构的特点，各种点数不同的PLC主机和扩展单元都做成了同宽、同高但不同长度的模块，这样，几个模块拼装起来后就成了一个整齐的长方体结构。三菱的FX2N系列就是采用这种结构，立石C系列的小型机也采用这种结构。

目前PLC还有许多专用的特殊功能单元，这些单元有模拟量I/O单元、高速计数单元、位置控制单元、I/O连接单元等。大多数单元都是通过主单元的扩展口与PLC主机相连，有部分特殊功能单元通过PLC的编程器接口与PLC主机连接。

2. 模块式结构

模块式可编程控制器采用搭积木的方式组成系统，在一个机架上插上CPU、电源、I/O模块及特殊功能模块，构成一个总I/O点数很多的大规模综合控制系统。其外观如图10－3所示。

图 10-3　模块式结构

模块式结构形式的特点是CPU为独立的模块，输入/输出、电源等也是独立的模块，因此配置很灵活。可以根据不同的系统规模选用不同档次的CPU及各种I/O模块、功能模块及其他诸如通信、计数、定位等特殊功能模块来组成一个系统。由于模块尺寸统一，安装整齐，因此对于I/O点数很多的系统选型、安装调试、扩展、维修等都非常方便。这种结构形式的可编程控制器除了要有各种模块以外，还需要用机架（主机架、扩展机架）将各模块连成一个整体。若有多个机架时，则还要用电缆将各机架连在一起。目前大型系统多采用这种形式。

3. 叠装式结构

以上两种结构各有特色，前者结构紧凑，安装方便，体积小巧，容易与机床、电控柜连成一体，但由于其点数有搭配关系，加上各单元尺寸大小不一致，因此不易安装整齐；后者点数配置灵活，又易于构成较多点数的大系统，但尺寸较大，难以与小型设备相连，为此，有些公司开发出叠装式结构的可编程控制器。它的结构也是各种单元、CPU自成独立的模块，但安装不用机架，仅用接口进行单元间连接，且各单元可以一层层地叠装，这样，既达到了配置灵活的目的，又可以做得体积小巧。

三、可编程控制器的工作原理

1. PLC的工作方式

PLC的运算处理从运算步序码0开始，依次执行所有指令的内容，然后再返回到运算步序码0，这样反复循环执行从步序码0到尾部序之间的运算过程叫扫描运算，或称为循环扫描运算。

PLC的工作方式是以循环扫描的方式为基础的，每一次扫描所用的时间称为扫描时间，也可称为扫描周期或工作周期。PLC通电之后，由于所有状态均保持在断电前的状态，因而在最初的预扫描中，既不求解逻辑，也不驱动输出，仅使输入更新。

在下一次扫描中，PLC才按扫描输入求解用户逻辑，并根据所编程序的次序，从左到右、从上到下进行扫描，先扫到的先检查、先执行。

PLC的扫描可按固定的顺序进行，也可按用户程序所指定的可变顺序进行。对用户程序的循环扫描过程一般可分为三个阶段进行，即输入刷新（输入收集）阶段、程序处理阶段和输出刷新阶段，如图10-4所示。

顺序扫描工作方式简单直观，便于程序设计和PLC的自检。具体体现在：PLC扫描到的功能经解算后马上就可被后面将要扫描到的功能所利用。可在PLC内设定一个监视定

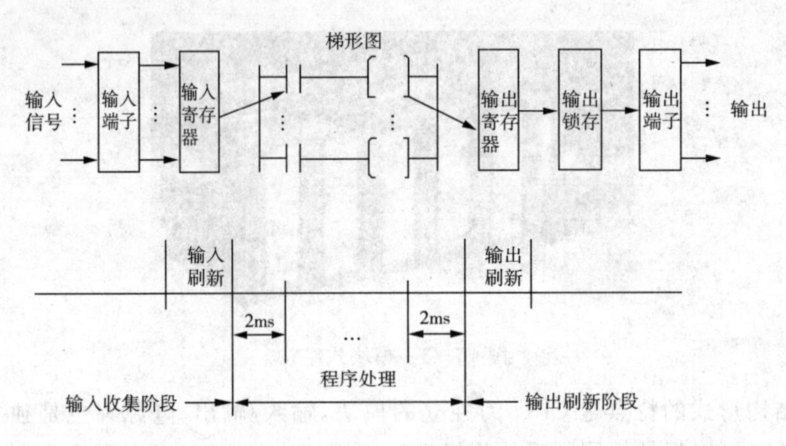

图 10-4　PLC 的程序执行过程

时器，用来监视每次扫描的时间是否超过规定值，避免了由于内部 CPU 故障而使程序执行进入死循环。

2. PLC 对输入/输出的处理规则

PLC 在输入/输出处理方面遵循以下规则：

(1)输入状态映像寄存器中的数据取决于与输入端子板上各输入端相对应的输入锁存器在上一次刷新期间的状态。

(2)程序执行中所需的输入/输出状态由输入状态映像寄存器和输出状态映像寄存器读出。

(3)输出状态映像寄存器的内容随程序执行过程中与输出变量有关的指令的执行结果而改变。

(4)输出锁存器中的数据由上一次输出刷新阶段时输出状态映像寄存器的内容决定。

(5)输出端子板上各输出端的通断状态由输出锁存器中的内容决定。

四、可编程控制器的主要技术指标

PLC 的技术指标可分为硬件和软件指标两大类。硬件指标包括一般指标、输入特性和输出特性三个方面。软件指标可包括运行方式、速度、程序容量、指令类型、元件种类和数量等。实际应用中最关键的几个基本技术指标为 I/O 总点数、用户程序存储器容量、编程语言、编程手段、扫描速度。

PLC 按 I/O 点数和内存容量大致可分为微型机、小型机、中型机、大型机等四类。

(1)微型机：I/O 点数在 64 以内，内存容量为 25 B～1 KB。

(2)小型机：I/O 点数为 64～256，内存容量为 1～3.6 KB。

(3)中型机：I/O 点数为 256～2048，内存容量为 3.6～13 KB。

(4)大型机：I/O 点数在 2048 以上，内存容量在 13 KB 以上。

五、三菱微型可编程控制器 FX2N 系列的编程语言

可编程控制器由于品牌不同，故指令结构亦略有差异，但其功能均相似。PLC 最普遍使用的编程语言是梯形图和指令表。

梯形图是直接从传统的继电器控制图脱胎来的。它是一种采用常开触点、常闭触点、线

圈和功能块构成的图形语言，类似于继电器线路，由许多阶梯组成。它结构简单，动作原理直观，可读性较高，并且照顾到了电气自动化技术人员的读图习惯及思维习惯。现以三菱FX2N方法以及对应的指令表程序。

1. 逻辑取和输出线圈

逻辑取和输出线圈的逻辑指令符号、名称、功能、电路表示和可用软元件、程序步如表10－1所示。

表 10－1　逻辑取和输出线圈的逻辑指令

符　号	名　称	功　能	电路表示和可用软元件	程序步
LD	取	常开触点逻辑运算起始	X,Y,M,S,T,C	1
LDI	取反	常闭触点逻辑运算起始	X,Y,M,S,T,C	1
OUT	输出	线圈驱动	Y,M,S,T,C	Y,M:1;S,特 M:2; T:3;C:3～5

逻辑取和输出线圈的梯形图程序如图 10－5 所示。

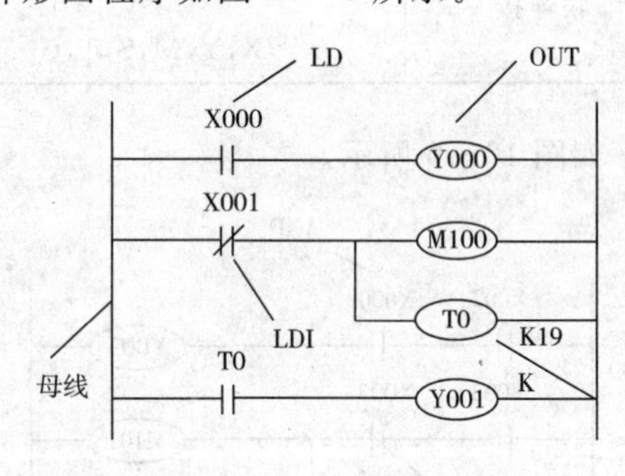

图 10－5　梯形图程序

逻辑取和输出线圈的指令表程序如下：

0　LD　X000← 与母线连接

1　OUT　Y000 ←驱动指令

2　LDI　X001 ← 与母线连接

3　OUT　M100← 驱动指令

4　OUT　T0　← 驱动定时器指令

SP K19← 设定常数

7　LD T0

8 OUT Y001

注：

SP 为空格键。

说明：

(1)LD、LDI 指令用于将触点接到母线上。另外，它与后述的 ANB 指令组合，在分支起点处也可使用。

(2)OUT 指令是对输出继电器、辅助继电器、状态继电器、定时器、计数器的线圈的驱动指令，对于输入继电器不能使用。

(3)OUT 指令可以多次并联使用。并行输出指令可多次使用(上例中，在 OUT M100 之后，接 OUT T0)。

(4)对于定时器的计时器线圈或计数器的计数器线圈，使用 OUT 指令以后，必须设定常数 K。

2. 触点串联(AND/ANI)

触点串联的逻辑指令符号、名称、功能、电路表示和可用软元件、程序步如表 10-2 所示。

表 10-2 触点串联的逻辑指令

符号	名称	功能	电路表示和可用软元件	程序步
AND	与	a 触点串联连接	X,Y,M,S,T,C	1
ANI	与非	b 触点串联连接	X,Y,M,S,T,C	1

触点串联的梯形图程序如图 10-6 所示。

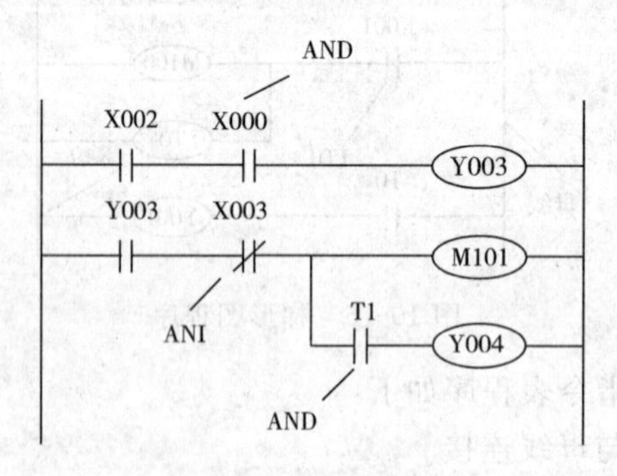

图 10-6 梯形图程序

触点串联的指令表程序如下：

0 LD X002

1 AND X000 ← 串联触点

2 OUT Y003

3 LD Y003

4　ANI X003 ← 串联触点

5　OUT M101

6　AND T1 ← 串联触点

7　OUT Y001 ← 纵接输出

说明：

(1)用 AND、ANI 指令可进行触点的串联连接。串联触点的个数没有限制，该指令可以多次重复使用。

(2)OUT 指令后，通过触点对其他线圈使用 OUT 指令称为纵接输出，如图 10-6 中的 Y004。对于这种纵接输出，如果顺序不错，可以多次重复。

(3)建议 1 行不超过 10 个触点和 1 个线圈，总共不要超过 24 行。

3. 触点并联

触点并联的逻辑指令符号、名称、功能、电路表示和可用软元件、程序步如表 10-3 所示。

表 10-3　触点并联的逻辑指令

符　号	名　称	功　能	电路表示和可用软元件	程序步
OR	或	a 触点并联连接	X,Y,M,S,T,C	1
ORI	或非	b 触点并联连接	X,Y,M,S,T,C	1

触点并联的梯形图程序如图 10-7 所示。

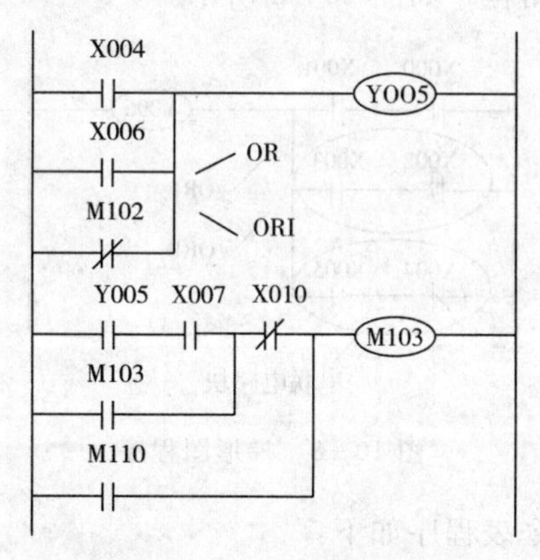

图 10-7　梯形图程序

触点并联的指令表程序如下：

0　LD X004

1　OR X006← 并联连接

2　ORI M102← 并联连接

3　OUT Y005

4 LDI Y005

5 AND X007

6 OR M103← 并联连接

7 ANI X010

8 OR M110← 并联连接

9 OUT M103

说明：

(1)OR、ORI 为 1 个触点的并联连接指令。连接两个以上的触点串联连接的电路块的并联连接时，要用后述的 ORB 指令。

(2)OR、ORI 指令从该指令的当前步开始，对前面的 LD、LDI 指令并联连接。并联连接无次数限制，但由于编程器和打印机的功能对比有限制，因此并联连接的次数实际上是有限制的(24 行以下)。

4. 串联电路块的并联

串联电路块的并联的逻辑指令符号、名称、功能、电路表示和可用软元件及程序步如表 10－4 所示。

表 10－4 串联电路块的并联逻辑指令

符 号	名 称	功 能	电路表示和可用软元件	程序步
ORB	电路块或	串联电路块的并联连接	软元件：无	1

串联电路块并联的梯形图程序如图 10－8 所示。

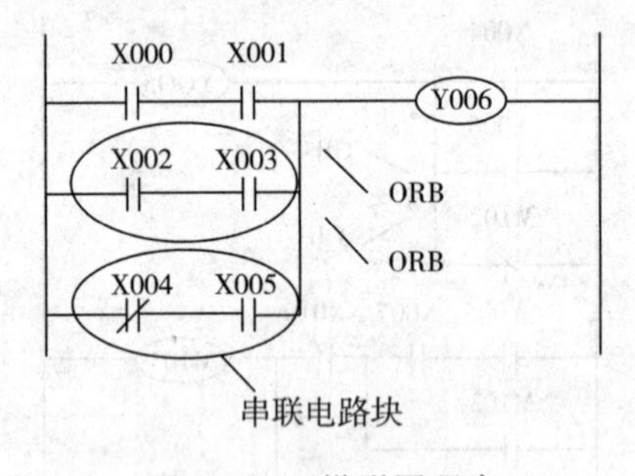

图 10－8 梯形图程序

串联电路块的并联的指令表程序如下：

正确的编写程序			不佳的编写程序		
0	LD	X000	0	LD	X000
1	AND	X001	1	AND	X001
2	LD	X002	2	LD	X002
3	AND	X003	3	AND	X003
4	ORB		4	LDI	X004

5　LDI　X004
6　AND　X005
7　ORB
8　OUT　Y006

5　AND　X005
6　ORB
7　ORB
8　OUT　Y006

说明：

(1)两个以上的触点串联连接的电路称为串联电路块。串联电路块并联连接时，分支的开始用 LD、LDI 指令，分支的结束用 ORB 指令。

(2)ORB 指令与后述的 ANB 指令等均为无操作元件号的指令。

注意：

(1)对每一电路块使用 ORB 指令，并联电路块数无限制

(2)ORB 指令也可连续使用(见上述编写不佳的程序)，但这样，重复使用 LD、LDI 指令的次数限制在 8 次以下。

5. 并联电路块的串联

并联电路块的串联逻辑指令符号、名称、功能、电路表示和可用软元件及程序步如表 10－5所示。

表 10－5　并联电路块的串联逻辑指令

符　号	名　称	功　能	电路表示和可用软元件	程序步
ANB	电路块与	并联电路块的串联连接	软元件：无	1

并联电路块的串联的梯形图程序如图 10－9 所示。

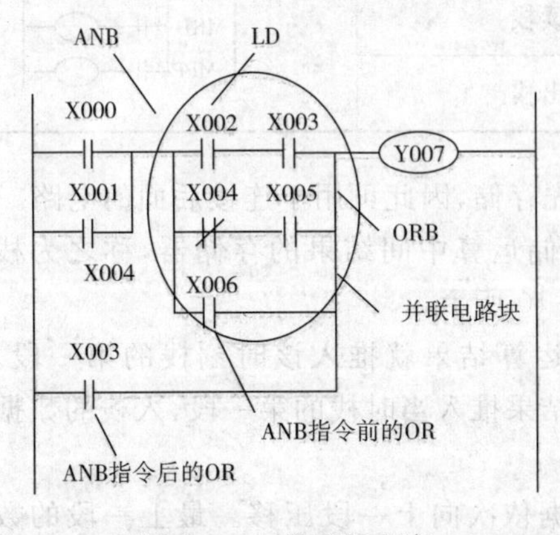

图 10－9　梯形图程序

并联电路块的串联的指令表程序如下：

0 LD X000
1 OR X001
2 LD X002← 分支起点

3 AND X003

4 LDI X004← 分支起点

5 AND X005

6 ORB← 并联电路块结束

7 OR X006← 并联电路块结束

8 ANB← 与前面的电路串联

9 OR X003

10 OUT Y007

说明：

(1)当分支电路并联电路块与前面电路串联连接时，使用ANB指令。分支的起始点用LD、LDI指令。并联电路块结束后，使用ANB指令与前面电路串联

(2)若多个并联电路块顺次用ANB指令与前面电路串联连接，则ANB的使用次数没有限制。

(3)虽然可以连续使用ANB指令，但是与ORB指令一样，要注意LD、LDI指令的使用次数限制(8次以下)。

6. 多重输出电路

多重输出电路的逻辑指令符号、名称、功能、电路表示和可用软元件及程序步如表10-6所示。

表10-6　多重输出电路逻辑指令

符　号	名　称	功　能	电路表示和可用软元件	程序步
MPS	进栈	进栈	MPS	1
MRD	读栈	读栈	MRD	1
MPP	出栈	出栈	MPP	1

这组指令可将连接点先存储，因此可用于连接后面的电路。

在PLC中，有11个存储运算中间结果的存储器，称之为栈存储器，其示意图如图10-10所示。

使用一次MPS指令，运算结果就推入该时刻栈的第一段。再次使用MPS指令，运算结果推入当时栈的第一段，入栈的数据依次向下一段推移。

使用MPP指令，各数据依次向上一段压移。最上一段的数据在读出后就从栈内消失。

MRD是读出最上一段所存的最新数据的专用指令，栈存储器内的数据不发生移动。

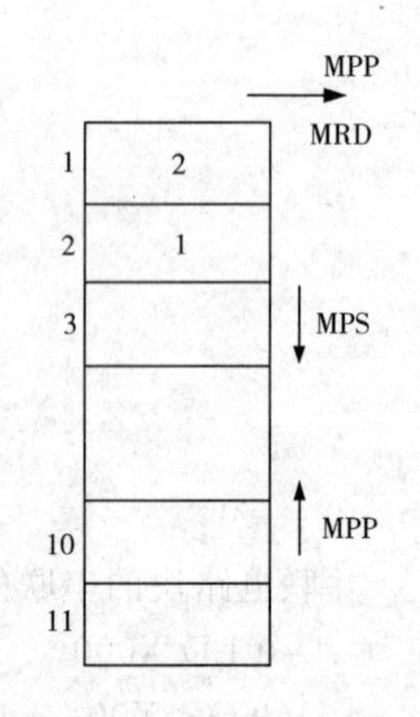

图10-10　栈存储器示意图

图10-10所示的指令都是没有操作元件号的指令。

多重输出电路指令的梯形图程序如图10-11所示。

多重输出电路的指令表程序如下：

18 LD X004
19 MPS
20 AND X005
21 OUT Y002
22 MRD
23 AND X006
24 OUT Y003
25 MRD
26 OUT Y004
27 MPP
28 AND X007
29 OUT Y005
30 END

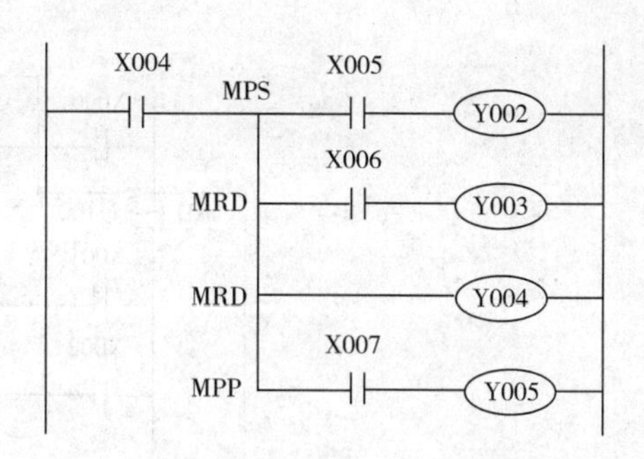

图 10－11　梯形图程序

说明：

(1)这项指令是进行如图 10－11 所示的分支多重输出电路编程用的方便指令。在对利用 MPS 指令得出的运算中间结果存储之后，驱动 Y002。用 MRD 指令将该存储读出，再驱动输出 Y003。

(2)MRD 可多次编程，但是由于打印机和图形编程器显示方面有限制，因此并联电路一般用在 24 行以下。

(3)最终输出电路以 MPP 指令取代 MRD 指令，从而可读出上述存储，同时复位。

(4)MPS 指令可以重复使用，MPS 指令与 MPP 指令的数量差额应少于 11，最终两者指令数要一样。

7. 主控指令

主控指令的符号、名称、功能、电路表示和可用软元件及程序步如表 10－7 所示。

表 10－7　主控指令

符　号	名　称	功　能	电路表示和可用软元件	程序步
MC	主控	主控电路块起点	MC N Y,M	3
MCR	主控复位	主控电路块起点	X001 M0 M1 扫描周期 扫描周期	2

主控指令的梯形图程序如图 10－12 所示。

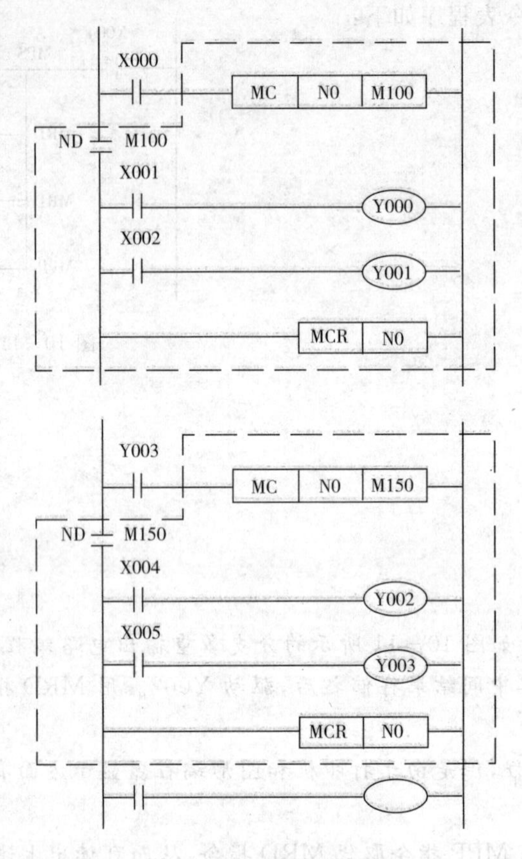

图 10-12　梯形图程序

主控指令的指令表程序如下：

0 LD X000
1 MC N0
  SP M000
4 LD X001
5 OUT Y000
6 LD X002
7 OUT Y001
8 MCR N0　　← 2 步指令

←母线返回(N0 为嵌套级)。N：嵌套层数(0～7)；SP：空格键。特殊辅助继电器不能用作 MC 的操作元件。

←在没有嵌套结构时，通用 N0 编程。N0 的使用次数没有限制。有嵌套结构时，嵌套级 N 的地址号增大，即 N0→N1…N6→N7。

说明：

(1)输入 X000 接通时，执行 MC 与 MCR 之间的指令；输入 X000 断开时，元件状态如下：

保持当前状态的元件：积算定时器、计数器和用 SET/RST 指令驱动的软元件。

断开的元件：非积算定时器和用 OUT 指令驱动的元件。

(2)使用 MC 指令，母线(LD、LDI 点)移至 MC 触点之后，返回原来母线的指令是 MCR。

(3)使用不同的 Y、M 元件号，可多次使用 MC 指令，但是，若用同一软元件号，则与 OUT 指令一样成为双线圈输出。

(4)在 MC 指令内再使用 MC 指令时，嵌套级 N 的编号就顺次增大(随程序顺序由小到大)。

返回时用 MCR 指令，从大的嵌套级开始解除(按程序顺序由大至小)。

注意：使用主控 MC 指令后必须要用 MCR 指令返回母线。

8. 置位与复位指令

置位与复位指令的符号、名称、功能、电路表示和可用软元件及程序步如表 10-8 所示。

表 10-8　置位与复位指令

符　号	名　称	功　能	电路表示和可用软元件	程序步
SET	置位	令动作保持	─┤├─[SET Y,M,S]─┤	Y,M:1; S,特M:2; T,C:2; D,V,Z,特D:3
RET	复位	消除动作保持 寄存器的清零	─┤├─[RST Y,M,S,T,C,D,V,Z]─┤	

置位与复位指令的梯形图程序如图 10-13 所示。

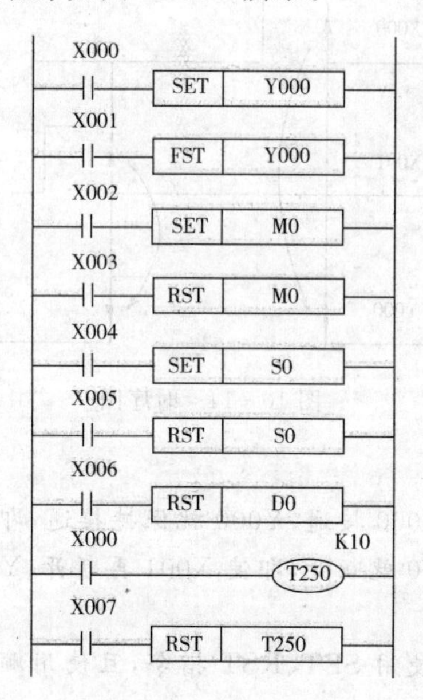

图 10-13　梯形图程序

置位与复位指令的指令表程序如下：

0 LD X000

1 SET Y000
2 LD X001
3 RST Y000
4 LD X002
5 SET M0
6 LD X003
7 RST M0
8 LD X004
9 RST S0
11 LD X005
12 RST S0
14 LD X006
15 RST D0
16 LD X000
17 OUT T250
  SP K10
20 LD X007
21 RST T250

置位与复位指令的时序图如图 10-14 所示。

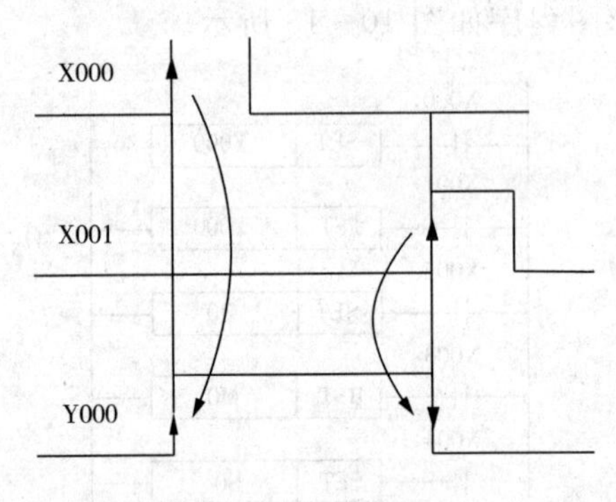

图 10-14 时序图

说明：

(1)在置位指令中，只要 X000 接通，Y000 就保持接通，即使 X000 再断开，Y000 依然保持接通。只要 X001 接通，Y000 就断开，即使 X001 再断开，Y000 也将保持断开。对于 M、S 也同样成立。

(2)对同一元件可以多次使用 SET、RST 指令，且使用顺序是任意的，但是只有最后执行的一条才有效。

(3)要使数据寄存器 D，变址寄存器 V、Z 的内容清零，也可使用 RST 指令(用常数为 K0 的传送指令也可得到同样的结果)。

9. 脉冲输出

脉冲输出的逻辑指令符号、名称、功能、电路表示和可用软元件及程序步如表 10－9 所示。

表 10－9　脉冲输出指令

符　号	名　称	功　能	电路表示和可用软元件	程序步
PLS	上沿脉冲	上升沿微分脉冲	PLF　Y,M　除特M外	2
PLF	下沿脉冲	下降沿微分脉冲	PLF　Y,M　除特M外	2

脉冲输出指令的梯形图程序如图 10－15 所示。

脉冲输出的指令表程序如下：

0 LD X000
1 PLS M1← 2 步指令
2 LD M2
3 SET X003
4 LD X001
5 PLF M1← 2 步指令
6 ORB
7 LD M1
8 RST Y000

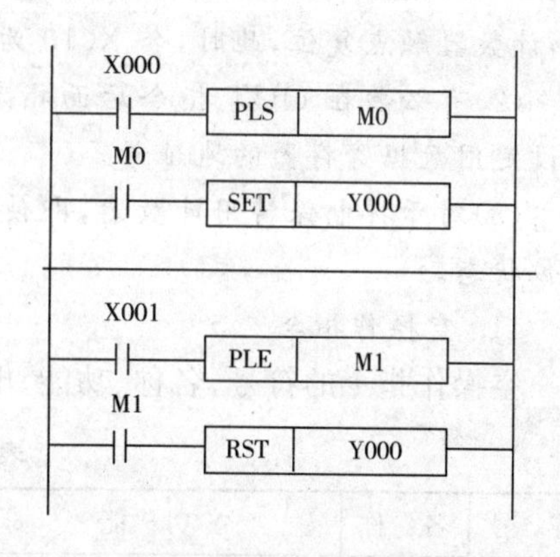

图 10－15　梯形图程序

脉冲输出指令的时序图如图 10－16 所示。

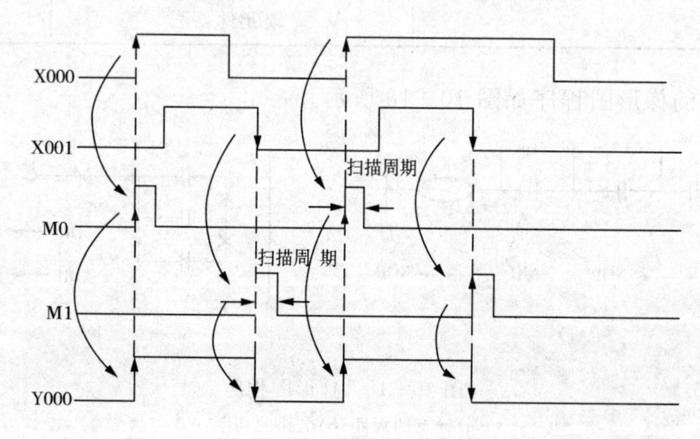

图 10－16　时序图

10. 计数器

计数器指令的符号、名称、功能、电路表示和可用软元件及程序步见表 10－10。

表 10－10　计数器指令

符　号	名　称	功　能	电路表示和可用软元件	程序步
OUT	输出	计数器线圈的驱动 定时器线圈的驱动	C　K	32 位计数器:5; 16 位计数器:3
RST	复位	输出触点的复位 当前值的清零	RST　C	2

计数器指令的梯形图程序如图 10－17 所示。

说明:

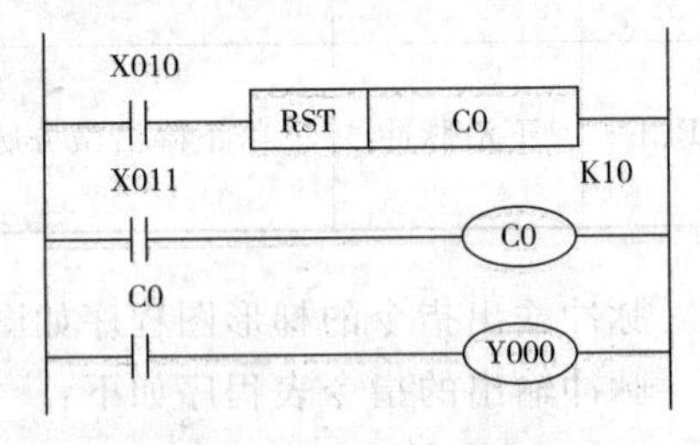

图 10－17　梯形图程序

(1)C0 对 X011 从 OFF 到 ON 的次数进行增计数,但当它达到设定值 $K_1$0 时,输出触点 C0 动作,以后即使 X011 从 OFF 到 ON,计数器的当前值也不会不变,输出触点依然动作。为了清除这些当前值,计数器触点复位,此时,令 X010 为 ON。

(2)有必要在 OUT 指令后面指定常数 K 或间接设定用数据寄存器的地址号。

(3)对于掉电保持用计数器,即使停电,它也能保持当前值以及输出触点的工作状态或复位状态。

11. 空操作指令

空操作指令的符号、名称、功能、电路表示和可用软元件及程序步如表 10－11 所示。

表 10－11　空操作指令

符　号	名　称	功　能	电路表示和可用软元件	程序步
NOP	空操作	无动作	NOP 软元件:元	1

空操作指令的梯形图程序如图 10－18 所示。

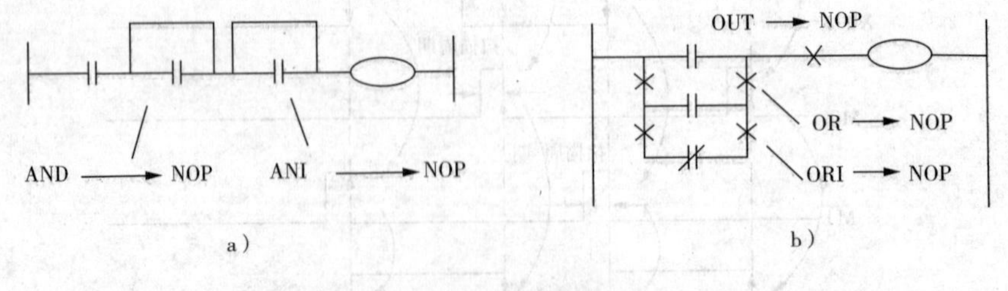

图 10－18　梯形图程序

a)触点的短路;b)电路的切断

说明:

(1)程序若加入 NOP 指令,在改动或追加程序时,则可以减少步序号的改变。另外,用 NOP 指令替换已写入的指令 也可改变电路。

(2)若将 LD、LDI、ANB、ORB 等指令换成 NOP 指令,则电路构成将有较大幅度的变化,需注意

(3)执行程序全清除操作后,指令将都变成 NOP。

12. 程序结束

程序结束指令的符号、名称、功能、电路表示和可用软元件及程序步如表 10-12 所示。

表 10-12　程序结束指令

符　号	名　称	功　能	电路表示和可用软元件	程序步
END	结束	输入/输出处理 程序回到 0 步	├─[END]─┤ 软元件:元	1

可编程控制器反复进行输入处理→程序执行→输出处理。若在程序的最后写入 END 指令,则 END 以后的其余程序步不再执行,而直接进行输出处理。在程序中,若没有 END 指令,则可处理到最终的程序步。在调试期间,各程序段插入 END 指令可依次检测出各程序段的动作是否有误。在确认前面电路块的动作正确无误之后,依次删去 END 指令,如图 10-19 所示。注意:在执行 END 指令时,要刷新监视定时器。

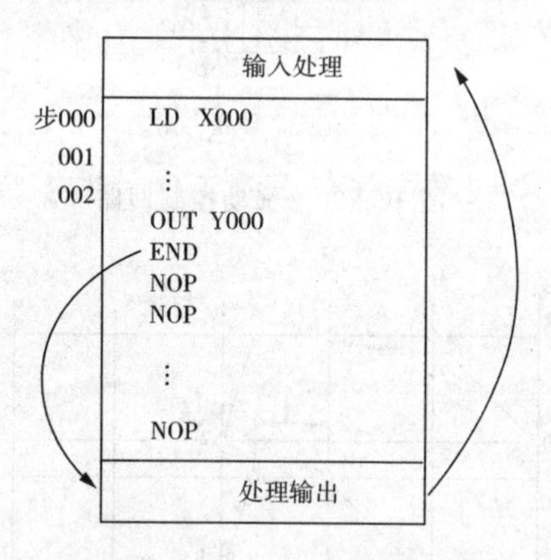

图 10-19　程序执行示意图

第二节　可编程控制器控制系统设计步骤

可编程控制器控制系统的设计步骤一般如下:

(1)根据被控对象的控制要求,确定整个系统的输入/输出设备的数量,从而确定 PLC 的 I/O 点数,包括开关量 I/O、模拟量 I/O 以及特殊功能模块等。

(2)充分估计被控制对象和以后发展的需要,所选 PLC 的 I/O 点数应留有一定的余量。

(3)确定选用的 PLC 机型。

(4)建立 I/O 地址分配表,绘制 PLC 控制系统的输入/输出硬件接线图。

(5)根据控制要求绘制用户程序流程图。

(6)编制用户程序，并将用户程序装入 PLC 的用户程序存储器。

(7)离线调试用户程序。

(8)进行现场联机调试用户程序。

(9)编制技术文件。

第三节　气动自动控制系统设计举例

【例 10-1】 A、B、C 三个气缸的气动控制回路和运动—步骤图如图 10-20 和图 10-21 所示，假设三个气缸均采用单电控电磁阀控制，试利用 PLC 控制其动作。

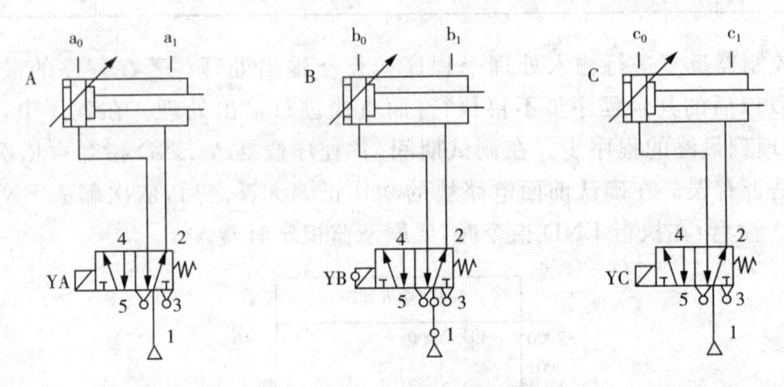

图 10-20　气动控制回路

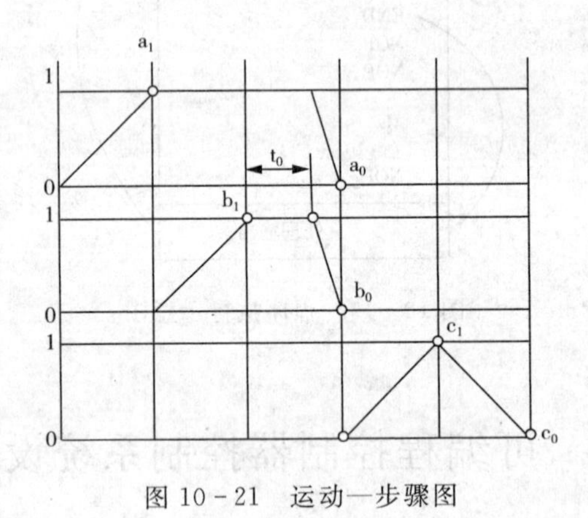

图 10-21　运动—步骤图

系统设计步骤如下：

(1)列出输入/输出元件和辅助继电器

输入元件：三个缸的非接触式行程开关 a_0、a_1、b_0、b_1、c_0、c_1；

主令元件：启动按钮 PB_1，停止按钮 PB_2；

输出元件：控制气缸的电磁阀 YA、YB、YC；

辅助继电器：M0、M1；　定时器：T0。

本系统共有 8 个输入点和 3 个输出点。

(2)选用可编程控制器

根据本系统的 I/O 点数要求选用 FX2N－16M 微型可编程控制器。其输入点数为 8，输出点数为 8。

(3)列出 I/O 地址分配表

建立 I/O 地址分配表。

(4)编写 PLC 梯形图程序，如图 10－22 所示。

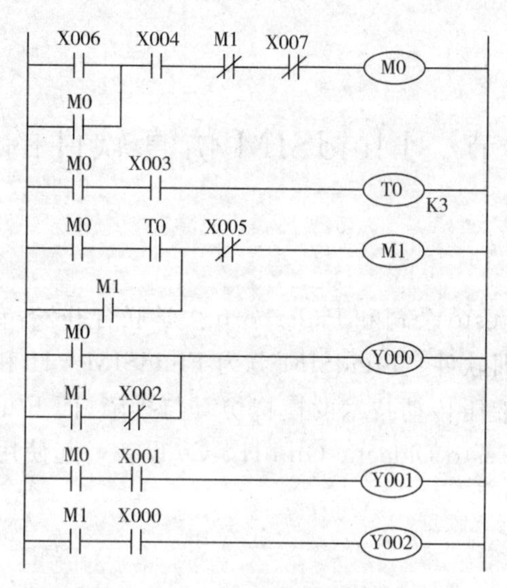

图 10－22　PLC 梯形图程序

(5)绘制出 PLC 硬件接线图，如图 10－23 所示。

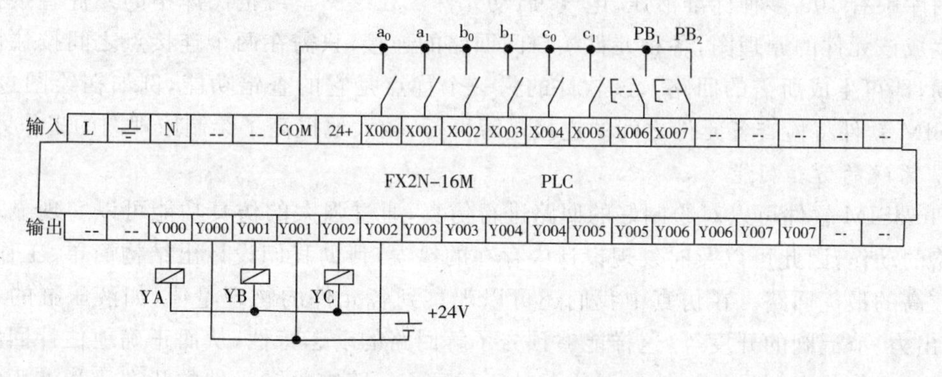

图 10－23　PLC 硬件接线图

第十一章 液压仿真软件 FluidSIM 介绍

第一节 FluidSIM 仿真软件的介绍

一、功能介绍

FluidSIM 是由德国 Festo 公司和 Paderborn 大学联合开发，专门用于液压、气压传动及电液压、电气动的教学培训软件。FluidSIM 分为 FluidSIM－H 和 FluidSIM－P 两个软件，其中 FluidSIM－H 用于液压传动技术的模拟仿真与排障，而 FluidSIM－P 用于气压传动。FluidSIM 软件既可以与 Festo Didactic GmbH&Co 设备一起使用，也可以单独使用。

二、软件的特点

1. 专业的绘图功能

FluidSIM 软件的 CAI 功能是和回路的仿真功能紧密联系在一起，这是一般通用的计算机辅助绘图软件如 AutoCAD 等不具备的，该类通用软件绘制专业图形时往往效率不高。它的图库中有 100 多种标准液压、电气、启动元件。在绘图室可把图库中的元件直接拖到制图区生成该元件的原理图，各种元件接口间回路的连接，只需在两个连接点之间按住鼠标左键移动，即可生成所需的回路。该软件的另一个优点是它的查错功能，例如在绘图过程中，FluidSIM 软件将检查各元件之间的连接是否可行，较大地提高了绘制原理图的工作效率。

2. 系统的仿真功能

FluidSIM 软件可以对绘制好的回路进行仿真，通过强大的仿真功能可以实现显示和控制回路的动作，因此可以及时发现设计中存在的错误，帮助我们设计出结构简单、工作可靠、效率较高的最优回路。在仿真中我们还可以观察到各元件的物理量值，如液压缸的运动速度、输出力、节流阀的开度等，这样能够预先了解回路的动态特性，从而正确地估计回路实际运行时的工作状态。另外该软件在仿真时还可显示回路中关键元件的状态量如液压缸活塞杆的位置、换向阀的位置、压力表的压力、流量计的流量。这些参数对设计液压电气控制系统是非常重要的，从而充分发挥了时间在设计中的导向作用。

3. 综合演示功能

FluidSIM 软件包含了丰富的教学资料，提供了各种液压电气元件的符号、实物图片、工作原理剖视图和详细的功能描述。一些重要元器件的剖视图可以进行动画播放，逼真地模拟这些原件工作过程及原理。该软件还具有多个教学影片，讲授了重要液压电气回路和液压电气元件的使用方法及应用场合，有利于我们对液压电气技术的理解和掌握。

第二节　仿真和新建回路图介绍

一、主窗口介绍

启动 FluidSIM 软件，主窗口显示在屏幕上。

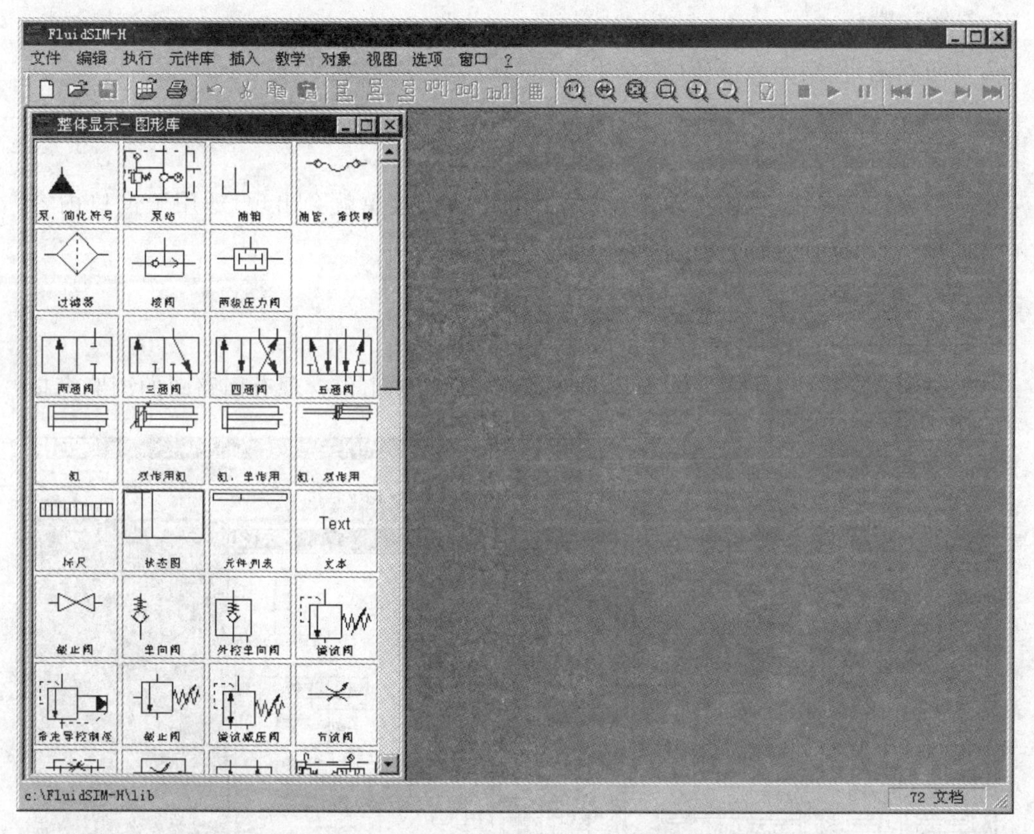

窗口左边显示出 FluidSIM 的整个元件库，其中包括新建回路图所需的液压元件和电气元件。窗口顶部的菜单栏列出仿真和新建回路图所需的功能，工具栏给出了常用菜单功能。

工具栏包括下列九组功能：

(1)

新建、浏览、打开和保存回路图。

(2)

打印窗口内容。

(3)

编辑回路图。

(4)

调整元件位置。

(5)

显示网络。

(6)

缩放回路图、元件图和窗口。

(7)

回路图调整。

(8)

仿真回路图,控制动画播放(基本功能)。

(9)

仿真回路图,控制动画播放(辅助功能)。

在应用软件窗口内,当用户单击鼠标右键时,快捷菜单就会出现,适用于窗口内容。快捷菜单含有许多有用的功能,其为主菜单的子集。

二、仿真现有回路

这些回路图可按下列步骤打开和仿真:

单击按钮或在“文件”菜单下,执行“浏览”命令,弹出包含现有回路图的浏览窗口:

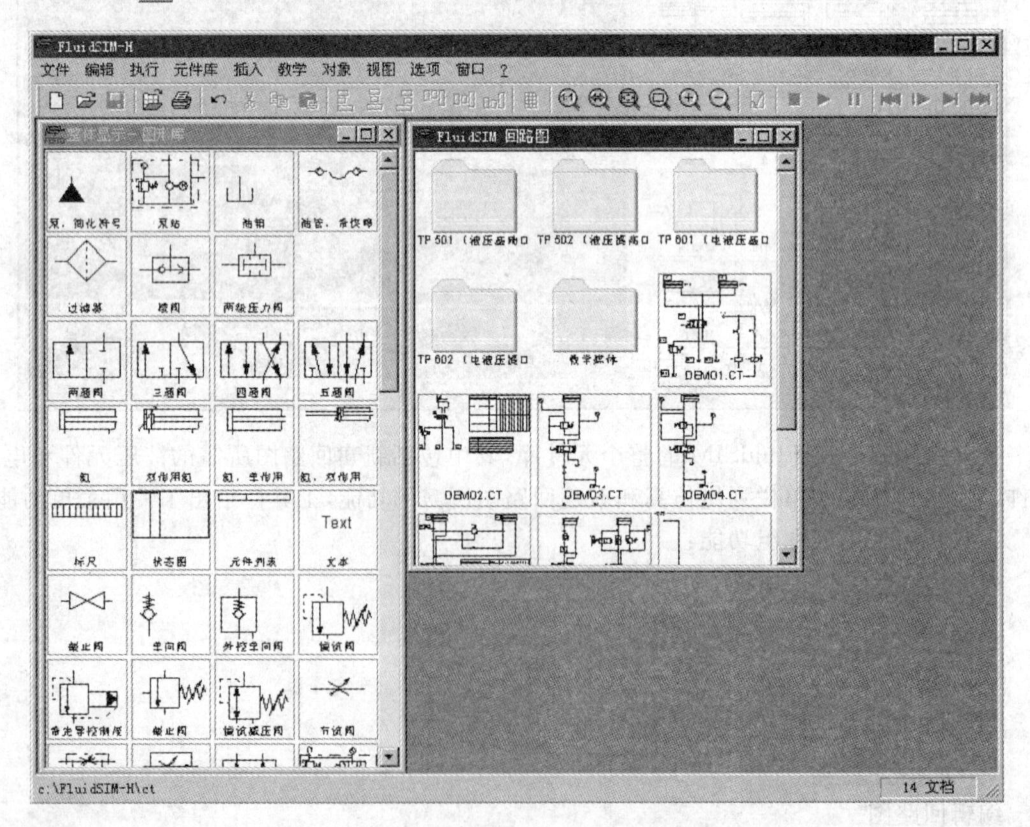

浏览窗口显示现有回路图的目录,该目录按字母顺序排列。当前目录名显示在浏览窗口的标题栏上。双击目录微缩图标,可进入各子目录,打开回路图(demol.ct 文件)。

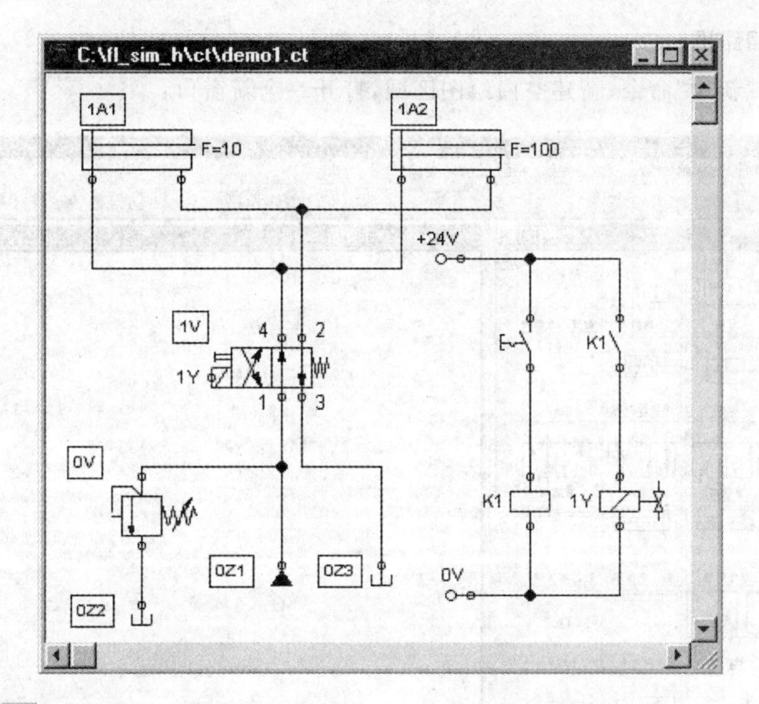

单击按钮▶或在“执行”菜单下，执行“启动”命令，或按下功能键 F9。

软件切换到仿真模式时，启动回路图仿真。在仿真期间，软件首先计算所有的电气参数，接着建立液压回路模型。基于建立液压回路模型。

通过鼠标单击回路图中的手控阀和电气开关，可实现手动切换：

⇨将鼠标指针移到左边开关上。

当鼠标指针变为手指形，此时表明该开关可以被操作。当用户单击手动开关时，就可以仿真回路图实际性能。

只有当启动▶或暂停⏸仿真时，才能使元件切换。

单击按钮■或执行“停止”命令，可以将当前回路图由仿真模式切换到编辑模式。

将回路图由仿真模式切换到编辑模式时，所有元件都被置回“初始状态”。特别是当开关置成初始位置以及将控制阀切换到静止位置时，液压缸活塞将回到上一个位置，且删除所有计算值。

三、不同仿真模式

⏮复位和重新启动仿真，可以将正运行或暂停的仿真复位，然后重新启动仿真。

⏵按单步模式仿真，每经过一步后，仿真都将暂停。

⏭仿真至系统状态变化，然后仿真暂停。下列情况描述了仿真暂停的位置：

(1)液压缸活塞停止移动；

(2)控制阀被驱动；

(3)继电器触点切换；

(4)操作开关。

可以将正运行的仿真切换至系统状态变化模式。

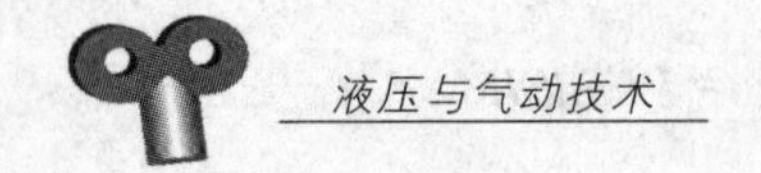

四、新建回路图

通过执行“新建”命令，新建空白绘图区域，打开一个新窗口：

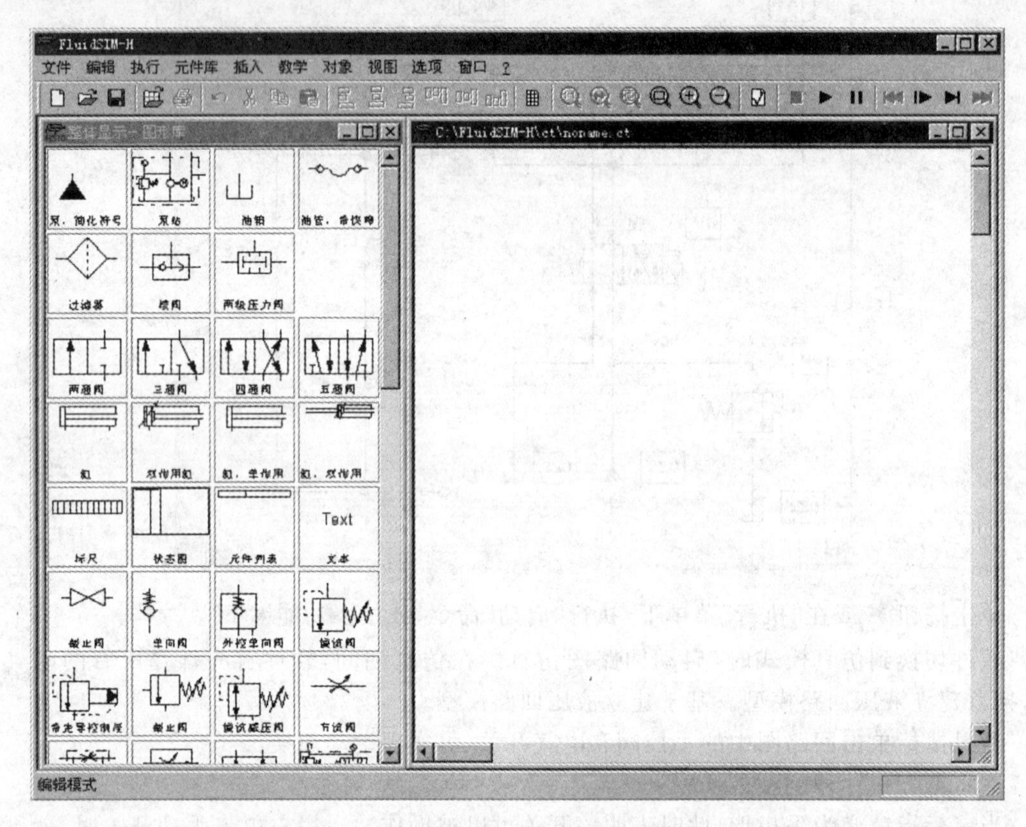

将鼠标指针移动到元件库中的元件上，这里将鼠标指针移动到液压缸上。按下鼠标左键。在保持鼠标左键期间，移动鼠标指针，则液压缸被选中，鼠标指针由箭头变为四方向箭头交叉形式，元件外形随鼠标指针移动而移动。将鼠标指针移动到绘图区域，释放鼠标左键，则液压缸就被拖置绘图区域里：

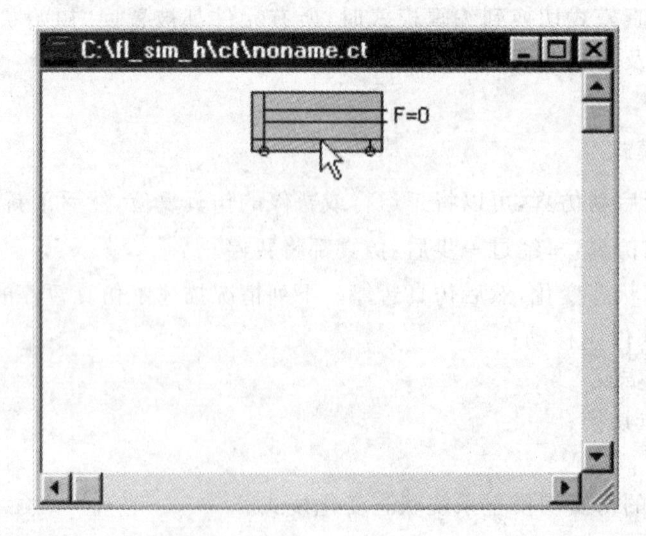

编辑菜单中的命令只与所选元件有关。

将 n 位四通换向阀、液压源和油箱拖至绘图区域上。按下列方式排列元件：

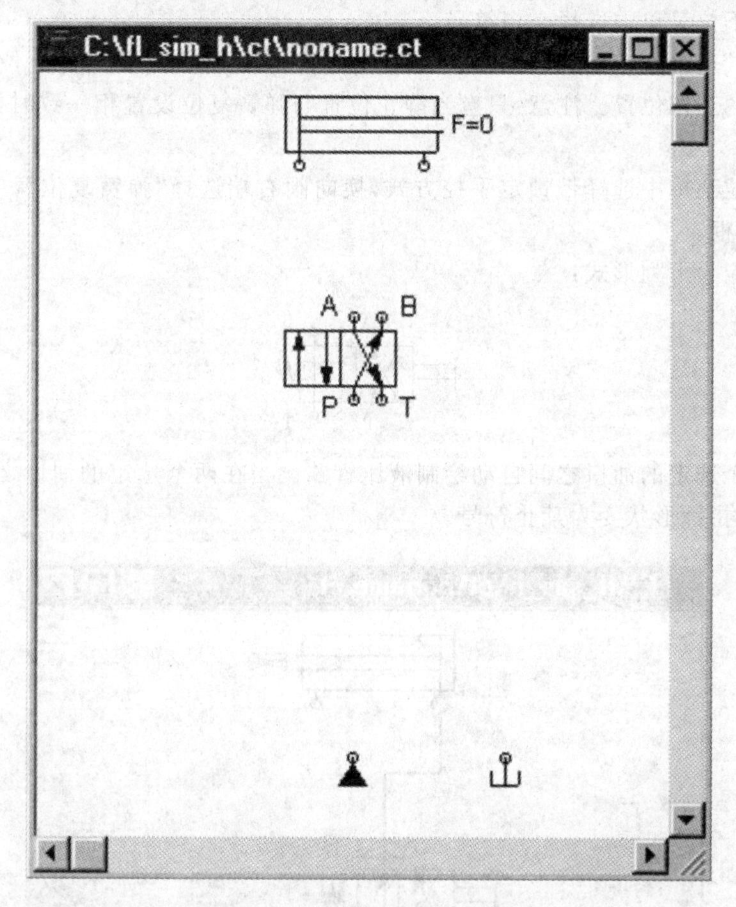

为确定换向阀驱动方式，双击换向阀，弹出下列对话框：

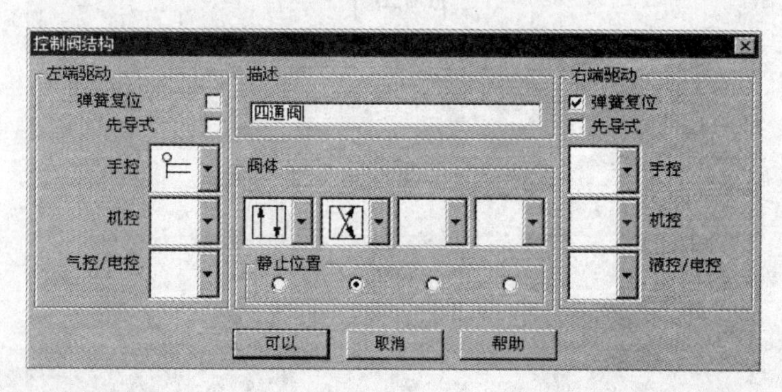

左端/右端驱动

换向阀两端的驱动方式可以单独定义，它可以是一种驱动方式，也可以为多种驱动方式，如“手动”、“机控”或“液控/电控”。单击驱动方式下拉菜单右边向下箭头可以设置驱动方式，若不希望选择驱动方式，则应直接从驱动方式下拉菜单中选择空白符号。不过，对于换向阀的每一端，都可以设置为“弹簧复位”或“液控复位”。

换向阀最多具有四个工作位置，对每个工作位置来说，都可以单独选择。单击阀体下拉菜单右边向下箭头并选择图形符号，就可以设置每个工作位置。若不希望选择工作位置，则应直接从阀体下拉菜单中选择空白符号。

“静止位置”这个按钮用于定义换向阀的静止位置（也称为中位），静止位置是指换向阀不受任何驱动的工作位置。注意：只有当静止位置与弹簧复位设置相一致时，静止位置定义才有效。

从左边下拉菜单中选择带锁定手控方式，换向阀右端选择“弹簧复位”，单击确定（OK）按钮，关闭对话框。

换向阀现应为下列形式：

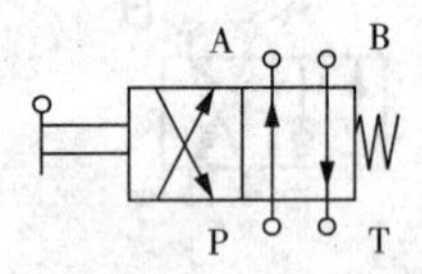

软件在两个选定的油口之间自动绘制液压管路。当在两个选定的油口之间不能绘制液压管路时，鼠标指针形状变为禁止符号。

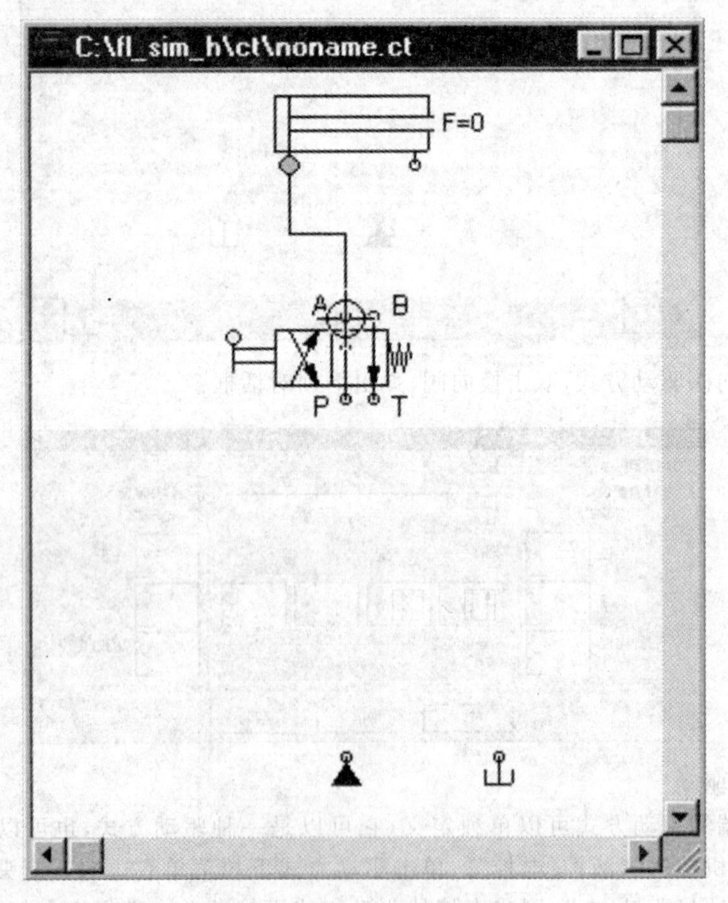

连接其他元件，则回路图如下所示：

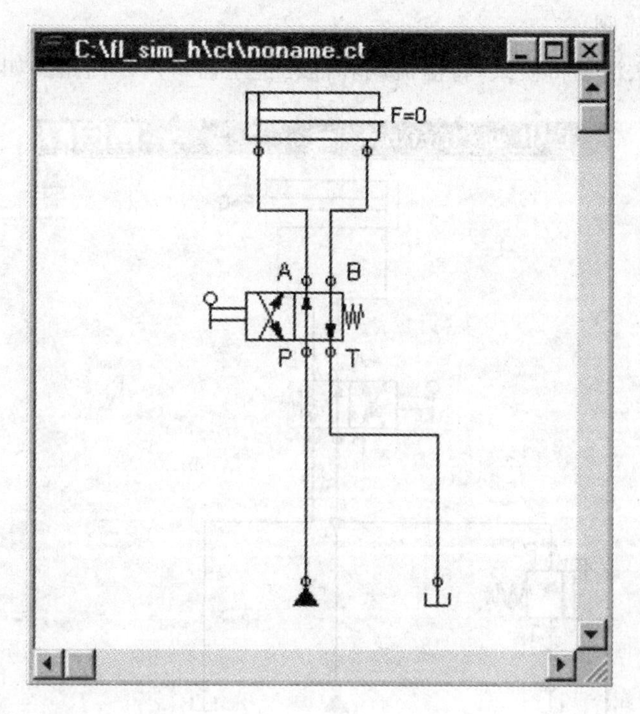

回路图已被完整绘制，现准备对其进行仿真。

单击按钮 ▶ 启动仿真，仿真期间，可以计算所有压力和流量，所有管路都被着色，液压缸活塞杆伸出。

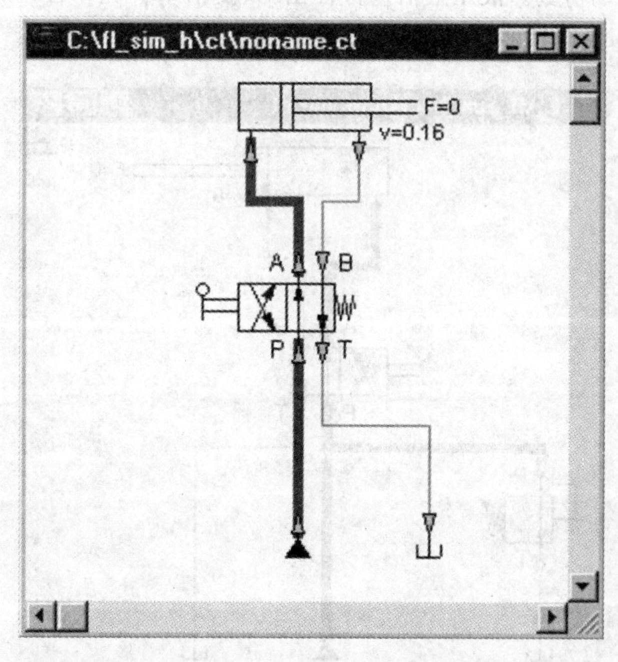

在液压缸活塞杆伸出之后，无杆腔压力不可避免地升高。软件可以识别这种情况，并重新计算参数。液压源出口压力可增至安全阀设定压力。为使工作压力不超过最大值，液压源出口处应安装溢流阀。

单击按钮■，激活编辑模式，将溢流阀和油箱拖至窗口内。回路图如下图所示：

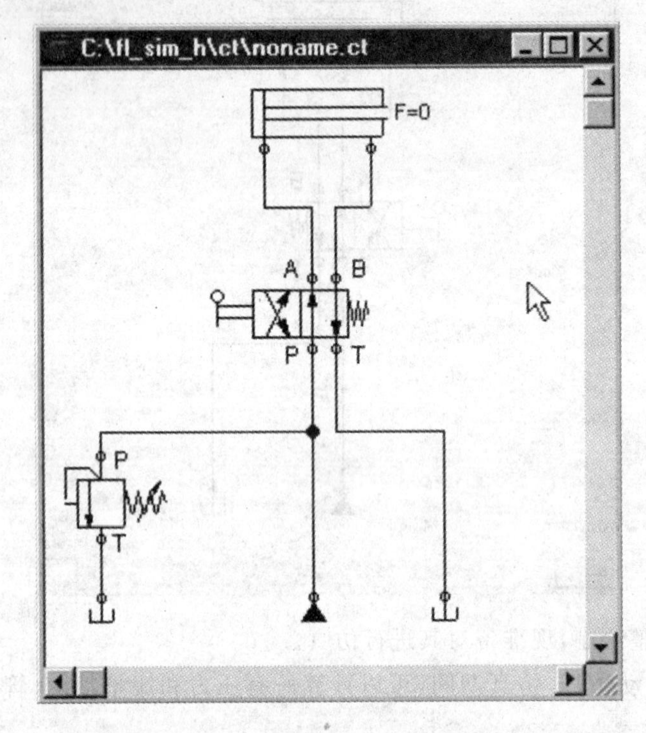

单击按钮▶，启动仿真。液压缸活塞杆伸出，只要活塞杆完全伸出，就会发生系统状态变化。该状态由软件识别并进行重新计算，溢流阀打开，显示压力分布：

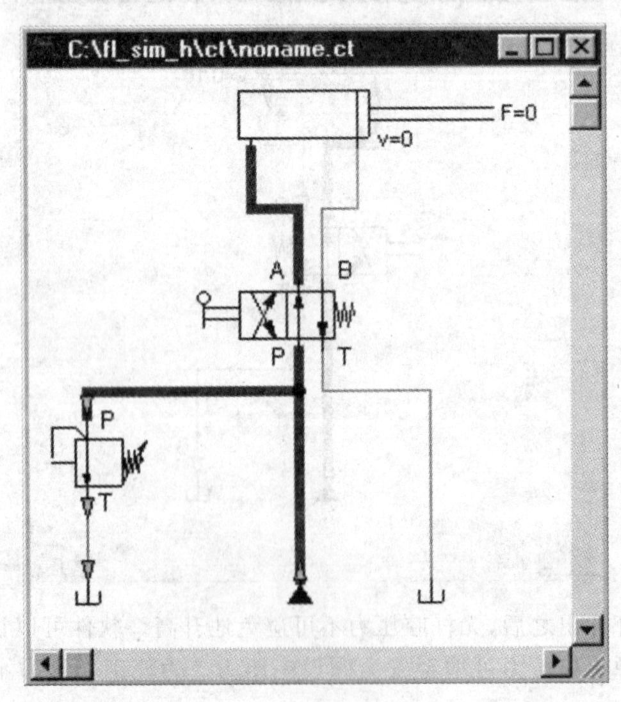

在状态转换期间，软件不仅可对元件实现手动动画，而且几乎所有元件都有多个状态。

停止仿真，用户处于编辑模式。这样用户可以从元件库中选择状态图，并将其拖至绘图区域。状态图记录了关键元件的状态量，并将其绘制成曲线。

将状态图移至绘图区域中的空位置。拖动液压缸，将其放在状态图上。启动仿真，观察状态图。

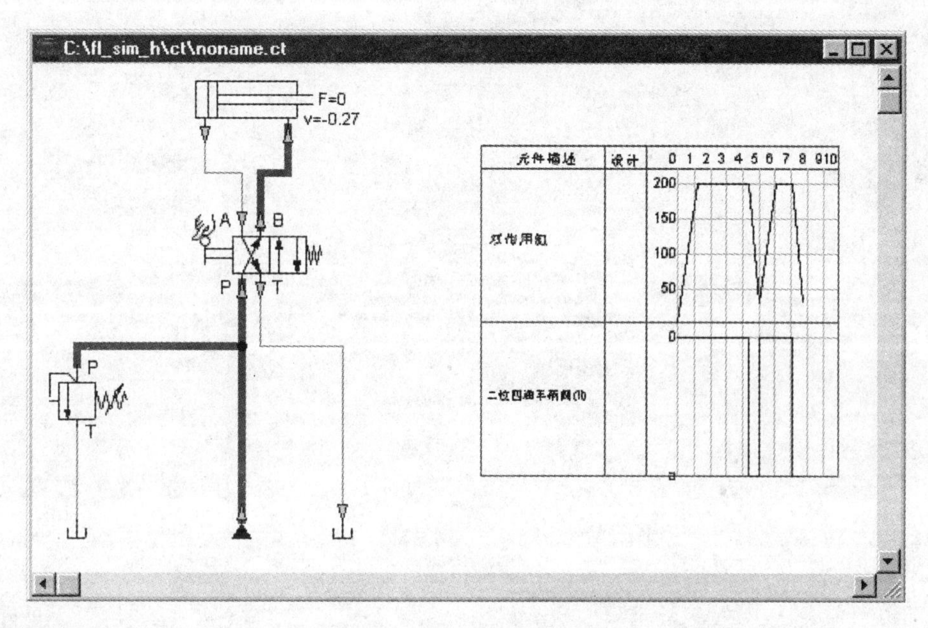

注意：

在相同回路图中，可以使用几个状态图，且不同元件也可以共享同一个状态图。一旦把元件放在状态图上，它就包含在状态图中，若再次将元件放在状态图上，则状态图不接受。在状态图中，可以记录和显示下列元件的状态量：

元件	状态
液压缸	位置
换向阀工作位置	位置
压力表	压力
流量计	流量
压力阀或换向阀	状态
开关	状态

内容简介

本教材是编者根据多年的企业实践经验和丰富的职业教育经验，打破以知识传授为主要特征的传统学科课程模式，代之以以完整工作过程为中心的项目化课程模式编写而成。本教材分教学项目和自主学习两大部分。教学项目主要包括液压与气压传动的基础知识、液压元件、液压基本回路和系统、气源装置、气动元件、气动基本回路以及气动程序控制系统的分析与设计等知识。自主学习部分主要包括液压油、元件、仿真软件使用等知识。

本教材可以作为高等职业技术院校、高等专科院校、中等职业技术学校、技工学校、成人高等学校机电及自动化类专业学生的教材，也可以作为在职人员培训或自学教材。

图书在版编目(CIP)数据

液压与气动技术/周钦河，叶金铃主编．—合肥：合肥工业大学出版社，2012.10
ISBN 978-7-5650-0885-6

Ⅰ.①液…　Ⅱ.①周…②叶…　Ⅲ.①液压传动—高等职业教育—教材②气压传动—高等职业教育—教材　Ⅳ.①TH137②TH138

中国版本图书馆 CIP 数据核字(2012)第 193059 号

液压与气动技术

周钦河　叶金铃　主编　　　　责任编辑　汤礼广

出　版	合肥工业大学出版社	版　次	2012年10月第1版
地　址	合肥市屯溪路193号	印　次	2012年10月第1次印刷
邮　编	230009	开　本	787毫米×1092毫米　1/16
电　话	理工编辑部：0551—2903087	印　张	16.5
	市场营销部：0551—2903198	字　数	410千字
网　址	www.hfutpress.com.cn	印　刷	安徽江淮印务有限责任公司
E-mail	hfutpress@163.com	发　行	全国新华书店

ISBN 978-7-5650-0885-6　　　　定价：33.00元